刺 槐

侧 柏

火炬树

柠条锦鸡儿

沙 棘

山 桃

山 杏

油 松

紫穗槐

葡萄

牡丹

香椿

杜仲

核桃

花　椒

李

漆树

桑

石榴

櫻　桃

棗　樹

柿　樹

文冠果

杏　樹

泡 桐

臭 椿

华北落叶松

楸 树

杨 树

槐

苦 楝

梧 桐

榆 树

皂 荚

白　蜡

白皮松

白玉兰

柽　柳

碧　桃

红叶李

垂柳

构树

法桐

合欢

栾树

火棘

雪松

华山松

七叶树

木槿

黄杨

水杉

石楠

银杏

圆柏

元宝槭

月季

樱花

女贞

紫丁香

紫 荆

棕 榈

云 杉

紫 薇

中华柳

助力"乡村振兴"林业实用技术丛书

咸阳市主要树种栽培技术

严敏娜 主编

西北农林科技大学出版社

图书在版编目(CIP)数据

咸阳市主要树种栽培技术 / 严敏娜主编. —杨凌 ：西北农林科技大学出版社，2021.9

ISBN 978-7-5683-1003-1

Ⅰ. ①咸… Ⅱ. ①严… Ⅲ. ①树木－栽培技术 Ⅳ. ①S72

中国版本图书馆 CIP 数据核字(2021)第 184472 号

咸阳市主要树种栽培技术

严敏娜　主编

出版发行	西北农林科技大学出版社	
地　　址	陕西杨凌杨武路 3 号	**邮　编**：712100
电　　话	总编室：029-87093195	发行部：029-87093302
电子邮箱	press0809@163.com	
印　　刷	西安浩轩印务有限公司	
版　　次	2021 年 9 月第 1 版	
印　　次	2021 年 9 月第 1 次印刷	
开　　本	850 mm×1168 mm　1/32	
印　　张	10.5	
字　　数	291 千字	

ISBN 978-7-5683-1003-1

定价：34.00 元

《咸阳市主要树种栽培技术》编写人员

主　编：严敏娜

副主编：张雅维　高　健　张　博

参　编：(按姓氏笔画排序)

白　昊　田眼望　龙　飞　刘小宁

朱婉丽　李　倩　李　杨　余　敏

张科练　孟　昆　贺思瑶　姚　敏

栗红转　秦真浩　郭　欢　黄　刚

雷　辉

序

《咸阳市主要树种栽培技术》一书,在咸阳市林业技术推广站全体同志的辛勤努力下,历时五年深入调查研究与编写,现即将付梓出版,这是咸阳林业建设的又一新成果,也是大家长期从事林业科技推广工作的结晶。该书的出版将对新时期加快咸阳现代林业发展、建设生态文明、发展生态林业和民生林业迈上新台阶起到巨大推动作用。

林业是生态环境的主体,也是建设生态文明的主要载体,在维护全球生态平衡和区域生态安全中有着其他行业无法替代的作用。现阶段充分依靠科技进步、加快林业持续快速发展,实现建设生态文明、美丽咸阳的宏伟目标,就是摆在全市林业系统面前一项光荣而艰巨的历史任务。此次《咸阳市主要树种栽培技术》一书的编印出版,是我市强化科技支撑、坚持科技创新的重要举措,也是践行因地制宜、适地适树、科学造林的具体体现。

此书可成为全市林业系统干部职工指导生态林业、民生林业建设的一部工具书,是广大林农兴林致富的良师益友,将为新时期加快咸阳林业发展、不断提升生态林业、民生林业的质量和效益做出新的贡献。

2021 年 3 月

前　言

　　林业是国民经济的重要组成部分,也是新时期建设生态文明的主体,是维护生态平衡的重要行业。林业承担着改善生态环境和林业产品供给的双重任务。坚持科学技术是第一生产力的理念,发展现代林业,持之以恒地推广先进的林业实用技术,对推进全市绿色发展、建设生态文明、回归自然生态、增加农民收入和推动经济社会可持续发展具有十分重要的意义。

　　咸阳市地处暖温带半湿润渭北黄土高原沟壑区,由北部高原沟壑区、中部台原区和南部关中平原区三部分构成,区内南北气候变幅较大,造林立地条件差异显著,为了加快我市林业持续快速发展,不断提高生态林业、民生林业的建设质量和水平,进而实现因地制宜、适地适树、科学造林的目标。我站从 2013 年开始,就组织全站强有力的技术力量,经过为期五年的深入调研撰稿,编写完成了《咸阳市主要树种栽培技术》一书。本书共分为防护林树种、经济林树种、用材林树种和园林绿化树种栽培技术四个部分,共收编了本市 66 个主要造林绿化树种,包括各树种的形态特征、生物学特性、栽培技术、抚育管理及病虫害防治等内容。

本书初稿完成后，曾聘请杨凌职业技术学院雷开寿教授、刘慧老师进行了全面审阅和修改，在此一并表示感谢！

由于我们水平所限，在此书编写过程中，难免还存在这样那样的缺失或谬误，敬请广大读者批评指正。

编者

2021 年 3 月

目　录

第一章 防护林树种

防护林是为了保持水土、防风固沙、涵养水源、调节气候,减少污染所经营的天然林和人工林,是以防御自然灾害、维护基础设施、保护生产、改善环境和维持生态平衡等为主要目的的森林群落。它是中国林种分类中的一个主要林种。在发展现代林业、建设生态文明和美丽中国的宏伟目标中,始终保持着优先发展的主体地位。

第一节 刺槐

刺槐(*Robinia Pseudoacacia* Linn.),又名洋槐、德国槐,属豆科刺槐属落叶乔木。刺槐生长迅速,根系发达,适应性强,具有耐旱、耐瘠薄和具根瘤的生态特性,是优良的水土保持树种,也是黄土高原地区荒山荒沟造林绿化的主要树种。

刺槐生长迅速,木材坚韧,纹理细致,有弹性,耐水湿,抗腐朽,是陕西省重要的速生用材树种。刺槐的萌蘖性强,根系发达,具根瘤菌,固氮能力强,有一定抗旱、抗烟、耐盐碱能力;是咸阳市优良的保持水土、防风固沙、改良土壤和"四旁"绿化树种,也是渭北黄土高原地区荒山荒沟绿化的主要树种和优良的蜜源树种,深受群众喜爱。

一、形态特征

刺槐树高可达 25 m,胸径 1 m。树皮粗糙纵裂,有的比较光滑,颜色多为灰褐色至黑褐色,也有灰白色,小枝无毛,有托叶刺。

一回奇数羽状复叶,小叶对生或近对生,小叶7～18枚,卵形至长椭圆形,长1.5～4.5 cm,先端钝圆,微凹缺,有小尖头。总状花序,白色,有香气。荚果扁平,沿腹线有窄翅,种子黑色。花与幼嫩荚果可食用,成熟果可煮水洗衣。

二、生物学特性

刺槐原产北美,我国各地广为栽培。刺槐属强阳性树种,不耐寒冷,也不耐高温高湿。在年平均气温5 ℃以下,年降水量400 mm以下地区,地上部分年年被冻死,来年春天又重新萌发新枝,多呈灌木状态,不能正常开花结实。只有在年平均气温8～14 ℃、年降水量500～900 mm的地方,刺槐生长良好,干形比较通直。在年平均气温14 ℃以上,年降水量900 mm的地区,刺槐生长速度很快,但树高和胸径旺盛生长期持续时间短,树干低矮、弯曲。刺槐不耐庇荫,树冠大而稀疏,易生侧枝,过密分化严重,进入壮龄期后,生长缓慢。刺槐属于浅根性树种,主根不发达,但侧须根发达且交织成网,多集中在5～50 cm深的土层中,固土能力强,能适应土壤和大气干旱。刺槐耐瘠薄,对土壤要求不严,但土壤条件好时生长迅速,尤其在5年生之前,5年后生长减慢。

三、栽培技术

(一)育苗技术

1.播种育苗　刺槐种皮厚而坚硬,播种前必须经过适当处理。通常多用温水浸种,即先把种子放在缸内(达缸深的1/3),然后倒入30～40 ℃温水,随倒随用木棒搅拌,直到种子全部淹没为止。浸24小时后除去浮在水面上的瘪籽、虫害籽,然后捞出,用筛子将未膨胀的硬粒种子筛出,将已膨胀硬种子装入篓、筐等容器中,用湿布或麻袋覆盖,放在较温暖的地方催芽。以后每天用温水淘洗1次,需3～5天开始发芽,取出阴凉3～4小时便可播种。

刺槐苗期怕涝、怕风、怕寒,忌重盐碱,苗圃地宜选择排水良好、深厚肥沃、便于灌溉的沙壤土,按每亩 2～3 kg(畦播)或 3～4 kg(大田式)播种。以春播为宜,育苗地要在秋冬进行深耕,结合整地每亩施基肥 4 000～5 000 kg,并每亩施西维因 2～3 kg、黑矾 10～15 kg,以防地下虫害和立枯病。

2. **根插育苗**　起苗后,可在圃地中挖出部分断根或在母树根部挖出部分根段,1 年生最好,选粗 0.5～2 cm 的根(根径)剪成 10～15 cm 长,直插或平埋,覆土 1 cm 踏实。插根多丛生萌芽,应及时抹芽、定株,在苗高 10～15 cm 时选留 1 株壮苗,其余除掉,同时进行培土。

3. **插条育苗**　秋季树叶脱落后至春季萌动前,采集根部的当年生萌条或 1 年生苗干,选粗 1 cm 以上的中下部,剪成 18～20 cm 长插穗,剪口要平滑,要剪在芽眼附近,容易生根。秋冬季采条可按 50～100 根一捆,在坑中或地窖内混沙层积贮藏,来年春天取出扦插。于早春(3 月中下旬)萌动前进行截干,剪穗扦插,这种方法成活率也比较高。

(二)栽植技术

1. **栽植地选择**　一般用材林多选择中厚土层的山地,沟谷坡地,营林期限一般在 15～30 年。速生用材林大都选择坡度 15 度以下的山坡中部的厚层土,山沟两侧,壤质间层的河漫滩,在地表 50～80 cm 以下有沙壤至黏壤土的粉沙地、细沙地、黄土高原沟谷坡地灰褐土,含盐量在 0.2% 以下、地下水位 1 m 以上的轻盐碱地。营林期较短,一般为 10～15 年。

2. **整地方法**　刺槐根系分布较浅,对整地的细致程度反应灵敏。细致整地可以增加活土层,为根系发育创造条件,尤其在干旱瘠薄的黄土丘陵及杂草茂密地方,细致整地更为重要。

可因地制宜采用整地方法,平原多采用全面、带状、穴状等整地方法;山地应用反坡梯田、水平阶、集雨坑、鱼鳞坑等(坑的规格一般为 60 cm×60 cm×60 cm）。盐碱地修筑台田、条田和开沟筑垄法整地。

3.栽植时间及栽植密度　刺槐造林春、秋季都可进行,主要采用植苗造林。栽前根部蘸泥浆,有条件的可使用生根粉、保水剂等抗旱保水材料提高造林成活率。植苗时分带干和截干两种方式,截干造林以秋冬季造林效果好,成活率高,生长快,干形好。造林密度随立地条件、作业方式及经营目的而有很大差异,初植密度可采用1.5 m×2 m～2 m×3 m的株行距,每亩栽植111～222株。

四、抚育管理

刺槐抚育主要包括松土除草、扩穴培土、抹芽修枝等工作。松土除草时间,第1次在5月中下旬,第2次在7月上中旬,栽植当年松土除草要浅,以3～5 cm为宜,以后适当加深,同时要注意根系培土,切勿使根外露。同时,摘除多余的萌芽,以利幼林生长。对截干造林的丛生枝,应在冬季除去多余的萌条,保留一个主干,若干不直或生长不良,可于早春平茬复壮。

造林2～3年后,要进行修枝。在5～6月生长盛期,修去根部的萌生枝和树干上的侧枝,修枝强度,树高3 m以上时,冠干比保持3∶1,树高3～6 m的冠干比为3∶2,树高6 m以上的冠干比为2∶1。

五、病虫害防治

(一)豆荚螟

以幼虫蛀食刺槐种子,危害严重时,往往把荚果吃空,使刺槐种子严重减产。其防治方法是:在幼虫爬出豆荚前,采集虫害荚果烧毁。在豆荚形成初期,喷洒50%杀螟松乳剂5 000倍液,进行防治。

(二)刺槐尺蠖

幼虫食刺槐叶子。该虫食性杂,且虫口密度大,严重发生时,不但树叶被食光,林地附近的农作物亦受害严重,造成减产。

防治方法:在树干基部离地面 1 m 处扎 7 cm 宽的塑料带阻止雌虫上树产卵,于孵化前向卵块喷除虫脲(每亩 1.5 g)毒杀幼虫效果也显著;用 7216 杆菌(每亩 500 g)防治幼龄幼虫和用白僵菌(每亩 500 g)防治老熟幼虫和蛹,都有一定效果;可采用林丹烟剂或敌马烟剂直接燃烧(注意防火);喷烟机喷烟防治或喷洒 50％杀螟松 5 000 倍液防治幼虫;对成虫可采用诱虫灯诱杀。

第二节　侧柏

侧柏[*Platycladus orientalis*(Linn.)Franco],又名柏树,属柏科侧柏属常绿乔木,具有耐旱、耐寒、耐瘠薄的特征。

侧柏为我国北方干旱阳坡造林的先锋树种,也是优良的用材林树种。侧柏寿命长,树势雄伟美观,四季常青,木材坚韧细密,不翘不裂,耐腐朽、耐水湿,有香气,易加工,可供建筑、雕塑、农具细木工等使用。侧柏可分泌出一种能杀菌的芳香油,可起到净化空气环境、防止污染的作用。侧柏由于耐修剪,还可用于道路庇荫或作绿篱植于风景区道路旁,加以整形,颇为美观,是常用的风景园林树种。种子可榨油,根、枝、叶、树皮可药用。

一、形态特征

侧柏树高可达 20 m,树皮呈淡褐色或灰褐色,细条状纵裂。附着鳞片的小枝扁平,直展,两面皆为绿色。鳞叶形小,交互对生,长 1～3 mm。雌雄同株。雄球花长卵形,被白粉。球果卵圆形。种子长 4～8 mm,宽 3 mm,无翅,灰褐色或紫褐色,种脐大而明显。花期 3～4 月,球果 9～10 月成熟。

二、生物学特性

侧柏在我国分布很广,目前全国各地都有栽培。侧柏为温带树种,喜湿润、耐干旱、耐瘠薄,能适应碱性、酸性等各种土壤。在年平均气温 8～16 ℃、降水量 300～1 600 mm 地区均能正常生长,对温度适应范围宽,能忍受－35～40 ℃的温度。侧柏为喜光树种,但幼苗、幼树略耐阴,成年后全光照下生长良好。其不耐积水、在排水不良的低洼地易烂根死亡。侧柏属浅根性树种,抗风力弱,但侧须根发达,有保水土、防冲刷作用。

三、栽培技术

(一)育苗技术

1.容器育苗 先建成 1.5 m×5 m 的苗床,然后将细土与腐熟的鸡、牛、羊粪混合,均匀过筛装入容器内,将处理过的种子每杯 3～5 粒种入即可。早春育苗可在苗床上搭建保温棚,棚内温度若超过 30 ℃,要将棚两头薄膜揭开通风降温,防止烧苗。

2.播种育苗 侧柏在各种土壤上均可育苗,但不宜选择过于干旱瘠薄、地势低洼积水和返碱严重的土壤(pH＞8.5)圃地育苗。旱地育苗可做成苗床,以保蓄降水为原则。水地育苗可做成畦式床。长 10 m、宽 1 m,畦高 20 cm,或做成垄式床,垄床宽 70 cm,垄面宽 30～35 cm,垄高 12～15 cm,垄距 70 cm。

为使出苗整齐,播前种子需进行催芽处理,一般用 30～40 ℃温水浸种 3～10 分钟,捞出后浸入冷水 1 昼夜,再捞出置于筐内,放到背风向阳处,每天冲 1 次清水,经常翻动,待大部分种子开裂时即可播种。一般 3～4 月进行播种,亩用种量 10～15 kg。

常用播种育苗方法有:

(1)四行带状播法 带间距 40 cm,带内距 25 cm,用锄开沟,沟深 3～4 cm,播幅 5～8 cm,覆土厚度 2 cm 左右。

（2）条播法　播幅宽 5 cm 左右，行距 10～20 cm，沟深 5～7 cm，覆土 1 cm。

（3）撒播法　先用锄锄松整好床面，均匀撒播种子，覆土 0.7～1.5 cm，覆土后稍加镇压。从播种到发芽需要 10～15 天，开始发芽到发芽出土终止需 20～25 天时间。当发芽种子群体将表土顶开口时，应及时洒水增墒，用小手铲或小耙破除板结的表土层，以利幼苗出土。当苗出齐后，开始松土除草 4～5 次。7月上旬追肥，每亩施 10 kg 硫酸铵。

（二）栽植技术

1.栽植地选择　除了低洼积水之地和返碱严重的盐碱地不宜用作造林外，其他立地条件均可适用。特别是在干旱阳坡、极陡坡等困难立地类型造林，其成效可超过刺槐及其他树种。

2.整地方法　可因地制宜采用反坡梯田、水平沟、水平阶、鱼鳞坑等多种方法整地。提前在雨季或秋季进行，先整后造。

3.栽植时间及栽植密度　侧柏春、"雨"、秋三季均可造林，但以春季较好，雨季也适宜。做到随起苗、随栽植，切勿使苗木在空气或阳光下露置时间太长，以免风吹日晒，降低成活率。

侧柏幼龄期初植密度可采用 1.5 m×2 m～2 m×3 m 的株行距，每亩栽植 111～222 株。作绿篱时，单行式株距 40 cm，双行式株距 30 cm、行距 40 cm。

四、抚育管理

（一）松土除草

在干旱阳坡，松土除草可以蓄水保墒。侧柏 1 年中有两次生长高峰，第 1 次在 6 月上中旬，第 2 次在 7 月下旬、8 月上旬，除草松土可分别在 5 月及 7 月中旬进行。

（二）修枝

侧柏不宜过早修枝，造林 7～8 年后开始第 1 次修枝，只修去基部的粗大侧枝,保留树冠长度占整个树高的 2/3,修去部分占1/3。

五、病虫害防治

(一)侧柏毒蛾

以幼虫危害叶片,严重影响树木的生长。侧柏毒蛾以卵在侧柏的叶子及小枝上越冬,翌年 3 月下旬,卵孵化为幼虫,开始危害,5 月中旬化蛹,5 月下旬羽化为成虫;第 1 代成虫出现于 7 月下旬,第 2 代 8 月下旬,第 3 代 10 月下旬,并产出第 4 代(越冬代)卵在叶片上越冬。

防治方法:冬季在树的向阳面采集卵块,集中消灭;可在 5 月、7 月、8 月和 10 月集中采蛹,予以消灭;成虫趋光性强,可用黑光灯诱杀。

(二)侧柏松毛虫

侧柏松毛虫是侧柏林区的主要虫害。幼虫吃嫩芽、针叶,严重时针叶多被吃光,使林木呈现枯黄状态,影响林木生长,甚至造成死亡。

防治方法:用松毛虫赤眼蜂于 8 月在虫害产卵初每亩放蜂5 万～7 万头,连续放 2 次,卵粒寄生比对照高出 66.8% 以上,最高达 82%,虫口密度下降 47%～75%。

(三)双条杉天牛

幼虫取食于皮、木之间,切断水分、养分的输送,引起针叶黄化,长势衰退,重则引起风折、雪折,严重时很快造成整株或整树木死亡,直接影响侧柏的速生丰产和优质良材的形成。

防治方法:成虫期,在虫口密度高、郁闭度大的林区,可用敌敌畏烟剂熏杀;初孵幼虫期,可用 6% 可湿性六六六、50% 甲基氧化乐果乳剂、20% 益果乳剂、20% 蔬果磷乳剂、25% 杀虫脒水剂的100 倍液;8% 敌敌畏 1 倍、一线油(柴油或煤油)9 倍混合,喷湿

3 m以下树干或重点喷流脂处。

(四)柏肤小蠹

在成虫补充营养期危害枝梢,常将枝梢蛀空,易遭风折;繁殖期危害干、枝,造成枝和树株死亡。

防治方法:人工设置饵木,选择直径在 2 cm 以上的木段进行诱集,及时将诱集木段置入较细的密闭纱网内处理;6月下旬成虫危害时,喷 2.5%溴氰菊酯或 20%杀灭菊酯 1 500～6 000 倍液;保护和释放天敌昆虫管氏肿腿蜂。

第三节　油松

油松(*Pinus tabulaeformis* Carr.),又名东北黑松,属松科松亚属常绿乔木,适应性强,分布广泛,为我市荒山荒沟造林的主要树种。

油松根系发达,生长稳定,枝叶繁茂,寿命长,蓄水保持防护作用大。心材淡黄色,边材淡黄白色,纹理直,材质较坚硬,强度大,耐摩擦,富树脂,耐腐朽,为优良的建筑、桥梁、矿柱、枕木、电杆及木纤维工业原料,可采割松脂,提炼松香,松节油、松节、松针、松花粉均可药用。在近年来的城乡道路、公园、公共绿地和旅游景区绿化中油松被广泛采用。

一、形态特征

油松树高可达 30 m,胸径 1.8 m,幼树树冠圆锥形,壮年树冠广卵形、塔形或圆柱形,老龄树树冠平顶或呈伞形。树皮灰褐色或褐灰色,裂成较厚的鳞块片状;大枝平展,1 年生枝淡灰黄色或淡红褐色,无毛,幼时微被白粉;针叶 2 针 1 束,粗硬,长 10～15 cm,径 1～1.5 mm;树脂道 5～8 个或更多,边生,稀角部有 1～2 个中生;叶鞘宿存。球果卵圆形,长 4～9 cm,有时歪斜,成熟时暗褐色,常宿存树上数年不落,鳞盾肥厚,扁菱状或菱状多边形,横脊显著,种脐有翅;种子卵圆形或长卵圆形,长 6～7 mm,翅长约 1 cm,黄白色,有黑色条纹;子叶 8～12 枚。花期 4～5 月,翌年 9～10 月球果成熟。

二、生物学特性

油松属温带树种,喜温凉气候,抗寒力很强。海拔偏低或水平分布偏南的地区,由于高温及季节性干旱对油松生长不利,多病虫害。油松对土壤养分要求不高,较耐干旱瘠薄,在酸性、中性或石灰性土壤上均能生长,但不耐水涝及盐碱地。油松为喜光树种,全光照下能进行天然更新,为荒山造林的先锋树种。油松是深根性树种,根系发达,穿透力强,加之针叶蒸腾量小,耐旱力强,在山崖上也能生长。生长速度中等,幼时生长较慢,第 4～5 年后高生长加速,胸径生长一般在 15～20 年后开始加速,在良好条件下旺盛生长期可维持到 50 年左右,胸径每年生长量最大可达 1～1.5 cm。

三、栽培技术

(一)育苗技术

1. 山地育苗　油松山地育苗具有就地育苗、就地造林、便于起苗带土、运苗时易保护苗根、节约育苗地和管理费用低等优点。宜选东北或西北坡的中下部,坡度在 20° 以下的缓坡地带,以台地或沟条地为好,土壤深厚湿润、沙壤或轻壤质、腐殖质层越厚越好,郁闭度为 0.3～0.4 的山杨、白桦疏林或灌丛均可。

梯田或反坡梯田整地,苗床宽 1～1.5 m,长 4～10 m。先砍除灌木,挖去树根、草皮,用石块或草菄作梗,深挖而不翻出生土。整地时每亩施入五氯硝基苯代森锌合剂(1∶1)2.5～3 kg,3% 的硫酸亚铁 7.5～10 kg。播种前用 0.2% 的高锰酸钾浸种 24 小时,或每 100 kg 种子用 10～12 kg 的硫酸亚铁拌种。消毒过的种子倒入 60～70 ℃ 的温水中,同时搅拌,待冷却后倒入清水,浸泡一昼夜,捞出堆在席箔上(或装筐内),放在向阳处,勤洒水并翻动,保持湿润,10～12 天后即可播种。通常在 3 月下旬至 4 月中旬播种,在地势较高的山地,可推迟到 4 月下旬至 5 月上旬播种。一般当地山桃开花就是油松适宜的播种期。播种量每亩 15～20 kg,行距 15～20 cm,播幅 4～5 cm,覆土 0.5～2.0 cm。播时沟底要平坦,撒种均匀,播后稍加镇压。

苗期管理要细致,1 年生苗松土深度 1～1.5 cm,2 年生苗 2～3 cm,苗床内的杂草可清除。6 月下旬至 7 月中旬,趁雨前每亩施尿素 2.5～3.5 kg,行间开沟施入,切勿撒在苗根和叶面上,以免烧苗。留床苗追肥应在 4 月初至 5 月底前进行。在发芽出土后,种壳脱落前要注意防鸟兽害。

2.容器育苗 容器育苗具有省地、省种子、育苗周期短、苗木质量好、造林成活率高、便于集约化管理的特点,有利于苗木速生、丰产。育苗地应选择背风向阳、地势平坦、水源充足、交通方便的地方。容器种类视育苗时间而定,一般采用塑料薄膜袋或纸袋,高度为 7～10 cm,直径 4～7 cm。营养土用腐殖质土、黄土、沙子 3∶6∶1 的比例配成,或用荒土、荒山表土加 0.25% 复合肥效果也好。填实灌水后,每个容器播 4～5 粒种子。用筛过的营养土覆盖 1～2 cm 至容器口平为止。以后要经常洒水,保持营养土湿润。每平方米可放 400 个容器,每亩可育苗 17 万杯,造林按每亩 500 杯计算,每亩所育苗木可造林 340 亩。

(二)栽植技术

1.栽植地选择 油松造林要重视选择适宜的地形部位。气候较为干旱的地区,土壤水分是油松成活、生长的重要因子。低山丘陵(800 m 以下)宜选在阴坡、半阴坡;高山(海拔 800～1 800 m)宜选在半阴坡、半阳坡和植被较好的阳坡,只要土质疏松、土层深厚,山坡上部和山脊梁峁均可造林。在高海拔地段，土层深厚的阳坡生长反优于阴坡。但土壤黏重地和低洼盐碱地不宜选油松作造林树种。

2. **整地方法**　油松造林整地的方法很多，主要取决于造林地条件。

(1)集雨坑　这是最常用的一种方法，适宜于在地形破碎、地势陡峭的山坡地上采用。一般长 60 cm，深 20～30 cm，每穴栽 1丛(2～3 株)。

(2)水平阶　在石质山地或陡坡采用该方法。一般长 3 m 左右，宽 30～50 cm，深 30 cm，埂高 15～20 cm，呈"品"字形沿山坡等高线排列。

(3)水平沟　在黄土高原地区多采用水平沟，一般规格长 3～4 m，上口宽 70～80 cm，下底宽 50～60 cm。

(4)带状整地　在地势较平坦或黄土高原的平坡地，多采用带状整地，宽 1～2 m，带向与主风向垂直，带间留 1～2 m 宽的植被作保护带。

(5)反坡梯田　这种整地方法已在我市黄土高原广泛采用。在土层深厚的缓坡地，沿等高线自上而下，里切外垫，用生土石块筑沿，修成里低外高的梯田，形成 10°～20°的反坡，保持 30～50 cm 深的活土层。田面宽 1～1.2 m，上下、左右两个反坡梯田间保留 0.3～1 m 生草带。

3. **栽植时间及栽植密度**　油松植苗造林以春季为宜，春季造林的成活率和当年生长量均高于秋季造林。应用顶芽饱满、根系发达、叶色绿浓、无病虫害的苗木。油松幼龄生长稍缓，易生粗壮侧枝，干形不够端直，若造林地的立地条件较差，应适当密植，株行距可采用 1.5 m×2 m～2 m×3 m，每亩 111～222 株。

4. **混交造林**　油松天然林中，常与栎类(辽东栎、麻栎、槲栎等)、山杨、桦木、杜梨及其他杂灌木混生；人工林中，与油松混交的树种有栎类、山杨、小叶杨、青杨、侧柏、刺槐、紫穗槐、沙棘等。

四、抚育管理

(一)松土除草

油松栽植当年,为了渡过成活关,需要适当的庇荫,且根系多分布在5～15 cm土层中,当年松土锄草,容易损伤幼苗根系,而保留部分杂草,还能给幼苗创造适当的庇荫小环境。如杂草过旺,可割除穴周围杂草。但从第二年起,必须进行松土锄草,因为油松是喜光树种,从第二年起已不耐庇荫。特别是在山地植被覆盖度大的阴坡,如不及时进行松土除草,3年后就会因光照不足而枯死。

(二)合理修枝

油松幼林郁闭前修枝或过度修枝对生长影响很大,因此修枝要适当,不可过量,以免影响其生长。应在郁闭后至10年逐步进行。

五、病虫害防治

(一)油松立枯病

油松立枯病又叫猝倒病,为油松苗期主要病害。致病的病原菌是丝核菌和多种镰刀菌等。症状有4种类型,即种腐型、稍腐型、猝倒型、立枯型,以猝倒型最为严重。

防治方法:①选择排水良好、疏松肥沃的土地育苗,忌用黏重土壤和前作为瓜类、棉花、马铃薯、蔬菜等的土地作苗圃,做到旱灌涝排。②播种时可在苗床或播种沟内撒药土(敌克松每亩0.5～1.0 kg;苏农6410每亩2.5～3.0 kg;1∶1五氯硝基苯代森锌合剂0.5～1.0 kg;将农药同20～30倍干燥土混合均匀使用;或每亩用硫酸亚铁15～20 kg碾碎掺土撒施)。③天晴土干时,可淋洒敌克松500～800倍液或苏农6410可湿性剂800～1 000倍液或1%～3%硫酸亚铁,以淋湿苗床表土为度。硫酸亚铁对苗木有害,喷后要用清水洗。药土或药液每隔 10 天左右施用 1 次,连喷 2～3 次即可抑制油松立枯病的发生。

(二)油松毛虫

油松毛虫以幼虫危害针叶,大发生时可将松叶全部吃光,影响林木生长,严重时使松林成片死亡。

防治方法:用白僵菌、松毛虫杆菌或赤眼蜂、黑卵蜂等进行生物防治,效果良好,还可逐步恢复生态平衡;10 月或翌年 3 月,用 50%马拉硫磷乳油加水 6 倍使用;9 月或翌年 4 月用机动喷雾器向树冠上超低量喷洒 25%马拉硫磷油剂、25%敌百虫油剂、25%杀螟松油剂每亩约 0.25 kg,毒杀幼虫,均可达到 90%以上的效果。面积过大时,可用飞机喷上述药剂进行超低量喷雾;造林时最好营造混交林,有利于天敌的繁殖,可抑制油松毛虫的发生。

(三)松叶蜂

幼虫食害针叶,严重时针叶全部被吃光,呈火烧状,对林木影响生长很大。

防治方法:营造混交林,加强抚育,增强树势,减少为害;在卵期、低龄幼虫期,人工摘除有虫、卵枝条,茧期人工挖掘茧块,集中烧毁;幼虫期施用白僵菌以及多核型病毒等;对小面积虫源地、林缘地带及个别高大树株,用 15%杀虫双打孔注干防治,每株 5 mL。在低龄幼虫期,在高虫口密度林中以 2.5%敌杀死乳油、2.5%灭扫利 0.005%液喷雾,选择性防治有虫株,或用 25%敌马油剂超低量喷雾,每公顷 3 kg;在中高龄幼虫开始大量转移为害时,在早晚用敌马烟剂放烟,每公顷 15 kg。

(四)松梢斑螟

幼虫钻蛀主梢,引起侧梢丛生,树冠呈扫帚状,严重影响树木生长。幼虫蛀食球果影响种子产量,也可蛀食幼树枝干,造成幼树死亡。

防治方法:冬季摘除被害干梢、虫果,集中处理,可有效压低虫口密度;利用黑光灯以及高压汞灯诱杀成虫;于越冬成虫出现期或第一代幼虫孵化期喷洒50%杀螟松乳油1 000倍液或30%桃小灵乳油2 000倍液、10%天王星乳油6 000倍液、25%灭幼脲1号1 000倍液、50%辛硫磷乳油1 500倍液。

(五)红脂大小蠹

红脂大小蠹主要危害已经成材且长势衰弱的大径立木,在新鲜伐桩和伐木上危害尤其严重。

防治方法:清除严重受害树,并对伐桩进行熏蒸等处理,消灭残余小蠹和避免其再次在伐桩上产卵危害;成虫侵入期采用菊酯类农药在树基部喷雾,可防止成虫侵害;在红脂大小蠹成虫扬飞期间,在寄主树干干部喷洒25倍绿色威雷缓释液,可杀死其成虫;应用生物防治技术,如啄木鸟、红蚂蚁、白僵菌、绿僵菌等。

(六)小蠹虫

小蠹虫是一种蛀干害虫,以成虫和幼虫蛀害松树嫩梢、枝干或伐倒木。凡被害梢头,易被风吹折断。

防治方法:加强检疫,严禁调运虫害木。对虫害木要及时进行药剂或剥皮处理,以防止扩散;选择抗逆性强的树种或品种营造针阔混交林;越冬期和幼虫发育期,伐除虫害木;保护和利用天敌,如鸟类、寄生蜂(茧蜂、金小蜂)、大唼蜡甲等降低为害;在越冬代成虫扬飞入侵盛期,使用40%氧化乐果乳油100～200倍液或2%的毒死蜱、2%的西维因和2%的杀螟松油剂涂抹或喷洒活立木枝干,可杀死成虫。

第四节　旱柳

旱柳(*Salix matsudana* Koidz),亦称柳树,为杨柳科柳属落叶乔木。因根系发达,树体高大,树冠宽阔,树姿柔美,既是园林、庭院绿化美化树种,又因抗风力强,也是防风、防沙、护岸护堤的造林树种。旱柳树的叶、花、果均可入药,具有清热除湿、消肿止痛和治疗黄疸肝炎、牛皮癣、湿疹等多种功效。

一、形态特征

旱柳树高可达 20 m,胸径可达 0.8～1 m。树冠广圆形,树皮暗灰色,有沟裂;枝细长,直立或斜展,浅黄色或淡绿色;叶披针形,长 5～10 cm,宽 1～1.5 cm,先端长渐尖,基部窄圆形或楔形,上面绿色,下面苍白色,花序与叶同时开放,雄花序圆柱形,长 1.5～3 cm,雄蕊 2 枚,花丝基部有长毛,黄色,雌花序较雄花序短,长 2 cm,花期 4 月,子房长椭圆形,柱头卵形,果序长达 2～2.5 cm,果成熟期 5 月。

二、生物学特性

旱柳喜光、耐寒、耐湿,水旱地均能生长,特别适宜在土层深厚、排水良好的沙壤土上生长。

三、栽培技术

(一)育苗技术

旱柳最常用的是扦插育苗,该方法操作简便,易成苗,应用广泛。

扦插育苗:树木休眠期在优良母树上选取 1 年生健壮枝条(粗度 0.6～1 cm),并及时露天沙藏,翌年春扦插前,先剪去组织不充实、木质化程度稍差的部分,再把它剪成长 15 cm 左右的插穗,上切口距第一个冬芽 1 cm,切口要平滑,下切口距最下面的芽 1 cm左右,剪成"马耳形",然后按粗细分级,50～100 个一捆,放置在背阴处用湿沙沙藏。旱柳扦插时无须对插穗进行处理。但若种条采集时间过长或插穗失水现象严重,可于扦插前浸水 1～2 天(以流水为佳),以利于成活。

扦插育苗以垄作最为常见,单行或双行扦插均可,单行扦插株距 15～20 cm;双行扦插行距 20 cm,株距 10～20 cm。扦插时按插穗分级分别扦插,小头朝上垂直扦插,扦插深度以地面保留一个芽子为宜,插后踏实,浇足底水。幼苗出苗与生长期间,保持垄面湿润,干旱时及时灌水。幼苗期及时中耕除草、追肥及抹芽,选择一个健壮枝培养成主干,保留上部 3/5 的腋芽,下部腋芽全部抹除。8 月上旬抹芽停止。

(二)栽植技术

采用大坑穴整地方式。规格为 80～100 cm 见方,若是成片栽植,株行距 3 m×4 m,呈"品"字形配置,每亩栽植 56 株,若是单行栽植,株距 5～6 m 为宜。

栽植前,先给每个坑穴内施入 10 kg 有机肥、0.5 kg 磷肥,栽后覆膜,灌足"定根水"。

四、抚育管理

(一)松土除草

栽植后 1～3 年内每年松土除草 1 次,一是防止形成草荒与幼树争水争肥,二是可减少病虫害或火灾发生。

(二)修枝抚育

旱柳侧枝发育迅速,及时修除侧枝,可促进主杆生长。

五、病虫害防治

(一)锈病

从发病初期每隔 10～15 天喷洒 1 次敌诱钠 200 倍液,或0.3～0.5 波美度石硫合剂,喷 2～3 次即可。

(二)双尾天社蛾

可用 40％乐果乳剂 1 000 倍液喷洒防治。

（三）天牛

可用 50％马拉松乳剂 500 倍液或 50％百洗乳剂 1 000 倍液喷洒防治。

（四）柳叶蜂

可喷洒 3％高渗笨氧威乳油，或 1％苦参碱乳油 2 000～2 500 倍液，或 1.8％阿维菌素乳油 3 000 倍液防治。

（五）芳香木蠹蛾

防治方法：及时发现和清理被害枝干，消灭虫源；用 50％的敌敌畏乳油 100 倍液刷涂虫疤，杀死内部幼虫；树干涂白防止成虫在树干上产卵；成虫发生期结合其他害虫的防治，喷 50％的辛硫磷乳油 1 500 倍液，消灭成虫；对幼虫为害的新梢要及时剪除，消灭幼虫，防止扩大为害。

第五节　山桃

山桃［*Amygdalus davidiana* (Carriere) de Vos ex L. Henry］，又名花桃，为蔷薇科桃属落叶小乔木，是常见的观赏花灌木。山桃耐旱、耐寒、耐瘠薄，既是我国黄河流域的水土保持树种，也是城市园林化的观赏树种。其种子可榨油食用，桃仁、根、茎、叶、皮、花及桃树胶均可入药，具有清热解毒、利水消肿、活血止痛、杀虫止痒等功能。

一、形态特征

山桃树高可达 5～8 m，树冠开展，树皮暗紫色，光滑；小枝细长，直立；叶片卵状披针形，长 5～10 cm，宽 1.5～4 cm，先端渐尖，基部楔形，叶柄长 1～2 cm；花单生，先花后叶，直径 2～3 cm，花梗极短或无梗，花萼无毛，萼筒钟形，萼片卵形至卵状长圆形，紫色，先端圆钝，花瓣倒卵形或近圆形，长 10～15 mm，宽 8～12 mm，粉红色,雄蕊多数,花期 3～4 月;子房被柔毛,果实近球形,直径 2.5～3.5 cm,淡黄色,果梗短而深入果洼,果肉薄而干,不可食。核球形,果成熟期 7～8 月。

二、生物学特性

山桃喜光、耐干旱、耐寒、耐瘠薄、怕涝,广泛分布于暖温带半干旱、半湿润落叶阔叶林地带,适宜的年平均气温 8～10 ℃,≥10 ℃的活动积温 2 800～3 500 ℃,无霜期 150～220 天,年平均降水量 400～700 mm,适宜的土壤为普通褐土、黑垆土、黄绵土等,在极端最低气温－25 ℃以上的黄土丘陵沟壑区也能正常生长。

三、栽培技术

(一)育苗技术

1.选择优树,采集良种 应选择发育健壮、无病虫害的优树作为采种母树,待母树种子充分成熟后再采集种子。

2.播种育苗 选择背风向阳、地势平坦、土层深厚、土壤肥沃、排灌方便的土地作为育苗地,在当年秋季进行深翻施肥,整地作床,在土壤上冻前处理种子。将采回的种子用清水浸种 1～2 天后,再与 3 倍湿沙混匀后进行沙藏。坑深 80～100 cm,把沙藏种子放入后,上面盖 20～30 cm 厚土,翌年 4 月初将坑内种子扒出放置背阴处,并用塑料布盖上,但需经常翻动,待 1/3 种子开裂后即可下种,每亩播种量 50 kg,播后浇足底水。若实施秋播,种子浸泡消毒后即可播种,无须进行种子催芽。幼苗期间,适时中耕除草、灌水、施肥和间苗,每亩留苗 3 万株左右。

(二)栽植技术

采用鱼鳞坑整地方式,规格为 80 cm×60 cm×60 cm,株行距 2 m×3 m,每亩初植密度 111 株。山桃造林应注意避开风口地带,以免花期遭遇晚霜危害,影响山桃结实。

山桃造林可分为植苗与直播造林方式。植苗造林多用于海拔较低、坡度平缓的山坡、沟坡地造林,直播造林多用于海拔较高、坡度较陡的山地、侵蚀沟坡造林。山桃植苗造林一般在春季进行,并实行截干栽植。用表土埋根,提苗分层踩实,使根系舒展,有条件的地方应尽可能做到栽后浇水,然后覆土,用地膜覆盖树坑。山桃直播造林多在秋季进行,每穴播 1~2 粒种子,覆土厚度 5~8 cm,用脚踩实即可。

四、抚育管理

(一)松土除草

山桃造林后 1~3 年内,每年需进行 1 次松土除草,以利于幼树健壮生长,避免草荒引发病虫害及火灾发生。

(二)平茬更新

山桃林易衰老,可 8~10 年进行 1 次平茬复壮更新,提高山桃结实率。

五、病虫害防治

(一)缩叶病

在谢花后喷洒 70％甲基托布津 100 倍液进行防治。

(二)细菌病、穿孔病

在谢花后喷洒 100％农用链霉素 1 500 倍液或选用龙克菌 600 倍液进行防治。

(三)桃蚜

可用 10％蚜虱净或 10％吡虫啉 2 000 倍液进行喷杀。

第六节　山杏

山杏[*Armeniaca sibirica* (Linn.) Lamarck],又名野杏,为蔷

薇科杏属落叶灌木或小乔木。山杏是半干旱半湿润地区荒山荒沟造林绿化的先锋树种,也是黄土高原丘陵沟壑区优良的水土保持树种。

山杏的叶、花、果肉、种仁均可入药,在我国中草药中居重要地位,具有医治风寒、生津止渴、润肺化痰、清热解毒及医治癌症的多种功效。杏仁不但是我国的名贵中草药,也是重要的食品工业原料和传统出口物资。杏仁含油率达30%,除可食用外,还可制作高级润滑油;果肉可制干、酿酒、制醋;种壳能制活性炭;树皮可提炼单宁、栲胶。

一、形态特征

山杏树高2～5 m,树皮暗灰色;小枝无毛,灰褐色或淡红色;叶片卵形或近圆形,长4～7 cm,宽2.5～5 cm,先端渐尖,基部心形,叶缘有锯齿,两面无毛;叶柄长2～3.5 cm,无毛;花单生,直径1.5～2 cm,先于叶开放,花梗长1～2 mm,花萼紫红色,萼筒钟形。花瓣近圆形或倒卵形,白色或粉红色,花期3～4月,子房被短柔毛。果实扁球形,直径1.5～2.5 cm,黄色或橘红色,果成熟期6～7月。

二、生物学特性

山杏喜光,耐旱、耐寒、耐瘠薄,对环境适应性很强。在－40～－30 ℃的低温下能安全越冬,当土壤含水率仅为3%～5%时,它叶色浓绿,生长正常。在深厚肥沃土壤上生长良好,在积水或盐渍化土壤上生长不良。山杏造林3～4年即挂果,5～6年进入盛果期,15～20年进入衰老期。山杏不但是良好的生态树种,而且也是价值很高的经济树种。

三、栽培技术

(一)育苗技术

1.选择优树,采集良种　应选择发育健壮、无病虫害的优树作为采种母树,待母树种子充分成熟后再采集种子。

2.播种育苗　选择背风向阳、地势平坦、土层深厚、土壤肥沃、排灌方便的土地作为育苗地,在当年秋季进行深翻施肥,整地作床,在土壤上冻前进行种子处理。将采回的种子用清水浸种1~2天消毒后,再与3倍湿沙混匀后沙藏。坑深80~100 cm,把沙藏种子放入后,上面盖20~30 cm厚土,翌年4月初将坑内种子扒出放置背阴处,并用塑料布盖上,但需经常翻动,等1/3种子开裂后即可播种,每亩播种量50 kg,播后浇足底水。若实施秋播,种子浸泡消毒后即可播种,无须进行种子催芽。幼苗期间,适时中耕除草、灌水、施肥和间苗,每亩留苗3万株左右。

(二)精细整地

山杏造林通常采用大鱼鳞坑整地方式,规格为80 cm×60 cm×60 cm,株行距2 m×3 m,亩初植密度111株。山杏造林地选择应注意避开风口地带,以免花期遭遇晚霜危害,影响结实。

(三)科学栽植

山杏造林可分为植苗与直播两种造林方式。植苗造林多用于海拔较低、劳力充足、坡度平缓的山坡、沟坡地造林,直播造林多用于海拔较高、劳力较少、坡度较陡、山地、侵蚀沟坡造林。山杏植苗造林一般在春季进行,并实行截干与ABT生根粉蘸泥浆栽植方法,用表土埋根,提苗分层踩实使根系舒展。有条件的地方尽可能做到带土栽植,然后覆土,再用地膜覆盖树坑。山杏直播造林应在秋季进行,每穴1~2粒种子,覆土5~8 cm,然后用脚踩实即可。

四、抚育管理

(一)松土除草

山杏造林后1～3年内需进行1次松土除草,防止草荒与幼树争水争肥,减少病虫害或火灾发生。

(二)平茬更新

山杏树势易衰老,一般15～20年进入衰老期,为了促使山杏更新复壮,可在秋季土壤封冻前,用斧头或镐头将山杏地上部分砍去,待翌年春季新芽萌发后,再抹芽定株,一般每丛选留1个健壮株定向培育,每8～10年更新1次。

五、病虫害防治

(一)杏星毛虫

在春季和夏季新幼虫孵化期间,用90%敌百虫0.5 kg,兑水750～1 000 kg实行喷雾,花谢后,摘除包叶消灭幼虫,早春刮树皮,集中烧毁,消灭越冬虫卵。

(二)球坚介壳虫

在开花前,喷3～5波美度石硫合剂,结合修枝,剪去有虫树枝,集中烧毁。

(三)杏仁蜂

杏仁蜂又称杏核蜂,危害杏果实和新梢。幼虫蛀食果仁后,造成落果或果实干缩后挂在树上,被害果实和新梢也随之干枯死亡。

一年发生1代,主要以幼虫在园内落地杏果及枯干在树上的杏核内越冬越夏,也有在留种的和市售的杏核内越冬。

防治方法:加强杏园管理,彻底清除落杏、干杏。秋冬季收集园中落杏、杏核,并振落树上干杏,集中烧毁,可以基本消灭杏仁蜂。结果杏园秋冬季耕翻,将落地的杏核埋在土中,可以防止成虫羽化出土。在成虫羽化期,地面撒3%辛硫磷颗粒剂,每株250～

300 g;或 25%辛硫磷胶囊,每株 30～50 g;或 50%辛硫磷乳油
30～50 倍液。撒药后浅耙地,使药土混合。落花后树上喷布 20%
速灭杀丁乳油。

第七节　沙棘

沙棘(*Hippophae rhamnoides* Linn.),又名酸刺(陕西)、醋柳
(山西)、黑刺(青海),属胡颓子科沙棘属落叶灌木或小乔木。沙棘
耐旱、耐寒、耐瘠薄、耐水湿、耐盐碱,是理想的荒山荒沟及荒沙造
林绿化树种。

一、形态特征

沙棘高可达 10 m。枝上有灰褐色刺针。单叶互生,线形或线
状披针形,长 2～6 cm,下面密被银白色或淡褐色盾状鳞斑;叶柄
短。雌雄异株,短总状花序腋生;花单性,先叶开放;花被筒短、2
裂,黄色,雄蕊 4 枚,风媒传粉。果近球形,径 0.5～1 cm,橘黄色,
花期 3～4 月,果期 9～10 月,种子 1 枚,卵形,种皮坚硬,黑褐色有
光泽。

二、生物学特性

沙棘分布很广,在我国除三北地区大量分布外,四川、云南、贵
州及西藏都有分布。垂直分布高度可达 4 000 m。

沙棘是喜光树种,也能生于林下,对气候和土壤的适应性很
强。抗严寒、耐风沙、干旱和高温;对土壤要求不严,耐水湿及盐
碱,又能耐干旱瘠薄,但在黏重土壤中生长不良。根系发达,生长
较快,主根浅,萌蘖性极强。通常 5 年生树高可达 2 m 以上。根系
主要分布在 40 cm 深的土层内,根幅可达 10 m 左右。3 年开始产
生根蘖苗,在撂荒地林缘每年可向外扩张 2 m 左右。有根瘤菌,

枯枝落叶量多,改土作用强。沙棘的根与短杆状固氮细菌共生,固氮能力强,7～8年生的沙棘林,枯枝落叶层可达2～3 cm厚,能增加土壤腐殖质,提高氮、磷含量。枝叶稠密,萌芽力强,耐修剪。

三、栽培技术

(一)育苗技术

1.播种育苗　沙棘种粒小,种皮厚而坚硬,并附有油脂状棕色胶膜,妨碍吸水,顶土能力差,幼苗孱弱,育苗应注意以下几点:

(1)宜选有灌溉条件的沙壤土作育苗地,切忌黏重土壤。旱地育苗必须提前深耕整地,做好蓄水保墒。播种前要细翻碎土。

(2)春季适宜早播,当土层5 cm深处温度达9～10 ℃时,沙棘种子就会发芽,14～16 ℃是最为适宜。一般以4月份播种最好。

(3)春播要做好浸种催芽。用50～60 ℃温水浸泡1～2昼夜,再混沙处理,待有30%～40%的种子开裂时,即可播种。

播种前灌足底水,精细整地,种子覆土不能过深,一般2～3 cm即可。条播行距20～25 cm,每亩播种量5～6 kg。播种后第6天开始破土出苗,应及时洒水保持苗床湿润,消除地表板结是克服沙棘幼苗顶土力弱、保证出苗的关键。

当年间苗1～2次,间苗后15～20天,进行定苗,每平方米留苗15～20株,间苗后应及时灌水松土。1年生幼苗要灌水4～5次,及时松土除草,并可于6～7月追施速效氮肥1次,每亩7.5～10 kg。

2.插条育苗　春、秋两季均可,春季于3月中旬从2～3年生健壮枝条上剪取插穗,插穗长20 cm左右,粗0.5～1.0 cm,在流水中浸泡4～5天后进行扦插。

(二)栽植技术

1.园地选择　园地应该选择在质地疏松、有机质丰富、有灌溉条件的轻壤土上。如果是保水保肥力差的沙土,一定要增施腐熟的有机肥,同时掺入黏土或壤土,以提高保水能力。

2. **苗木选择** 建立沙棘园的苗木用 1～2 年生苗,高 0.3～1 m 左右为好。选用适宜本地自然条件的优良母株的插穗,进行扩繁。如果引沙棘良种园的苗木时,首先要注意其耐寒性、丰产性、果实大小、形状、果皮的致密度、果柄的长度、刺的多少,以及采收的方便性,将为今后管理带来方便。

3. **栽植技术** 沙棘多采用植苗建园,春季要适时早栽。栽时要适当深一些,埋土比原土印深 5 cm 为宜,也可栽后截干。以营造水土保持林为目的的,栽植的株行距可采用 1 m×1 m 或 1 m×1.5 m,挖小穴栽植,以利提早郁闭;以营造经济林为目的的,在选择造林地时,要考虑沙棘的生物学特性,选择立地条件较好,土壤疏松、肥沃的地块。在荒山荒坡上造林,要提前进行整地,以反坡梯田或鱼鳞坑整地较好,缓坡或台田地可以全面整地,栽植沙棘的株距 2～3 m,行距一般为 4 m,挖坑大小为 50 cm×50 cm×50 cm。栽植前每坑施 5～10 kg 左右的厩肥或腐殖质土,雌雄株比例一般为 8∶1 或 10∶1,雄株应配置在迎风方向,以利授粉。栽后应灌足水,以利成活。

四、抚育管理

(一)幼林抚育

幼苗栽植成活后,要进行松土除草,当年要浅锄,随后逐渐加深,每年 2～3 次。整形修剪应在建园初期剪掉重叠枝、过密枝、病虫枝及徒长枝;对细长枝短截,及时摘除梢上顶芽,控制高生长。

(二)成林抚育

1. **松土除草** 对结实的沙棘园地,在生长季节,每年进行 4～6 次的松土除草工作,下雨后,要及时进行。深度行间中耕不能超过 8～10 cm,树盘下靠近树干以 4～5 cm 为宜,以免损伤浅层的根系。

2. 施肥　施肥的标准要以地力水平而定。一般情况下,以磷肥为主,每亩年施磷肥 20 kg 左右,可施少量的氮肥,氮、磷肥的比例为 1∶(3～4)。

3. 灌水　沙棘对土壤水分很敏感,栽植后和干旱时应及时浇水,否则会因水分不足使叶的机能遭到破坏,引起早期落叶、落果,影响产量。

4. 整形修剪　沙棘的整形修剪比较简单。沙棘在生长的前四年,主要由中轴枝生长形成树冠,高达 2～2.5 m。对树冠进行整形使骨干枝在空间着生位置合适,剪掉多余重叠、着生位置不适宜的枝条,以及短截细长的枝条。从第 5 年起,沙棘进入大量结果期,修剪以疏剪为主,剪掉密生的、重叠的、交叉的、断枝、病虫枝,以及下垂的小枝条,以改善通风透光条件。为防止过早衰老,对 3 年生枝条进行短截,以更新复壮。

五、病虫害防治

(一)沙棘象

该虫 10 月上旬以幼虫在土内表层越冬,翌年 4～5 月在土表化蛹,6 月成虫出现,产卵于沙棘果实表面,初孵幼虫随即钻入果内取食种子,果实上留有针状小孔。

防治方法:8 月上旬成虫羽化期间喷敌杀死 5 000 倍液或速灭杀丁 5 000 倍液毒杀新羽化成虫。对 7 年生以上沙棘实行平茬,并将枝条等运离现场,集中烧毁。

(二)红缘天牛

该虫以幼虫在木质部深处越冬,老熟幼虫 5 月上中旬化蛹,6 月成虫出现,卵多产于直径 2 cm 以上树干的中部,幼虫在皮层下木质部钻蛀扁宽的虫道,当虫口断面超过树木断面 40% 时,使树木形成"环剥"状,植株迅速由虫道密集处死亡。

防治方法:于 6 月上旬成虫羽化期间喷洒 40% 乐果乳油

1 500～2 000 倍液；6～7 月发动群众捕捉成虫。

第八节　火炬树

火炬树(*Rhus typhina* Linn.)，为漆树科盐肤木属落叶灌木或小乔木。它既是一种根蘖力极强的水土保持树种，也是一种优良的薪炭树种，在困难立地植被恢复、湿地保护和防止水土流失中有着十分重要的生态防护作用。

火炬树枝叶繁茂，表面有茸毛，能大量吸附大气中的浮尘及有害物质，作为良好的水土保持树种，牛羊不食其叶，不受病虫危害。叶含单宁，是制取鞣酸的原料；果实富含柠檬酸和维生素 C，可作饮料；种子含油蜡，可制肥皂和蜡烛；木材纹理致密美观，可雕刻、旋制工艺品；根皮可制药。

一、形态特征

火炬树灌形树高 2～3 m，乔形树高 8～12 m，小枝密生灰色茸毛；柄下芽，一回叶为奇数羽状复叶，互生，小叶片 19～23 对。小叶形为长椭圆形或披针形，长 5～13 cm，缘有锯齿，基部圆形或宽楔形，上面深绿色，下面苍白色；圆锥花序顶生、密生茸毛，花淡绿色，雌花花柱有红色刺毛；核果深红色，密生茸毛，密集成火炬形，花期 6～7 月，果成熟期 8～9 月。

二、生物学特性

火炬树原产北美，1959 年由中国科学院植物研究所引入我国，1974 年向全国各省区推广，现已遍及我国东北南部、华北、西北北部暖温带落叶阔叶林区，以黄河流域以北各省(区)栽培较多，主要用于荒山及盐碱地绿化。垂直分布 500～3 000 m。

火炬树喜光，耐旱、耐寒、耐瘠薄、耐盐碱，对土壤要求不严，根系发达,萌蘖力极强,四年内可萌蘖新植株 30～50 株,具有"物种入侵"的特性,浅根性,生长快,但寿命短。

三、栽培技术

(一)育苗技术

1. 播种育苗　火炬树种子较小,种皮坚硬,其种皮外部被红色针刺毛,播前需用碱水揉搓,去掉茸毛及蜡质,然后用 85 ℃热水浸种 5 分钟,捞出后混湿沙埋藏,置于 20 ℃室内催芽,视水分蒸发状况适量洒水,以保持湿润沙藏环境。20 天露芽后即可播种。每亩播种量 3.5～5 kg,按行距 35～40 cm 进行开沟,将种子均匀撒入沟深 2 cm 的沟内,再覆细土。为提高出苗率和幼苗生长量,可做成小畦,适量浇水,保持土壤湿润,20 天后基本出齐,出苗率可达 85％以上,当年苗高可达 80 cm,地径 1～1.5 cm。

2. 根蘖育苗　两年生以上的火炬树周围,常萌发许多根蘖苗,可按株距 50 cm 选留,并采取及时断根和修除侧枝措施,将根蘖苗培育成健壮苗,使当年苗高达 1.5～2 m,分根后第二年 3 月中旬即可移植定株,株行距 40 cm×50 cm,并做好分根定植苗浇水、松土、除草工作。5～6 月追肥 1 次,7 月底前停止浇水和施肥。火炬树很少发生病虫危害,根蘖苗两年后胸径可达 3 cm 以上,即可用于造林绿化。

(二)栽植技术

火炬树根系发达,耐旱,抗逆性极强,易成活。一般在立地条件差的地方栽植,成活率可达 85％以上。火炬树在荒沟荒坡栽植株行距为 2 m×2 m～2 m×3 m,亩栽植 111～167 株;若成行栽植,株距 4～5 m。火炬树一般采用鱼鳞坑整地方式,规格 60 cm×50 cm×40 cm,有条件的地方可增加浇水措施。

四、抚育管理

火炬树生命力极强,一般在造林后每年只需对造林地松土除草1次。若是以培育薪炭林为目的,造林后第三年即可实行轮伐作业,但对一些生态极其脆弱的困难立地上培育的火炬树实行轮伐,可采取隔行隔带轮伐作业的方式,以保证该区域的生态环境避免遭受二次破坏。

五、危害控制

火炬树作为一个外来物种,其根蘖繁殖能力极强。尽管它是否被定为入侵物种尚无定论,但对它的危害控制应引起高度重视。火炬树一旦大量引进栽植,去除却十分困难。要用人工连根挖除是根本不可能的,只能是促进根蘖萌生加剧,造成越挖越多、越挖越旺的后果。要防止火炬树扩散蔓延,目前,只有两种比较有效的方法:一是依据火炬树根系较浅,且多分布在20 cm的土层内的生态特性,可通过开挖隔离沟的方法,将其控制在一定区域内;二是若要全部根除某个区域的火炬树,只有采取水淹浸泡的方法将其淹死。

六、病虫害防治

(一)棉铃虫、缀叶丛螟、大造桥虫

防治方法:幼虫3龄前选用生物或仿生农药,如可施用含量为16 000 IU/mg的Bt可湿性粉剂500~700倍液,1.2%苦烟乳油800~1 000倍液,25%灭幼脲悬浮剂1 500~2 000倍液等;幼虫大面积发生,可喷施20%速灭杀丁2 000~3 000倍液,2.5%敌杀死1 500~2 000倍液,20%菊杀乳油1 000~1 500倍液等药剂进行防治。

（二）白粉病

防治方法：发病后喷洒 25％粉锈宁可湿性粉剂 2 000～3 000 倍液，或 50％多菌灵可湿性粉剂 500～600 倍液，或 70％甲基托布津可湿性粉剂 600～800 倍液等，发病严重时每隔 7～10 天喷 1 次，连续喷洒 2～3 次，不同药剂应交替使用，避免病菌产生抗药性。

（三）云斑天牛

云斑天牛主要危害枝干，为害严重的地区受害株率达 95％。受害树有的主枝死亡，有的主干因受害而整株死亡。

防治方法：成虫发生盛期，傍晚持灯诱杀，或早晨人工捕捉；卵孵化盛期，在产卵刻槽处涂抹 50％辛硫磷乳油 5～10 倍药液，以杀死初孵化出的幼虫；在幼虫蛀干危害期，从虫孔注入 50％敌敌畏乳油 100 倍液，而后用泥将洞口封闭或用铁丝先将虫道内虫粪勾出，再用磷化铝毒签塞入云斑天牛侵入孔，用泥封死；冬季或产卵前，用石灰 5 kg、硫黄 0.5 kg、食盐 0.25 kg、水 20 kg 拌匀后，涂刷树干基部，以防成虫产卵，也可杀灭幼虫。

第九节 紫穗槐

紫穗槐（*Amorpha fruticosa* Linn.），又名穗花槐，系豆科紫穗槐属灌木树种。枝叶繁茂，对烟尘、雾霾有较强的吸附和减轻作用。枝叶可作绿肥、饲料，枝条用以编筐，果实含芳香油，叶子含紫穗槐苷（属黄酮苷，水解后产生芹菜素），花有清热、凉血、止血之功效，根部有根瘤菌可改良土壤，是良好的水土保持树种。

一、形态特征

紫穗槐为落叶灌木，丛生，树高 1～3 m。叶互生，为一回奇数羽状复叶；披针状椭圆形，长 10～15 cm，有小叶 11～25 片，小叶片对生,椭圆形,全缘,小叶柄短。叶柄基部稍膨大,生有线形托叶;小枝灰褐色,被疏毛,后变无毛;花有短梗,花萼长 2～3 mm,5 月开花,花紫色;荚果下垂,长 6～10 mm,宽 2～3 mm ,10 月成熟。

二、生物学特性

紫穗槐原产美国,引进中国后得到了快速发展。现已遍及我国东北、华北、西北及山东、安徽、江苏、河南、湖北、广西、四川等省区。

紫穗槐是耐旱、耐寒、耐盐碱、抗风沙和抗逆性极强的灌木,在土壤瘠薄的荒坡、路旁、河岸、盐碱地和石砾地上均可生长。它耐旱能力很强,在腾格里沙漠边缘年降水量 200 mm,沙面绝对最高温达 74 ℃的地方也能正常生长,它也耐水淹,浸水 1 个月也能活下来,对光照要求不严,在郁闭度 0.85 的白皮松林下可以生长。它的耐寒性极强,能在最低温度 −40 ℃以下,1 月平均气温 −25.6 ℃的地方正常生长。

三、栽植技术

(一)育苗技术

1.播种育苗

(1)育苗地选择 紫穗槐播种育苗地应选择在背风向阳、地势平坦、灌溉方便、土层深厚、土壤肥沃的沙质壤土上。

(2)种子采集 从生长健壮、无病虫害的优良母树上采集种子,采种时间在当年种子成熟期 9～10 月进行。

(3)整地作床 先一年秋季全面深耕 30 cm,以促使土壤充分风化、熟化,杀灭部分虫害,翌年 4 月上旬播种前进行细致整地,施足底肥,每亩施有机肥 1 500～2 000 kg,复合肥 15 kg,浅耕整平,并尽量做成南北方向宽 1.2 m、长 10 m 的平床,床面要平整,土壤要细碎。

（4）种子处理　先用 60 ℃的温水对种子进行浸种催芽，边倒热水边搅拌种子，使种子上下受热均匀，当水温降至 30 ℃时，停止搅拌，待自然冷却。浸种时间达到 24 小时时，捞出种子，再用 0.5％高锰酸钾溶液消毒 3 小时，捞出种子用清水冲洗 2～3 遍，晾干种子，然后将 1 份种子与 3 份湿沙均匀搅拌，放置在背风向阳的地方，保持种子温度 20 ℃左右，上面盖上湿草帘，使含水量达 60％以上，催芽 3～4 天，每天用温水（约 30 ℃）喷洒种子，并翻动 1～2 次，待种子裂口露白时即可播种。

（5）播种　播前，平床需浇透底水，然后用五氯硝基苯和代森锌各 1 份，倒入喷壶中，充分搅拌，喷洒床面，进行土壤消毒。第 2 天顺床开沟，实行宽幅条播，使幼苗受光均匀，沟深 2～3 cm，宽 10 cm，行距 20～30 cm。每亩播种量为 15 kg。开沟后用脚将沟底趟平，均匀将种子撒入沟中，边播种边覆盖，覆土厚度 1～5 cm，浇足水，最后用草帘覆盖，保持土壤湿润，待幼苗 60％出土后，及时去掉草帘，出苗率可达 90％以上。

（6）苗期管理　为了培育壮苗，在苗期需除草 3～4 次。结合配方施肥，在苗木生长高峰，每半年进行根外喷肥，如用尿素、磷酸二氢钾配水均匀喷洒于叶面，喷肥时间以阴天傍晚为最佳，同时还要及时进行苗期病虫害防治，并坚持防重于治的方针。

2.扦插育苗　紫穗槐插穗含有大量养分，扦插育苗成活率很高，但插条育苗一定要保护插穗芽苞不受伤害。苗床最好实行一半沙一半土，并使床面呈龟背形，以利排水。插穗应选择健壮枝，剪成 15 cm 长插穗，插入土中 7～8 cm，上留 3～4 个饱满芽，株距 8～10 cm，行距 20～25 cm。要视土壤、气温情况，及时浇水，保持苗床湿润，并需搭好遮阴棚，约一周后即有芽苞开始萌动。出苗后的管理与播种育苗相同。

（二）栽植技术

紫穗槐根系发达,易成活。一般在陡坡、极陡坡、侵蚀沟沿线、梁峁顶及石砾土、红胶土等困难立地上均可栽植。株行距为 1.5 m×2 m～2 m×3 m,亩栽植 111～222 株。若是用作绿肥或饲料林培育,栽植密度可再密些。紫穗槐造林统一实行截干栽植方法,截干保留高度 10～15 cm。全面采用鱼鳞坑整地方式,其规格为 60 cm×50 cm×40 cm,沿等高线定行,呈"品"字形配置。栽植时,严格按照"深栽、砸实、覆土"的技术要点进行科学栽植。

四、抚育管理

一般在造林后每年松土除草 1～2 次,隔年割灌 1 次。平茬后,还要进行松土扩盘措施,以利新枝条萌发,在困难立地上的紫穗槐林,可采取隔行隔带轮割的方式,确保其生态防护作用不降低。

五、病虫害防治

目前危害紫穗槐生长的害虫主要是金龟子和象鼻虫。一般用 90％的敌百虫或 50％马拉松乳剂 500 倍液喷杀即可。

第十节　柠条锦鸡儿

柠条锦鸡儿(*Caragana Korshinskii* korm.),又名毛条,豆科锦鸡儿属落叶灌木,是我国中西部地区良好的防风固沙和水土保持的先锋树种,也是良好的饲草饲料。

柠条锦鸡儿枝条含有油脂,是良好的薪炭林树种。根具根瘤,有固氮肥地作用,嫩枝、叶子均含氮素,是优良饲料和沤制绿肥的好原料。根、花、种子可入药,为上好的滋阴养血、通经、镇静等剂,花开繁茂,花期长,也是很好的蜜源植物。

一、形态特征

柠条锦鸡儿根系极为发达,主根入土深达 1 m,株高 40～70 cm,最高可达 2 m。老枝黄褐色或灰绿色,嫩枝被柔毛,偶数羽状复叶,互生,有小叶 3～8 对,小叶椭圆形或倒卵状圆形。基部呈宽楔形。花梗长 10～16 mm,花萼管状钟形,长 7～12 mm,花冠黄色,旗瓣近圆形,花期 5～6 月,子房无毛,荚果披针形或长圆形状披针形,扁平,长 205～305 mm,宽 5～6 mm,先端短尖,种子椭圆形或球形,红色,果成熟期 7～8 月。

二、生物学特性

柠条锦鸡儿主要分布于我国内蒙古、陕西、宁夏、甘肃等地,生长于沙丘及干旱的山坡、沟坡地,以及海拔在 900～1 300 m 的阳坡、半阳坡。

柠条锦鸡儿耐旱、耐寒、耐高温、耐盐碱性都很强,在土壤 pH 值 6.5～10.5 的环境下都能正常生长。对恶劣生态环境有广泛适应性,对生态环境的改善功能也很强。柠条锦鸡儿生命力极强,在 −32 ℃ 的低温下能安全越冬,地温高达 55 ℃ 时也能正常生长。根蘖性强,5 年生平茬后每丛可萌发出 60～100 个枝条,形成茂密的灌木丛,当年高生长可达 1 m 以上。

三、栽植技术

柠条锦鸡儿栽植可分为直播、扦插和植苗三种,年降水量超过 400 mm 的地方采用扦插造林或直播造林,年降水量低于 400 mm 的地方采用植苗造林。

1.直播　直播造林又可分为飞机播种和人工撒播两种。无论采用飞机播种或人工撒播都要在充分掌握当地本年度降水气象资料的前提下,方可确定其直播时间。若本年度降水量在 400 mm

以下,就尽可能不要安排直播;若本年度降水量在 400～600 mm 之间,就可实施直播造林。为了防止鸟兽危害,播前均应药剂拌种。

2.扦插 扦插造林应选在年降水量 500 mm 左右的年份进行。首先将优良株丛采集的健壮枝条剪成 13～15 cm 的插条,然后用 ABT 生根粉浸泡 2 小时后,再进行扦插造林,一般插入土内 8～10 cm,上留 3～4 个饱满芽。最后踩实覆土即可。扦插造林一般应在阴向沟坡(山坡)中下部进行。阳向沟坡(山坡)及梁峁顶立地类型禁忌。

3.植苗 选用 1 年生苗,苗高 20 cm 左右,整地一般采用鱼鳞坑整地方式,规格为 60 cm×40 cm×30 cm。

四、抚育管理

柠条锦鸡儿的生命力很强,可粗放管理,只需栽植当年进行 1～2 次松土除草,成活后就无须再进行管理。

五、病虫害防治

柠条锦鸡儿最严重的虫害是豆象、小蜂、荚螟和象鼻虫四种果实害虫。

防治方法:开花时喷洒 50% 百治屠 1 000 倍液,毒杀成虫。5 月下旬喷洒 80% 磷铵 1 000 倍液,或 50% 杀螟松 500 倍液,毒杀幼虫,并兼治种子小蜂、荚螟等害虫;用风扇、簸箕选取纯净种子,再用 1% 的食盐水浸选种子,捞出的漂浮种集中焚毁。下沉的种子用清水洗净即可;播种前用 60～70 ℃温水浸种 5 分钟,杀死幼虫。

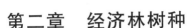

第二章　经济林树种

　　经济树种是民生林业建设的主体,也是发展林业特色产业,提升林业整体效益,增强林业造血功能,增加林农收入的基础和重要载体。在新时期调整林业产业结构、转变增长方式和推动区域经济社会可持续发展中,将产生显著的产业示范带动和引领支撑作用。

第一节　核桃

　　核桃(*Juglans regia* Linn.),胡桃科胡桃属落叶乔木,为世界四大干果之一。核桃仁含脂肪 $60\%\sim75\%$,粗蛋白约 15%,糖类约 10%。还富含磷、钙、镁、铁、锌等矿质元素及多种维生素,是健脑、防治冠心病、顺气补血、润肠补肾、止咳润肤、健脑和消除疲劳的良药,具有很高的营养、保健医疗价值。核桃油主要由不饱和脂肪酸组成,其中含人体必需的脂肪酸、亚油酸、亚麻酸等 77% 以上。核桃木质坚韧,纹理美观,具有不翘不裂、耐冲击等特点,可制作高档家具和乐器。核桃壳可制作活性炭。同时核桃树冠大、根深、寿命长,也是理想的城乡道路、庭院绿化和农田防护林树种。

一、形态特征

　　核桃树高可达 30 m。树皮灰白色,小枝光滑,具明显的叶痕和皮孔,老时变暗,形成浅纵裂。奇数羽状复叶,互生,小叶 $5\sim7$ 片,稀 3 片,小叶倒卵形或椭圆形,具短柄,脉腋有毛,全缘或微显锯齿。花单性,雌雄同株,异熟,雄花葇黄花絮下垂,长 $8\sim12$ cm,

花被 6 裂,有雄蕊 12~26 枚,花丝极短,花药成熟时为杏黄色。雌花序顶生,小花 2~3 簇生,子房外面密生细柔毛,柱头两裂,偶有 3~4 裂,呈羽状反曲,黄绿色。果实为核果,近圆形或椭圆形。

二、优良品种

(一)早实品种

1.香玲　树势中等,枝条直立,树冠呈圆柱形,分枝力强。雄先型。果枝率 85.7%,侧芽结果率 96%,每果枝平均坐果 1.1 个。坚果长椭圆形,单果重 9.5~15 g,壳面光滑美观,壳薄,缝合线平,不易开裂,出仁率 53%~61%。核仁色浅,味极佳。

2.鲁光　树势较强,树冠开张,分枝力强。果枝率 81.8%,侧芽结果率 85%,每果枝平均坐果 1.3 个。雄先型。坚果卵圆形,单果重 12~15.3 g,壳面光滑,缝合线平,美观,不易开裂,壳较薄,可取整仁,出仁率 56.2%~62%。核仁色浅,味佳。

3.元丰　树势较强,树冠开张,分枝力强。果枝率 78.5%,侧芽结果率 86.3%,每果枝平均坐果 1.2 个。雄先型。坚果圆形,壳面光滑,缝合线紧而不易裂开,出仁率 48.6%~50.9%,美观,味佳。

4.辽核 3 号　树势中庸,树冠开张,半圆形,分枝力强。雄先型。短枝结果型,侧芽结果率 59%。坚果长圆形,壳面较光滑,缝合线平,不易开裂,单果重 9.1~11 g,壳厚 1.32 mm 左右,取仁易,仁饱满、色浅,出仁率 55%~59%,美观,味佳。

5.辽核 4 号　树势中庸,树冠圆形,分枝力强,树姿半开张。雄先型。侧芽结果率 79%,每果枝平均坐果 1.5 个。坚果圆形,壳面光滑美观,核仁色浅,出仁率 57%,味佳。

6.西扶 1 号　树势中庸,树冠较开张,圆头形,分枝力中等。雄先型。侧芽结果率 90%,果枝平均坐果 1.3 个,坚果中等偏小,平均单果重 10.3 g,壳面较光滑,缝合线稍凸,出仁率 56.21%,核仁色浅,味佳。

7. 西林 2 号　树势较旺,树冠开张,呈自然开心形,分枝力强。雌先型。侧芽结果率 88%,每果枝平均坐果 1.2 个。坚果体积大,壳面光滑美观。单个果重 14.4 g,出仁率 61%,核仁充实饱满,色浅,可取整仁,味佳。

8. 陕核 5 号　树冠较旺,树冠开张,较耐旱和耐瘠薄。侧芽结果率 78%,平均坐果 1.35 个。坚果长圆形,果大,壳面较光滑,单果重 15 g 左右,出仁率 55%,可取整仁,味甜。

9. 维纳　美国品种。树势旺,树冠紧凑,短枝结果。侧芽结果率 82%,单果枝平均坐果 1.2 个,坚果尖圆形,壳较厚,约 1.8 mm。内膛结果能力强。10 年生结果 2 000 个以上,约 17.5 kg。

10. 强特勒　美国品种。树势中等,树姿较直立。雄先型。坚果大,长圆形,壳面光滑美观。出仁率 50%,单果重 11 g 左右,易取整仁,味香。

(二)晚实品种

1. 晋龙 1 号　树势旺,树冠开张,圆形。雄先型。嫁接苗第 3 年可结果,5～7 年后结果量明显增多。坚果近圆形,美观,平均单果重 14.85 g,壳面光滑,出仁率 61.34%,可取整仁,核仁色浅,充实饱满。味香甜,品质优。

2. 西洛 3 号　树势旺,分枝力中庸。枝条长且充实,嫁接亲和力强,嫁接成活率较其他品种高。坐果率 60%,且 90% 为双果。坚果圆形或近圆形,壳面光滑,略有麻点,易取仁,出仁率 56.6%。核仁充实、饱满、色浅、味甜香。

三、生物学特性

核桃属喜温树种。适生区年平均温度在 10～14 ℃,绝对最低气温 -25 ℃ 以上。春季展叶后,当温度降至 -4～-2 ℃,新梢容易冻死。开花期和幼果期,温度降至 $-2\sim-1$ ℃时,花、果易受冻。气温超过 35 ℃,光合作用停止,接近 38 ℃会引起果实或枝干遭受"日灼"。

在年降水量 500～700 mm 的地区,可以满足核桃生长发育的需要;核桃对土壤的适应性强,在土层深厚疏松、湿润肥沃、排水良好的沙壤土上生长结果最好。

(一)生长习性

1.根　核桃为深根性树种,根系比较发达,水平根分布范围广,一般可达枝展的 3～5 倍,垂直根的伸长与土层厚度有关。在土层深厚的地方,10 年生以上的核桃树,主根可达 2 m 以上,侧根的长度逐渐超过主根,大量的根分布在距地表 60 cm 以内的土层中,尤以 10～40 cm 处最多。

一般早实核桃比晚实核桃的根系浅,且细根多,具有早期分枝的特点,有利于吸收土壤中的养分,增加树体内营养物质积累,促进花芽分化,为提早结果创造有利条件。

2.芽　根据芽的形态、构造和发育特点,可分雌花芽、雄花芽、叶芽和潜伏芽 4 种。

(1)雌花芽(混合芽)　芽体肥大,鳞片紧包,芽顶圆钝,呈球形,一般为单芽,也有双芽的。晚实核桃多着生在一年生枝的顶端及其下 1～3 芽。早实核桃除顶芽外,侧芽也多为雌花芽,一般 2～5 个,最多可达 20 个以上。雌花芽萌发后,抽生结果枝开花结果。

(2)雄花芽　着生在枝条顶芽以下 2～10 节,呈塔形,鳞片很小,不能覆盖芽体,故又叫裸芽。萌发后抽生柔荑花序,开花后即脱落。

(3)叶芽　着生于生长枝顶端的叶芽,芽体较大,呈圆锥形。着生于叶腋间的芽体小,呈圆球形,萌发后只抽枝,不开花。着生在顶端及上部较大的叶芽萌发后,在良好的营养条件下可成为结果母枝。着生在枝条中下部的芽,有的自行干枯脱落,形成光秃带,下部的不萌发,成为潜伏芽。

(4)潜伏芽(休眠芽) 多着生在大枝条的基部。芽体小,圆形,一般不萌发,寿命很长,树体受到刺激后即萌发成徒长枝。

核桃侧芽除单生外,常为二芽叠生,并有多种排列方式。

3.枝 根据核桃枝条上着生芽类的不同,可分为结果母枝、结果枝、雄花枝和发育枝4种。

(1)结果母枝 枝条顶端及以下1～3个侧芽为雌花芽,次年能抽生结果枝的枝条。结果母枝一般长10～25 cm,其中以直径约1 cm,长约15 cm左右的最好。

(2)结果枝 由结果母枝上的雌花芽萌发而成,顶端着生雌花结果。

(3)雄花枝 顶芽为叶芽,侧芽为雄花芽而不能结果的枝条。生长细弱,长度在5 cm左右,多生于内膛,衰老树上多。

(4)发育枝 长度在50 cm以下,不着生雌花芽,不能开花结果的枝条。树冠外围生长健壮的发育枝,是扩大树冠和形成结果母枝的基础;树冠内部健壮的,当年可以形成花芽,来年抽生结果枝开花结果;弱小者次年只发芽抽枝,不能开花结果,可短截或夏季摘心,培养成结果母枝。

此外,在树冠内膛由潜伏芽萌发而长成50 cm以上的枝条为徒长枝。直立粗壮,节间长,组织不充实,无雌花芽。可短截或夏季摘心,培养成结果母枝,以充实内膛。

(二) 结果习性

核桃花为单性花,雌雄同株。雄花序多着生在上年生枝条中上部顶芽以下2～10节,为细长的葇荑花序,长10～20 cm。雌花单生或1～3个群生于枝条的顶端,为总状花序。大部分品种雌雄花开花时间不一致,叫作"雌雄异熟",雄花先开的叫"雄先型",雌花先开的叫"雌先型",这种特性影响授粉。栽植时应选雌雄花期一致的品种混栽,以利授粉,提高坐果率。

核桃有外围结果的特点,即结果母枝多在树冠外围生长充实的枝条上形成,内膛也能结果,但比较少。雌花芽萌发后,先抽生新梢,当新梢长出3~5片复叶后,顶端露出雌花序。每一花序有雌花1~3朵,也有少数品种,有数朵雌花串生的。

核桃各种结果母枝中,以短结果母枝坐果率最高,约占55.3%,中结果母枝次之,约占36.8%,长结果枝占7.9%。在同一母枝上,多数品种以顶花芽及其以下1~3个腋花芽结果最好,向下依次降低。

四、栽培技术

(一)育苗技术

1.露地嫁接

(1)砧木苗培育　播种用的核桃应选充分成熟、无病虫害、适应性强、种仁率高的品种,当果实青皮裂开一半时采收,其种仁饱满,发芽率高。秋播的种子不需处理。春播必须播前浸种或层积贮藏,当大部分种子膨胀裂口时,即可播种,以点播为主,每穴2~3粒,以种子的缝合线与地面垂直,种尖向同一侧最好。

(2)嫁接　核桃嫁接成活率不高,主要是接穗和砧木含有单宁物质,遇空气易氧化生成黑褐色隔离层;休眠季节根压大,容易产生伤流,使嫁接处细胞生理活性受到遏制;给嫁接造成困难。

为提高核桃嫁接成活率,需注意以下问题:正确选择嫁接时期和方法,加快嫁接操作速度,削面光滑;枝接前2~3天,将砧木剪断,使伤流流出后再嫁接,也可在嫁接部位下开放水口,截断伤流上升;选择粗壮而髓部小的枝条作接穗;加大枝接接穗的削面和芽接的芽片;枝接接穗封蜡保存,接后注意包扎,涂上接蜡或塑料布。芽片紧贴砧木,伤口经常保湿。

核桃枝接一般在萌芽后至展叶期进行,芽接以新梢旺盛生长期为宜。

核桃嫁接方法很多,枝接多用劈接和切接,也有用腹接、皮下接的。芽接以方块芽接、"丁"字形芽接应用较多。

2. 嫩苗嫁接

嫩苗嫁接是用未木质化的嫩苗作砧木,一年生成熟枝条做接穗的嫁接技术,无伤流成活率较高。但需要冬季在温室培育砧木。

(1)嫩苗砧培育

①日光温室大棚。普通砖混结构的日光温室中 0.63 亩/棚,每棚施农家肥 5 000 kg,翻耕入土 20 cm,棚内每 2 m(南北方向)做畦,碎土并平整畦面。

②播种。选非商品核桃作砧种,11 月中下旬播种,每棚播 35～70 kg,播前先用清水漂去浮在水面上的空粒,然后用冷水浸种,每天换水搅动,5～7 天后将吸水膨胀的种子置于日光下曝晒半小时,将裂口的种子(未裂口时继续浸种)密摆在畦面上,并使缝合线与畦面垂直,种尖朝同一方向,摆好后覆盖 5～6 cm 厚的河沙。播后 20 天左右开始发芽出土,注意棚内温度,阴天、雨天和夜间棚上盖草帘保温,晴天上午至下午时揭草帘升温,棚内温度超过 35 ℃时,适当通风降温。

(2)接穗准备　冬季选直径为 1.3～1.6 cm 当年生生长健壮、节间较短,髓心较小,无病虫害的新梢作接穗,剪成长度为 10～15 cm,每 50 根扎捆,注明品种,及时蜡封,保存于 0～5 ℃的条件下备用。

(3)嫁接　第二年 3 月中旬,当嫩苗砧基部直径达 0.7～1.2 cm 时,将嫩苗拨出。先将接穗下端削成长 1.8～2.2 cm 的斜面,短斜面长 1.0～1.2 cm 的偏楔形削面。在嫩苗砧木根茎上 8～10 cm 处剪断,沿横断面垂直向下切一长 1.5～2.0 cm 的切口,然后迅速将削好的接穗插入,并及时包扎严紧。嫁接完毕后,将根尖剪掉,并将根部蘸入 25% 的多菌灵 500 倍液或 70% 的甲基托布津 800 倍液,搅动后取出阴干。阴干后将根部埋入湿沙中。

(4)苗床作垄与定植　先年在露地选土壤条件较好的圃地,将农药与农家肥混匀后施入,然后深耕 30 cm,耕后灌透水。翌年嫁接前将深耕的土壤做成宽 2 m、长 20 m 的苗床。在苗床上间隔 30 cm 的开沟(沟深 10 cm)施入磷肥,每亩施入量为 100 kg,在沟上起垄,垄高 20 cm、宽 30 cm。

将已嫁接的幼苗按 15 cm 定植于垄上,每垄两行,行间距为 20 cm,注意将嫁接口与垄面持平,定植后用 0.01 mm 厚的黑色塑料薄膜覆盖,每床定植完毕后,浇透水。

(5)苗床管理　苗床按一般要求管理,嫁接植株成活后,砧木上易萌发生长砧芽,直接影响穗芽的生长,应及时抹除。高温季节,喷水降温。

(二)栽植技术

1.栽植地选择　应选择土层深厚、土壤肥沃、排水良好的沙质壤土。山地栽植应选择在山坡中部及坡向东南、南部较为理想。

2.栽植时间　春、秋均可栽植。春季在解冻后至发芽前,一般在 2 月中旬至 3 月下旬。秋季在落叶后至地冻前,一般在 10 月中下旬至 12 月中旬。

3.栽植密度　应根据立地条件、品种习性和管理水平而定。早结果,短枝型的核桃树,株行距可为 5 m×5 m、5 m×6 m;晚结实,树型大的品种,土壤条件好可按 6 m×8 m、8 m×8 m 定植。

4.苗木标准　选苗高度应在 1 m 左右,基部直径 1 cm 以上,主、侧根系粗壮完整,接口愈合良好、牢固,苗干通直,充分木质化,顶芽饱满,无冻害、风干,无机械损伤,无病虫害,品种纯度 95% 以上的良种壮苗。

5.授粉树配置　授粉树选择花期与主栽品种匹配的良种,按(8~10):1 比例配置,间作栽植 100 m 半径内必须有授粉树。

6.栽植方法　栽植坑大小应在 1 m 见方。栽时每穴施腐熟厩肥 30~50 kg,和土拌匀后,填入下部,上部填入熟土,再将苗木放入坑中,分层填土,分层踩实,即"三埋两踩一提苗",填到八成时便可灌水,待水下渗后再封上表土。

五、抚育管理

(一)松土除草

核桃在撂荒地里容易衰弱,结果很少,或不结果。故行间应经常保持土壤疏松,无草状态。根据杂草生长情况,每年松土除草3～4次,以控制杂草生长。

(二)施肥灌水

施肥除满足树体养分外,农家肥还对改善土壤机械组成和结构有促进作用,有利于幼树提早结果。

一般来说,幼树吸收氮量较多,对磷钾的需要量较少。随着树龄增加,特别是进入盛果期后,对磷钾的需要量相应增加。

幼树期:1～3年可施氮肥50 g,磷、钾肥各20 g,并增施有机肥5 kg;4～6年可施氮肥100 g,磷肥40 g,钾肥50 g,有机肥5 kg。

结果期:7～10年可施氮肥200 g,磷、钾肥各100 g,并增施有机肥10 kg;11～15年可施氮肥400 g,磷、钾肥各200 g,有机肥20 kg。

盛果期:16～20年可施氮肥600 g,磷、钾肥各400 g,并增施有机肥30 kg;21～30年可施氮肥800 g,磷、钾肥各600 g,有机肥40 kg。

>30年树龄,可施氮肥1 200 g,磷、钾肥各1 000 g,并增施有机肥>50 kg。

施基肥以秋季为好,在果实采收后、落叶前完成。配合一定数量的速效化肥效果更好。如有机肥充足,可与1/3或1/2化肥配合施入。第一次追肥早实品种在开花前,晚实品种在展叶初进行,以速效氮肥为主。使用量为全年追肥量50%;第二次追肥在早实品种开花后,晚实品种展叶末期进行,以氮肥为主,结果树可追施氮磷钾复合肥;第三次追肥主要针对已结实植株,在硬核期或稍后进行,以氮磷钾复合肥为主。

核桃灌水可与施肥相结合,每次施肥时灌 1 次水,另外在越冬前应灌封冻水,雨季应注意排水防涝。

(三)整形修剪

一般在秋季白露至寒露期间,核桃采收后进行。未结实的幼树,可提前自处暑开始。春季可在清明前后进行。核桃在落叶后至发芽前,因有伤流,不能修剪。

1.定干　定干高度因品种和立地条件而不同。土层深厚、肥水条件较好,实行果粮间作的核桃园及干性强的直立型品种,定干高度应适当高些,以 1.5～2.0 m 为宜;土质瘠薄、肥水条件较差或树形开张品种,定干高度可适当低些,以 1.0～1.2 m 为宜。

2.幼树整形　根据株行距、品种特性和立地条件确定。在栽植距离大,直立性强和立地条件好,肥水供应充足的条件下,可采用疏散分层形;在开张性强的品种和立地条件差,肥水条件也差的情况下,可采用自然开心形。

(1)疏散分层形　枝量多,树冠大,产量高,具有健壮的中心领导枝,通常有 5～7 个主枝,分 2～3 层着生在中干上。一般第 1 层有主枝 3 个;第 2 层 2 个;第 3 层 1～2 个。层间距第 1 层 1.5 m,第 2 层以上 1.0 m。

在整形过程中,还应注意调整各级枝的从属关系和平衡长势,应保持中心领导枝和各主枝延长枝的生长优势。当中心领导枝的长势变弱时,可选直立向上生长的壮枝代替原枝头,同时控制各主枝的长势;当中心领导枝长势过强,出现上强下弱现象时,可疏去强枝头,用长势中庸的枝条代替原枝头,以缓和其长势,但一般不要轻易换头,以防出现强枝变弱和弱枝更弱现象。

(2)自然开心形　全树一般只有 2～4 个主枝,没有明显的中央领导干。其构成形式是几大主枝并生于主干上。主枝倾斜向上生长，开张角度小于疏散分层形。每个主枝上培养2～3个侧枝，第1侧枝距主干80～100 cm，以后侧枝的距离，依次为50～60 cm和100 cm左右。各侧枝上可再培养一定数量的副侧枝，使其充分利用空间，尽快成形。这种树形，成形容易，通风透光良好，便于管理，是一种较好的树形。

3.结果树修剪 主要是适当处理背后枝和下垂枝；培养结果母枝；利用辅养枝和徒长枝；保持树冠内良好的通风透光条件，保持高产、优质，延长盛果年限。

(1)枝组的培养 一般采用"放出去、缩回来"的办法，即在内膛或适当部位选留健壮枝条长放，待其分支后再回缩，促使横向生长，扩大结果面积。枝组的位置以背斜枝为好，背上枝也可利用，但不留背后枝组。枝组的距离，一般应相距60～100 cm，以保证光照良好。枝组的更新，应采用缩剪和疏剪的方法，即去下留上，去弱留强，去冗长留粗壮，把枝组控制在一定的范围内，使其不影响主、侧枝的生长。

(2)背后枝的处理 主、侧枝后的背后枝角度大，生长旺，吸水力强。核桃树结果后，枝头的背上枝转弱，其背后枝很快转旺，形成主、侧枝头"倒拉"的夺头现象。如长期不处理，则延伸成下垂枝，生长快，消耗多，使原枝头、背上枝及后部枝干枯死亡。处理方法：一是在分枝处缩剪下垂部分，抬高枝条角度。二是若下垂角度不大，生长中庸，已形成饱满花芽的，可暂时保留，待结果后剪去；若下垂严重，已无结果能力或结果很少时应及时除去。

(3)辅养枝的处理 着生在领导干和主、侧枝上的辅养枝，可采用留、疏、改相结合的方法。对有空间并已结果，又不影响主、侧枝生长的辅养枝暂时保留，以增加产量；对影响主、侧枝生长的辅养枝，应逐年疏除，疏时剪、锯口处留小枝，以利伤口愈合；当主、侧枝受损伤或因病虫危害生长不良时，要疏强留弱，有空就放，无空就缩的办法加以控制。

（4）徒长枝的利用　幼树期可不留,结果树可适当选留,改造成枝组,以补空膛,增加产量。衰老树则应利用更新复壮。

4.老树更新修剪　老树更新修剪的办法是回缩复壮,去老枝换新枝。一般大枝回缩至中上部有分枝处。回缩前先培养好更新枝,当更新枝生长强于原枝头时,再将原头分年除去。

5.放任树改造　未修剪过的核桃树,改造时应因树而异,不可强求一致。对骨干枝的去留要从具体条件考虑。需要处理大的轮生枝、并生枝、交叉枝时,应有重点,并分批、分期的疏除或回缩,改造成大型枝组。细弱枝、病虫枝、过密枝、干枯枝应全部疏除。树冠外围和内膛先端衰弱后部光秃的中小枝条,应分期分批缩剪复壮,徒长枝条可适当选留,并改造成枝组,以提高产量。

（四）疏雄

疏除过多的雄花芽,是提高核桃坐果率、增加核桃产量的一项有效措施。雄花在发育过程中,要消耗掉大量水分和养分,及早疏去雄花芽,可提高坐果率和产量。

1.疏雄时期　在休眠期、萌动期、膨大和伸长期均可进行,以休眠期疏除效果最好。

2.疏雄数量　以疏除 70%～90% 为宜。衰老树雄花芽过多可疏除 90%～95%。雄花过少的树可以不疏。疏除大部分雄花芽后,亦能满足授粉的需要。

3.疏除方法　可采用直接疏除或长柄钩疏除。

（五）人工辅助授粉

在自然条件下授粉不能满足,可进行人工辅助授粉。待雌花2柱头分开成 45°角至近于水平,颜色黄亮,分泌黏液最多时(一般2～4 天),为最适授粉时期。

六、病虫害防治

(一)核桃黑斑病

核桃黑斑病主要危害果实、叶片、嫩梢和芽。感病果实的果面先出现褐色小点,逐渐扩大为黑褐色大斑,随后果肉腐烂,成熟后呈现出不同程度的干瘪状。感病嫩枝会长出梭形或不规则的溃疡斑。叶片感病后出现小褐色斑点,并逐渐扩大成多角形病斑。

防治方法:选育抗病品种;加强栽培管理,保持健壮树势,增强抗病能力;采果后结合修剪清除病虫枝与病果集中烧毁,减少初次侵染源;发芽前喷 3~5 波美度石硫合剂,展叶后喷波尔多液(硫酸铜、生石灰和水之比例为 1:0.5:200)1~3 次;雌花开花前、开花后及幼果期各喷 1 次 50%甲基硫菌灵或退菌灵或退菌特可湿性粉剂 500~800 倍液,或每半月喷 1 次 50 g/kg 链霉素加 2%硫酸铜。

(二)核桃腐烂病

核桃腐烂病又称黑水病,该病属真菌性病害。其主要危害主干和主枝的树皮,可导致树势衰弱甚至死亡。幼树受害后,病部深达木质部,周围出现灰色梭形病斑,水渍状;中期病皮失水干陷,病斑散生许多小黑点;后期病斑纵裂,流出大量黑水。当病斑环绕枝干一周时,即可造成枝干或全树死亡。病菌在枝干病部越冬,从冻伤、机械伤、剪锯口、嫁接口等处侵入,借助风雨、昆虫等传播。

防治方法:改良土壤,促进根系发育,并增施有机肥,合理修剪,增强树势,提高抗病能力;适当疏除下垂枝、老弱枝,以恢复树势,并对剪锯口用 1%的硫酸铜进行消毒;发病严重的园区可在冬前刮除病斑,刮后用 5 波美度石硫合剂涂抹消毒,刮下的病皮集中烧毁;冬季树干涂白防冻。冬季日照较长的地区,冬前先刮净病斑,然后涂刷涂白液(配方为水:生石灰:食盐:硫黄粉:动物油=100:30:2:1:1),以降低树皮温差,减少冻害和日灼。开春发芽前、6～7月和9月,在主干和主枝的中下部喷2～3波美度石硫合剂。

(三)核桃举肢蛾

核桃举肢蛾主要危害果实,是降低核桃产量和品质的主要害虫。幼虫在青果皮肉蛀食多条虫道,并充满虫粪,被害处青皮变黑。危害早者种仁干缩早落,危害晚者种仁瘦瘪变黑。在土壤潮湿、杂草丛生的荒山沟洼处尤为严重。

防治方法:土壤封冻前彻底消除树冠下部枯枝落叶和杂草,刮掉树干基部老皮,集中销毁,并对树下土壤进行耕翻,可消灭部分越冬幼虫;幼虫脱果前,采摘被害果,收集落地虫果,集中深埋,减少下年的虫口密度;成虫羽化前,树盘覆土2～4 cm厚,或地面撒药,每亩撒杀螟松粉2～3 kg。在幼虫卵化期是药剂防治重点,主要药剂有48%乐斯本乳油2 000倍液,10%高效氯氢菌酯2 500倍液。

(四)核桃小吉丁

核桃小吉丁主要危害枝条,幼虫串圈蛀食危害2～3年生枝条韧皮部,切断养分、水分的输送,造成枝条枯死。枝条受害后常表现枯梢,树冠变小。幼树受害严重时,易形成小老树或整株死亡。

防治方法:加强对核桃树的水肥、修剪和病虫害防治等综合管理,促进树体旺盛生长;冬季至羽化前结合修剪,剪除并烧毁全部被害枝;7～8月,发现幼虫蛀入的通气孔后,涂抹5～10倍的敌敌畏;结合防治举肢蛾等,在成虫产卵期和卵孵化期树冠喷布10%的氯氰菊酯乳油1 500～2 500倍液,或20%的速灭杀丁3 000～4 000倍液,或15%的吡虫啉3 000～4 000倍液。

(五)金龟子

金龟子主要危害嫩枝、叶,常常造成枝叶残缺不全、生长缓慢,甚至死亡,严重危害幼树的生长、发育。

防治方法:利用成虫的趋光性,于晚间用黑光灯或频振式杀虫灯诱杀成虫;在成虫发生期,将糖、醋、白酒、水按 1∶3∶2∶20 比例配成液体,加入少许农药液,装入罐头瓶中(液面达瓶的 2/3 为宜),挂在种植地,进行诱杀;当虫害发生时,直接喷用氯氟氰菊酯或溴氰菊酯或甲氰菊酯或联苯菊酯或百树菊酯或氯氰菊酯等高效低毒的菊酯类农药加甲维盐或毒死蜱喷雾防治,效果很好。

(六)豹纹木蠹蛾

防治方法:结合冬、夏剪枝,剪除虫枝,集中烧毁;5 月中旬开始设置黑光灯诱杀成虫;7 月幼虫孵化期喷施 40% 水胺硫磷乳油 1 500 倍液或 5% 来福灵乳油、10% 赛波凯乳油 3 000～5 000 倍液,能有效杀死幼虫。

(七)叶甲

该虫主要危害核桃枝叶,是核桃叶部的主要害虫之一。以成虫和幼虫取食叶肉,危害状呈网状或缺刻,有时全叶食光,仅留叶脉。该虫一年发生 1 代,以成虫在地被物或树干基部皮缝内越冬。来年 4 月上中旬越冬成虫开始活动,常集群在叶上取食危害。4 月下旬至 5 月上旬交尾产卵,卵成块状产在叶背面,每块 20～30 粒。5 月中旬孵化出幼虫,初孵幼虫群集取食,被害叶呈一片枯黄,2 龄以后分散到全树危害。5 月下旬老熟幼虫尾端黏附在叶背面,蜕皮化蛹,蛹的腹末又黏附在幼虫的蜕皮上,倒悬在叶的背面,触动时能屈伸活动。蛹期 4～5 天,羽化出成虫,经短期取食下树,潜伏越冬。

防治方法:灭越冬成虫。冬春季刮除树干基部粗老翘皮烧毁,清除越冬成虫;黑光灯诱杀。4～5 月成虫上树时,用黑光灯诱杀;4～6 月,喷 10% 的溴氰菊酯 800 倍液防治成虫和幼虫效果较好。

(八)云斑天牛

云斑天牛主要危害枝干,为害严重的地区受害株率达 95%。受害树有的主枝死亡,有的主干因受害而整株死亡。

防治方法:成虫发生盛期,傍晚持灯诱杀,或早晨人工捕捉;卵孵化盛期,在产卵刻槽处涂抹50%辛硫磷乳油5～10倍药液,以杀死初孵化出的幼虫;在幼虫蛀干危害期,从虫孔注入50%敌敌畏乳油100倍液,而后用泥将洞口封闭或用铁丝先将虫道内虫粪勾出,再用磷化铝毒签塞入云班天牛侵入孔,用泥封死;冬季或产卵前,用石灰5 kg、硫黄0.5 kg、食盐0.25 kg、水20 kg拌匀后,涂刷树干基部,以防成虫产卵,也可杀灭幼虫。

第二节　柿树

柿树(*Diospyros Kaki* Thunberg),柿树科柿属落叶乔木。柿子果实营养丰富,可入药。夏季枝叶繁茂,秋季果艳叶红,具有良好的观赏价值。

一、形态特征

柿树高达10 m以上。树皮暗灰色,呈方块状开裂。叶互生,长圆形、倒卵形或宽椭圆形,长6～18 cm,质地厚,有光泽。花杂性(雄花、雌花和两性花)同株,单生或聚生于新生枝条的叶腋中,黄白色、萼片大、宿存;花萼及花冠四裂,多数品种仅有雌花,少数品种有雄花和两性花,花期5～6月。果实扁圆形、卵形或方形。种子8～10粒或无。果实9～11月成熟。

二、优良品种

我国柿品种繁多,根据果实能否自然脱涩可分为涩柿和甜柿两类。

(一)涩柿类

1.火晶　关中地区分布普遍。

果小,扁圆形,横断面略方,橙红色,软化后朱红色,果色艳丽,皮细而光滑。果肉致密,纤维少,汁较多,味浓甜,无核,稍耐挤压。

品质上。10月上旬成熟，极易软化，最宜以软柿供应市场。耐贮藏，可贮至次年3月。树势强健，对土壤要求不严，黏土或沙砾土均能栽培，丰产稳产。

2. 火罐　火罐又名一口甜、蜜罐。关中、陕南多有栽培，以临潼、蓝田、长安、眉县、宝鸡、安康等地较多。

果实小，圆形，朱红色。蒂圆隆起，蒂下微显绉痕，果肉细嫩，纤维少，汁味甜，无核，软化后皮薄而韧，极易剥离，品质极上。10月中旬成熟，极耐贮藏。树势强健，寿命长，丰产，是群众喜爱的软食品种。

3. 眉县牛心柿　眉县牛心柿又名水柿、帽盔柿，主产于眉县、周至、武功、扶风、彬县一带。

果实大，方心脏形，大小整齐，橙红色，顶部有四个不明显的浅沟。肉质细软，纤维少，汁特多，皮薄易破，味甜，无核，10月下旬成熟，最宜软食或制饼，品质极优，不耐贮运。树势强健，适应性广，滩、坡、原地均可栽培。抗风、耐涝，病虫害少，高产稳产。

4. 干帽盔　干帽盔又名牛心柿、尖顶柿、火柿、干柿，商洛地区分布较多，以商县较集中。

果实中等偏大，心脏形，浅橙红色，无明显纵沟，果顶圆尖，肉质致密，干绵而甜，纤维少，有种子，10月上中旬成熟，耐贮运。最宜制饼，出饼率达40%以上。树势强健，结果早，高产稳产，抗旱耐涝，适宜壤土和沙壤土栽培。

5. 鸡心黄　鸡心黄又名菊心黄，主产三原。

果实中大，方心脏形，大小均匀，橙黄色，果皮带有网状花纹。肉质细嫩，汁液多，味甜，无核，品质上。11月上旬成熟，但9月中下旬果顶变黄后，便可陆续采收，供应市场。脱涩极易，最宜硬食，皮不易破裂，外形美观，脆甜爽口，也可软食或制饼。树性强健，寿命长，抗旱，耐寒，但对肥水敏感，及时施肥、灌水，增产显著。

6. 尖顶柿　尖顶柿原产我国，主要分布在富平、耀州区一带。

果实大,平均重 160 g,最大果重 250 g,心脏形或圆锥形,橙黄色,软后橙色。果皮细腻,果粉中等多。果实横断面圆形,果肉橙色,纤维短而少,软化后水质,汁液多,味浓甜。种子 0～2 粒,易脱涩,耐贮,糖度 21%,品质极上。最宜制饼,也可鲜食。出饼率28.9%～50%,制成的柿饼称"合儿饼",个大、红亮、霜厚、柔软、味甜、质优,是陕西的名特产品。树势强健,寿命长,抗逆性强,丰产,但盛果期稍迟。

7.磨盘柿(盖柿) 磨盘柿在安康、汉中等地栽培较多。

果实极大,扁圆形,在蒂部下方,果实纵径约 1/3 处有缢痕,将果实分成上下两部分,呈磨盘状,橙黄色,果皮厚,肉质疏松,纤维少,汁特多,味甜,无核,品质中上,10 月上中旬成熟。较耐贮运,最宜生食,亦可制饼,但不宜晒干且出饼率也较低。树势强健,寿命长。单性结实力强,生理落果少,丰产、抗寒、抗旱。

8.镜面柿 镜面柿主产于长安,在渭南、华县、铜川等地也有栽培。

果实中大,扁圆形,顶部平圆,果皮薄,橘红色,果粉多,果肉疏松,纤维较多,浆汁多,味甜,果心小,品质上,无核或少核。9 月中旬成熟。树势强健,寿命长,丰产,成熟期早,脱涩容易,为早期供应的硬食稀有品种。

(二)甜柿类

1.阳丰 日本品种,由富有与次郎杂交育成,1991 年引入国家柿树种质资源圃,属完全甜柿品种。与君迁子嫁接亲和力中等,树势中庸,树姿半开张。果实平均重 190 g,最大果重 250 g。果形因是否授粉而略有差异。授粉后,果内有 2～4 粒种子,果顶饱满呈圆形;未授粉的果实无种子,果顶较平或微凹,橙红色,果面有红晕。肉质中等密,稍硬,果肉内有红色小点;味甜,糖度 17%,汁液少,品质中上。耐贮运,10 月上中旬成熟。极丰产。单性结实能力强,不需配植授粉树。阳丰是极佳的中晚熟品种,也是目前甜柿中综合性状最好的品种。

2. **富有** 日本品种。树姿开张,叶微向内折,基部叶常呈勺状。果重 100～250 g,扁圆形,橙红色,偶有缢痕,肉质致密,具有紫红色小点。在年均气温 13 ℃以上的地区栽培,能在树上脱涩。味甜,多汁,品质优,有核。在眉县国家资源圃内 10 月中下旬成熟,宜鲜食。自然放置 18 天后开始变软。属完全甜柿,稍耐贮运,冷库存放可贮至第二年 2 月下旬。品质上,宜鲜食。

与君迁子亲和力不强,管理不好树势很容易衰弱,最好采用本砧(如禅寺丸、野柿等实生苗)或采用中间砧的方法嫁接,初果期早,丰产,大小年不明显;极易形成花芽,坐果太多时果实很小,应注意疏花疏果。

3. **西村早生** 原产日本,1988 年引入国家柿树种质资源圃,属于不完全甜柿。

果实大,平均重 180～200 g,扁圆形,果面淡黄橙色,成熟后略带橙红色。有 4 粒以上种子时,果肉中都有褐斑,且能完全脱涩。褐斑大而密。肉质粗而脆,软后黏质。糖度 16%左右,味甜,汁液少,品质中上。与君迁子嫁接亲和力强,在陕西 8 月下旬成熟,是甜柿中最早熟的品种,在日本采用保护地栽培措施可提早上市,是一个高效益的品种。

4. **次郎** 原产日本,1920 年前后引入我国,现在陕西、山东、河南、河北、湖北、湖南、浙江、江苏、云南等省有少量栽培,属于完全甜柿。

树姿开张,叶呈长纺锤型形,叶缘呈波状。果重 100～250 g,扁方形、橙红色、有纵沟。肉质松脆,略有紫红色斑点。味甜,多汁,品质中。种子 2～3 粒。当授粉树多时,种子 6～7 粒。10 月中下旬成熟。最宜脆食,软后略有粉质。自然放置一个月后开始变软。雨量过大的地区栽培,果顶易裂。单性结实能力强,可不配或少配授粉树。

与君迁子嫁接亲和力强,树势较强。嫁接后第 3 年开始结果,7 年后进入盛果期。目前为国内主栽甜柿品种,6 年生单株产量高达 100 kg,亩产可达 3 000 kg。

5. 禅寺丸 原产日本,1920 年前后引入我国。目前,北京、陕西、河南、河北、浙江、江苏、湖北、湖南、云南等地均有栽培。

果实中等大,平均重 142 g,圆筒形,橙红色,果柄长。果肉质地细嫩,种子附近密集紫黑色小斑点。味甜,多汁,可鲜食。在陕西 10 月中旬成熟。果实种子多时(5～6 粒)能在树上脱涩,种子少时(4 粒以下)不能脱涩。较耐贮,品质中上,宜鲜食或作授粉树,实生苗可作富有的砧木。

6. 大秋 原产日本,国家资源圃于 1997 年从日本直接引进。果实特大,平均重 230 g,最大果重 368 g,高馒头形,橙红色。果肉黄色均一,无褐斑。肉质酥脆,口感甜爽,汁多味浓,糖度达 24%,品质极上。大秋是日本近年育成的少有的大果、优质完全甜柿品种,有极高的商品性。在陕西地区 10 月上中旬成熟。但必须强调,由于该品种属于富有系品种,引入我国后,与君迁子亲和力极差,高接时应接在大柿树上,而不要接在君迁子上;育苗时也必须接于本砧或以柿品种为中间砧的苗木上。

另外,成熟较早的完全甜柿品种还有伊豆、新秋;中熟品种有前川次郎、兴津 20;晚熟品种有晚御所、骏河,以及我国原产的罗田甜柿、秋焰、甜宝盖等。

三、生物学特性

柿树喜光、喜湿润气候,耐干旱、耐阴、耐寒力较强。在光照充足、年降水量 500 mm 以上地区生长发育良好,果实品质优良。年平均气温 11 ℃以上,绝对低温不低于－20 ℃的地区均可栽培。甜柿不耐寒,以年均温度 13～19 ℃的地区最为适宜栽植。

柿树适应性强,不论山地、丘陵、平原、地边、河滩、肥土、瘠地都能生长,在肥沃的沙壤土、黏土、沙砾都可栽培,以中性土壤生长结果最好。

(一)生长习性

柿树嫁接后5～6年开始结果,15年后进入盛果期,经济寿命可达100年以上。

1.根 柿树的根系随砧木而异,多用君迁子作砧木,君迁子根系发达,分枝力强,细根多。根系大部分分布在10～40 cm深的土层内,垂直根深达3 m以上,水平分布为冠幅的2～3倍。柿树的根系单宁含量多,一旦受伤恢复较慢,移栽时应注意保护根系。

2.芽 柿树的芽分花芽、叶芽和副芽三种。顶芽抽生的枝条生长势强,能形成明显的中心干,顶芽以下各芽抽生的枝条依次减弱。枝条下部的小芽一般不萌发,易成为隐芽。在枝条基部两侧各有一个鳞片覆盖的副芽,也易成为隐芽。隐芽寿命很长,一旦萌发枝条生长旺盛,有的可达1 m以上,对树冠和枝组更新有重要作用。

3.枝条 柿树的枝条可分为结果枝、生长枝、徒长枝和结果母枝四种。枝条生长以春季为主,成年树一般只抽生春梢,生长期一个月左右。幼树枝条分生角度小,多直立生长。当进入结果期后,大枝逐渐开张,随年龄增长先端逐渐弯曲下垂,后部背上极易发生更新枝。更新枝既可继续扩大树冠,又可经2～3年后结果。因此,适当培养利用更新枝,能使成年树增产。

(二)结果习性

柿树的花有雌花、雄花、完全花三种类型。雌花单生,雄蕊退化,一般着生在健壮枝条的叶腋间,不经授粉受精可单性结实,亦不产生种子。

柿树的花芽分化大体在花后一个月左右的6月中旬开始,至8月下旬分化速度很快,萼片、花瓣、雄蕊、雌蕊原始体先后形成。此后,花器各部分均有发育但进展缓慢,采果后11～12月花器各部分仍有进展。第二年萌芽后继续分化,直至开花。

柿树的花芽为混合芽,着生在发育健壮充实的一年生枝顶端及顶芽以下的 1～3 个节上。着生混合芽的枝叫结果母枝,长 10～30 cm,每一结果母枝上可着生 2～3 个混合芽,多者可达 7 个。

结果母枝的强弱影响抽生结果枝的强弱。强壮的结果母枝抽生的结果枝亦强,数目也多。强壮的结果枝开花数多,结实率高,果个也大。栽培上培育强壮的结果母枝,是柿树丰产稳产的关键因素之一。

春季由混合芽抽生的枝叫结果枝,通常在结果枝由下向上第 3～7 节叶腋间,着生花蕾,开花结果。其开花结果部位以上的一段新梢,叫花前梢。每一结果枝的花数不等,一般为 1～5 朵,有的从第 3 节开始至顶端每节都有花,但以中部花坐果率高。

结果枝上着生花蕾的各节没有叶芽,开花结果后成为盲节,不再发生新枝。结果枝由于结果消耗养分多,花前梢上的芽一般发育不良,当年多数只形成叶芽,不能形成混合芽,这是柿树结果部位逐年外移的主要原因。但管理好的树,强壮的结果枝在结果的同时,在花前梢上也能形成混合芽,次年继续结果。

四、栽培技术

(一)育苗技术

1.砧木培育　采集充分成熟的君迁子果实,堆积软化,洗出种子并阴干,如秋播可立即播种;春播时可将种子在通风干燥处干藏,播前用 30～40 ℃的水浸种 24 小时,然后置于 15～20 ℃条件下催芽,待种尖露白时即可播种。播种前细致整地,做成低畦,灌足底水,待水下渗至适墒时播种。开沟条播,覆土 3～4 cm。以宽窄行播种较好,宽行 40 cm,窄行 15 cm,每亩播种量 10～15 kg。春播以 3～4 月上旬为宜,秋播在 11～12 月上旬。当幼苗长出 3～4 片真叶时,进行间苗,去除过密苗和病弱苗,留下发育好的壮苗,间苗后保持株距 10～15 cm。以后根据幼苗生长情况,于 6 月追肥 1 次,每亩施腐熟的农家肥 500～1 000 kg,并结合浇水,以促使幼苗健壮生长。

2.嫁接　当苗长到 15 cm 以上,即可嫁接柿子。柿树树液内含有单宁,嫁接时接口上单宁容易氧化,形成黑色薄膜,阻碍砧木与接穗愈合和水分、养分的运输,影响成活。因此,在嫁接时,除嫁接一般技术操作外还要动作迅速,以利成活。

枝接常在第二年早春进行,劈接、切接、插皮接均可。劈接时,将砧木离地面 5～8 cm 处剪去,用刀纵劈 3 cm 长,将接穗削成 3 cm长的楔形,带 2～3 个饱满芽,随即插入砧木劈口内,注意把接穗和砧木皮的形成层对齐,用塑料薄膜条绑紧。嫁接成活后要及时除去砧木所萌发的萌芽,以保证接穗所需水分和养分供给。

芽接常采用“工”字形和带木质芽接(砧木不离皮时)。“工”字形芽接,清明到立秋都可进行,但以开花期最易成活。嫁接时在砧木下部光滑处用刀开 1 个长约 2 cm,宽约 1.5 cm 的“工”字形切口,再从 1 年生枝中下部取来萌动的潜伏芽(秋季用当年饱满的腋芽)作接芽,用刀切成与砧木纵切口等长的芽片,剥下后立即嵌入“工”字形切口内,然后绑紧。春夏接的随即剪去砧木枝梢,秋季接的到翌春再剪。

柿苗接活后,新梢生长快,枝叶大易风折,需设立支柱保护嫩梢,在整个生长季节中需及时除去砧木上的萌芽,并中耕除草。

(二)栽植技术

1.栽植地选择

柿树为深根性果树,喜光、怕冻,结果早,寿命长,适应性比较强。因此,应根据柿树生长发育的要求,将园地选择在土层深厚,光照充足,冬季比较温暖的适地。在平原地区可以进行柿粮间作,丘陵、山地发展柿树要选择海拔在 1 200 m 以下的阳坡或半阳坡地,坡度以 5°～18°为宜,20°～30°斜坡地也可栽植,30°以上一般不宜栽植。同时还要考虑交通比较方便,有灌溉条件,群众商品观念强,科技意识浓,舍得资金和技术投入的乡村或专业户发展柿园。

2.栽植时间

柿树栽植时间主要在秋季落叶后及春季萌芽前进行。秋季栽植不但可使根系在翌年春季发芽前有很长时间与土壤密切接触,进行根系恢复和生长,为第二年春天地上部分枝叶生长打好基础,而且还省去假植手续,也可充分利用育苗地。春季栽植时间短,要掌握好最佳栽植时间,各地实践证明,一般在芽初萌动时栽植较好,有利于成活。在北方由于冬季严寒、气候干燥、土壤墒情差,最好春栽,也可根据当地气候情况,若秋季雨多,可在雨前或雨后趁墒栽植。长江以南气候温暖,不易遭受冻害,有利于苗木根系恢复,以秋季栽植较好。

3.栽植密度

传统的柿树栽植多数是零散或大冠稀植,这样的栽植密度尽管单株产量较高,但整体产量很难提高。从目前生产实践来看,合理密植,能充分利用土地、光能和空间,便于集约化经营管理,从达到提高单位面积产量和质量的目的,是增产增收的重要环节。合理密植要依据品种特性、立地条件、管理水平及经营条件等因素来确定。就一般而言,山地比平地要密植,瘠薄地比肥沃地要密植,管理水平高的要适当密植。在交通方便地区,栽植密度可适当大些。一般平地有灌溉条件的地方,用控冠栽植栽培法建园,栽植株行距 3 m×4 m 或 4 m×5 m 较适宜。在山地或瘠薄的土壤建园,株行距以 2 m×3 m 或 3 m×4 m 为宜。土肥水条件好,管理水平高可实行集约化矮化密植栽培,以获得前期丰产,7～8 年后根据生长情况进行疏伐或移植,变高密为中密,以求高产高效。

4.苗木准备和选择

柿树苗木根系较发达,起苗时根系一部分受损伤,与地上部分的均衡被破坏,不易恢复。另外柿树的根渗透压低,在起苗和运输过程中,须根易风干失水从而影响栽植成活。所以,起苗过程中要尽量保护好根系。起苗后,对一时不能运走的苗木要蘸泥浆,并及时假植,以免风吹日晒。在运送苗木过程中,要用草袋或塑料袋包好根系,运输距离较长的要注意洒水保湿。选择苗木还应注意苗木要发育健壮,无病虫害,根系发达,芽子充实饱满,接口愈合良好。

5.品种选择和授粉树配置

在选择栽植品种时,首先要选择适合本地区气候环境、土壤条件的优良品种,同时要考虑到用途、交通、销售等情况。对于交通便利、市场集中的城镇附近,可将栽培品种重点放在鲜食上,一般应选择色泽艳丽,易脱涩、味道爽口的鲜食品种,如鸡心黄、磨盘柿、火晶、大红柿等。若在交通不便,人口稀少,经济落后并且土壤瘠薄的山区与半山区,应选择含糖量高,干燥容易,出饼率高的制饼品种,如富平尖柿、荥阳水柿、镜面柿等。此外,在品种选择时,还应注意甜柿的开发利用和早、中、晚熟品种的搭配,以便繁荣市场,延长市场供应和缓解因品种集中成熟的争劳力和卖柿难的问题。

6.栽植方法

栽植时在整好的坑内先确定栽植点,以栽植点为中心,向四边开挖深 50~60 cm,直径约 50 cm 见方坑,将表土、心土分开放。再把腐熟好的厩肥或堆肥加入过磷酸钙拌匀,与表土相混填入坑内,使之形成一小丘,踏实四周后定植。定植时,把柿苗放入穴内,使根系自然舒展,前后左右瞄直后放入穴深的 2/3 的表土,将柿苗轻轻向上一提,使根系充分与土壤接触,以利根系伸展。然后将苗四周土踏实,并将剩余的表土填入穴内至满。将心土培在定植穴外成圆形或方形土埂,以便灌水或蓄水。旱塬缺水地区,定植时可用 ABT 生根粉蘸根或土壤施入保水剂等,以提高柿苗成活率和促进幼树生长发育。此外,还可采用坐地苗嫁接建园,即按设计先在定植穴内栽植砧木苗,而后嫁接建园。

五、抚育管理

(一)松土除草

在生长季节,应结合间种作物的管理进行中耕除草,使土壤疏松通气。幼树注意深翻树盘,大树要注意秋耕、深刨,给根系生长创造良好环境。

(二)施肥灌水

在柿树落叶前,结合中耕,最好施 1 次基肥。肥料以厩粪、绿肥等有机肥料为主。幼树每株 30～50 kg,大树每株 100～200 kg。在萌芽前、果实生长期,每株各追施 1 次农家肥 20～30 kg,或硫酸铵 2～3 kg 均可。施肥后随即灌水。水源缺乏的地区,可在下雨前后追肥,并及时进行中耕保墒。

(三)整形修剪

1.整形　柿树以自然开心形、主干疏层形或自由纺锤形等树形为好,丰产树应具备如下特点:①干矮。为了间作方便,树干高度以 80～120 cm 为宜。②主枝少。主干疏层形 7～8 个主枝,自然圆头形 4～7 个。③主枝角度大,一般在 50°～70°。④侧枝配置适当,在侧枝数目、层间距、层内距适当减少的前提下,各主枝上适当配备侧枝,各侧枝分布均匀,充分占据空间,为丰产打下基础。

2.修剪　根据柿树生长结果习性,采用疏剪、短截、更新修剪等措施,调节树势,控制结果。疏剪时,首先疏去细枝和折伤枝,其次再疏过密枝、下垂枝。短截主要是对已结果的 1 年生枝,短截后可促使发生强壮的结果母枝在下一年抽生结果。未结果的 1 年生枝,其顶端的 1～3 个芽一般为混合花芽,能抽生结果枝,故不宜短截。修剪时应注意更新枝,因更新枝结果早,结果力强。对衰老植株要更新复壮以延长结果年限。

(四)保花保果技术

柿树落花落果时期一般在 5 月下旬至 6 月上旬。柿树落花落果有两种情况,一种是由于炭疽病和柿蒂虫等病虫害引起的,另一种系柿树自身生理失调所致,称为"生理落果"。引起生理落果的主要原因是枝条内有机养分不足,导致其内部生理失调,例如肥、水过多或修剪过重,刺激枝叶旺长,引起枝梢与幼蕾(幼果)对养分的竞争。此外,营养、水分与光照不足,也易引起落花落果。

防止生理落果的方法:深翻改土,合理施肥灌水;防止病虫害,保护好叶片,加强营养积累;单性结实力差的品种,配置授粉树或进行人工辅助授粉;花即将开放时喷 3 000 ppm 赤霉素;花期环状剥皮;幼果期喷 0.3%~0.5% 的尿素,均可减少落花落果。

六、病虫害防治

(一)柿圆斑病

此病危害柿叶和柿蒂。最初在叶子正面发生黄褐色的小斑点,边缘颜色较浅,逐渐扩大成圆形褐色病斑。一般病斑直径约 3 mm,最大可达 7 mm,随着叶片变红,病斑周围出现绿色或黄色晕圈,严重时叶片迅速变红脱落,连阴雨天气发病迅速,初现 1~2 mm 小黑点,随即扩大成 6~7 mm 圆形外黑、内青枯的病斑,继而病斑合并,10~15 天便落叶。

防治方法:清扫落叶,集中烧毁,消灭越冬的病原菌;加强栽培管理,增强树势,提高抗病能力;6 月中旬喷 1:(2~5):600 倍波尔多液或 25% 多菌灵粉剂 600 倍液,或 65% 代森锌可湿性粉剂 500 倍液。

(二)柿炭疽病

此病主要危害果实和新梢,常造成树枝折断、枯死,果实变软脱落。果实在发病初期,果面出现针头大的小黑点,逐渐扩大呈圆形或椭圆形,略凹陷,病斑直径约 1 cm,中央密生略显环纹排列的灰黑色小粒点。空气潮湿时,涌现出粉红色黏质分生孢子团。病斑深入皮层后,果内形成黑色硬结块,造成烘柿,提早脱落。新梢染病,最初发生黑色小圆斑,以后扩大成椭圆形,病斑黑色,表面凹陷开裂,散生黑色小粒点,潮湿时也能涌现出粉红色黏质物。病斑长10～20 mm,斑下木质腐朽,严重时病斑上部的枝条枯死。

防治方法:冬季结合修剪,剪除病枝梢,并注意清除病蒂及病果,集中烧毁或深埋,以减少初次侵染病源菌。在生长期间,要继续剪除病枝、摘除病果后销毁,保持果园清洁,以减少病菌传播;品种选择抗病性强的。在引进苗木和接穗时,要严格检查,清除有病的苗木和接穗,并用14∶80的波尔多液浸苗约10分钟,进行消毒;萌芽前喷一次5波美度石硫合剂。生长期控制氮肥使用量。发病后,用75％百菌清可湿性粉剂800倍液,或70％甲基托布津可湿性粉剂1 000倍液喷雾。

(三)柿蒂虫

柿蒂虫又名柿实蛾、柿食心虫,俗称柿烘虫。以幼虫蛀食柿果,造成柿子提早软化脱落。被害果群众称之为"柿烘""丹柿""黄脸柿"。危害严重者,能造成柿子绝产。

防治方法:冬季刮除粗皮,集中烧毁;及时摘除和拣去虫毁果;6月上旬防治第一代卵和幼虫,先后喷两次药,间隔7～10天。第二代卵和幼虫为8月,先后喷3次药,间隔7～10天。可使用40％乐果1 000倍液或50％马拉硫磷或2.5％敌杀死或20％灭扫利1 500～2 000倍液。

(四)柿绵蚧

柿绵蚧又名柿囊蚧、柿毛毡蚧。危害柿树嫩枝、幼叶和果实。嫩枝被害后,生长衰弱或干枯。叶上危害叶脉,受害后叶畸形、早落。危害果实时,若虫和成虫群集在果肩或果实与蒂相接处,被害处出现凹陷,由绿变黄,最后变黑,甚至龟裂,使果实提前软化,不便加工和贮运。

防治方法:早春柿树发芽前喷布 1 次 5 波美度石硫合剂和 5 波美度柴油乳剂,消灭越冬若虫;在展叶至开花前或 6 月上旬第一代若虫发生时,喷 0.3～0.5 波美度石硫合剂,可基本上控制危害;在天敌发生期,应尽量少用或不用广谱性杀虫剂,以保护天敌。

(五)日本龟蜡蚧

日本龟蜡蚧又叫日本蜡蚧、枣龟蜡蚧、龟蜡蚧,以若虫和雌成虫刺吸枝、叶汁液,排泄蜜露常诱致煤污病发生,削弱树势重者枝条枯死。

防治方法:在苗木出圃或引进时,应认真检查,发现带虫株,应经过除虫处理;结合冬季修剪,将危害严重的枝条剪除并集中烧毁;冬季用铁丝硬刷子将树枝上的越冬蜡蚧刷下;在 6 月上旬至 7 月上旬在若虫孵化期,喷 40% 速扑杀乳油 1 500 倍液,或 40.7% 乐斯本 1 500 倍液。

(六)日本双棘长蠹

日本双棘长蠹又称二齿茎长蠹,是危害较严重的钻蛀性害虫,破坏疏组织,造成枝条干枯,严重时可使整株树木死亡。

防治方法:加强产地检疫、调运检疫和复检工作,防止其向未发生区扩散蔓延;6 月中旬第 1 代成虫羽化前,清理枯枝、病枝和死树,集中烧毁,可有效降低虫口密度;加强柿园综合管理,增强树势,提高抗虫力;4 月上旬越冬代成虫危害盛期前、7 月上旬第 1 代成虫羽化出孔期进行化学防治,可选用 5% 高效氯氰菊酯乳油 1 000倍液或 8% 绿色威雷 1 500 倍液进行枝干喷雾防治,可有效地控制其危害。

(七)刺蛾

幼虫啃食叶;低龄啃食叶肉;稍大则成缺刻和孔洞。严重时食成光秆。

防治方法:挖除树基四周土壤中的虫茧,减少虫源;幼虫盛发期喷洒 80% 敌敌畏乳油 1 200 倍液或 50% 辛硫磷乳油 1 000 倍液、50％马拉硫磷乳油 1 000 倍液、25％亚胺硫磷乳油 1 000 倍液、25％爱卡士乳油 1 500 倍液、5％来福灵乳油 3 000 倍液。

(八)大袋蛾

幼虫取食树叶、嫩枝皮及幼果。大发生时,几天能将全树叶片食尽,残存秃枝光干,严重影响树木生长,开花结实,使枝条枯萎或整株枯死。

防治方法:冬季人工摘除树冠上袋蛾的袋囊;7 月上旬喷施 90％敌百虫晶体水溶液或 80％敌敌畏乳油 1 000～1 500 倍液,2.5％溴氰菊酯乳油 5 000～10 000 倍液防治大袋蛾低龄幼虫;要充分保护和利用天敌寄蝇。喷洒苏云金杆菌 1 亿～2 亿孢子/mL。

第三节　枣树

枣树(*Ziziphus jujuba* Mill.),鼠李科枣属落叶乔木。为我国特产经济果树之一,鲜食制干均可,耐贮运,是一种很好的木本粮食树种,群众称它是"一年种百年收"的"铁杆庄稼"。枣果实营养丰富,鲜枣含糖量 25％～35％,干枣含糖量 60％～70％;枣除鲜食外,可入药,是常用的滋补品,有润心肺、止咳、补血、补五脏,除肠胃癖气的功效;枣果可加工蜜枣、醉枣、酥枣、枣糕等;枣花是优良的蜜源;枣木坚硬,纹理细致,色红美观,适作雕刻和特殊用材。枣叶是优良的饲料;枣树的根系发达,适应性很强,不论山地、坡地、丘陵、沟壑、河滩均可栽植。《齐民要术》记载:"旱涝之地,不任稼穑者,种枣则仁也。"

一、形态特征

枣树高可达 10 m,树皮灰褐色,条裂。枝有长、短枝和脱落枝之分,长枝舒展,呈"之"字形折曲,红褐色,光滑,有托叶刺或不明

显，短枝通称枣股，在 2 年生以上长枝上互生，羽状总柄常 3～7 簇
生于短枝节上。叶呈圆状卵形或卵状披针形。长 3～8 cm，顶端
钝尖，基部宽楔形或近圆形。叶柄长 2～7 mm。花小，黄绿色，
8～9 朵花簇生于脱落性枝的叶腋，呈聚伞花序，花期 5～6 月。果
球形或卵状椭圆形，长 1.5～5 cm，形状、大小常因品种不同而异，
果熟时深红色，果实成熟期 9～10 月。

二、优良品种

据《中国果树志·枣卷》记载，我国共有枣品种 700 个，其中优
良枣品种很多。优良制干品种主要有金丝小枣、赞皇大枣、灰枣、
圆铃枣、灵宝大枣、永城长红、相枣、临泽小枣；优良鲜食品种主要
有冬枣、大城苹果枣、蜂蜜罐、临猗梨枣、不落酥、疙瘩脆等；优良的
兼用品种主要有板枣、鸣山大枣、晋枣、民勤小枣、壶瓶枣等；优良
的蜜枣品种主要有义乌大枣、白皮马枣、南京枣、宣城尖枣、郎溪牛
奶枣、灌阳长枣、涪陵鸡蛋枣、中卫木枣、木铜糠枣等。

（一）赞皇大枣

赞皇大枣主产河北，为干制红枣优良品种，有"金丝大枣"之
称。果大，长圆形或倒卵形，肉质致密质细，汁液中等，味浓，品质
上等。树势中庸，耐瘠薄、耐旱、抗涝。结果早，丰产。自花结实率
低，需配置授粉树。

（二）彬县晋枣

彬县晋枣主产彬县泾河两岸河滩、塬地。为生食、制干兼用良
种。果实特大，长卵形或近圆柱形，浓红色，最大果重 50 g。果肉
质地致密酥脆，汁液多，味极甜，核小，细长，品质极上，9 月下旬成
熟。不耐贮运。树势健旺，寿命长。开花期天气过分干旱或连阴
雨，都会影响授粉和坐果。成熟期雨水过多易裂果甚至腐烂。肥
水供应充足能丰产稳产。

(三)彬县圆枣(疙瘩枣)

彬县圆枣主产彬县,鲜食、制干兼用品种。果实中大,近圆形,深红色,单果最大重25 g,果肉松软,汁液中多,味较甜,品质上。8月上旬成熟。树势中强,抗逆性较差,不耐旱。

(四)延川脆枣(吊牙枣)

延川脆枣主要分布在延川张家河和黄河沿岸一带。果实中大,圆柱形,红色。果肉白色,细脆汁液多,味甜,核中大,品质上。9月下旬到10月上旬成熟。树势较弱,较直立。在沙质土中生长良好。

(五)油福水枣(马铃枣)

油福水枣主产于泾阳。果实特大,圆柱形,紫红色。果皮薄,果肉黄白色,致密脆嫩,汁液特多,味浓甜,核大,品质上。9月中旬成熟。树势强壮,是关中鲜食良种之一。

(六)大雪枣

大雪枣原产山东省沂蒙山区的沂水、蒙阴等县。果实扁圆形,外观似柑橘;色泽红,有光泽;平均单果重40~50 g,最大90 g,大小较整齐;果肉白色,肉厚核小甜脆,清香可口,汁中多;可溶性固形物含量35%,可食率98%;宜鲜食,品质上等,为鲜食晚熟优良品种,10月下旬成熟。果实生育期130天左右,在自然条件下,可贮存至元旦。

(七)临猗梨枣

临猗梨枣原产山西运城、临猗等地。果实特大,果实长形或圆形。平均单果重30~50 g,最大85 g。皮薄、肉厚、红色;肉质脆甜,汁较多,鲜枣可溶性固形物27.9%,可食率97.3%。果实生育期110天左右,产量高而稳,丰产性能特强,为名贵鲜食品种,品质极上。9月下旬成熟。但不抗裂果,耐贮性一般。

(八)沾化冬枣

沾化冬枣的商品名又叫雁来红。主产于山东省沾化县,渤海湾地区的黄骅、无棣、滨洲等地也有分布,成熟期在 10 月上中旬,枣形状似苹果,故有"小苹果"之称。平均单果约重 20 g;色泽光亮赭红,皮薄肉脆,掉在地上能开裂。肉质细嫩多汁,甜味极浓,略带酸味,有浓郁的枣香味,肉厚,核小,可食率达 93.8%。

(九)金丝小枣

目前干制生食兼用最优品种,盛产于山东省北部乐陵、无棣、庆云及河北省沧县、献县等地,有大规模栽培。果较小,平均重 4～6 g,多为椭圆或倒卵形,皮薄鲜红光亮,肉质致密味甜美,含可溶性固形物 34%～38%。干制红枣深红光亮,肉厚核小富弹性,耐贮运,含糖量 74%～80% 以上,品质极上,9 月下旬成熟。树势较弱,喜肥沃壤土和黏壤土。较耐盐碱,在土壤 pH 为 8.4,总盐量0.3%～0.4% 的盐碱地上结果正常,丰产。成熟期遇雨易裂果、烂果。

(十)无核枣

无核枣为枣中珍品,分布于山东乐陵、河北沧县一带,栽培数量较少。果小,圆柱形,皮薄鲜红,肉质细腻,汁少味甜,核退化为不完整的膜片,最适干制和加工牙枣,品质上等,9 月上中旬成熟。树势较弱,喜肥沃壤土和黏壤土以及较好的肥水条件。

三、生物学特性

枣树为喜温树种,春季气温在 13～14 ℃以上时才开始萌芽生长。但休眠季节对低温的抵抗力很强,极端低温达到 -31 ℃时仍能安全越冬。枣树喜光,属强阳性树种,喜充足的光照,如果栽植过密,树冠郁闭,光照不良,则枣头和结果基枝生长不良,花芽分化少,落花落果严重,会降低枣的产量和品质。

枣树对水分适应性强,在年降水量 200～1 500 mm 地区能生长良好。花期需要较高的空气湿度,花粉发芽相对湿度以 70%～80% 为宜。果实成熟需要较低的空气湿度,切忌多雨,否则会引起落果、裂果,降低品质。

枣树对土壤和地势的适应性都很强。除通透性极差的重黏土外,不论何种土壤,无论平原、沙荒地、山地均可栽植,但仍以土层深厚肥沃的土壤上生长健壮、丰产、寿命长,故在选择栽培地时应注意。

(一)生长习性

1.根 枣树的根生长力强,水平根很发达,单轴延伸能力很强,一般超过树冠的 3~6 倍。主要根群分布在离地面 15~30 cm 的土层内,50 cm 以下很少有水平根。垂直根比水平根生长弱,其分布与品种、土层、土壤管理等因素有关。一般是小枣根较浅,大枣根较深;黏土,地下水位高入土浅,土层深、地下水位低则入土深;土壤管理粗放,根分布浅;深耕、施肥,根系则分布深。侧根生长方向多沿水平生长,有的斜生或下垂。细根多着生在侧根上,如果土壤条件适合,细根的生长量大,分枝多,吸收能力也强,反之则弱。

枣树容易发生根蘖。根蘖发生的多少与繁殖方法、树势强弱有关。嫁接树和生长较弱的植株,根蘖发生少;分株繁殖和生长强壮的植株根蘖发生多。根蘖苗可用来繁殖新植株,但根蘖过多,会影响枣树的生长与结果,不需要的应及早除去。

2.芽 枣树的芽有主芽和副芽两种。主、副芽着生在同一部位上,上下排列,为复芽。

主芽着生在枣头和枣股的顶端及枣头一次枝、二次枝的叶腋间。在枣头顶端的主芽,冬前已分化出主雏梢和副雏梢,春季萌发后,主雏梢长成枣的主轴,副雏梢多形成脱落性枝。幼树枣头顶端的主芽可连续生长 7~8 年,只有生长衰弱才停止萌发或形成枣股。春季萌发后分化的副雏梢形成枣头的永久性二次枝。

枣头的侧生主芽,在当年一般不萌发,第 2 年萌发形成枣股或不萌发成为潜伏芽,如受刺激可萌发成枣头。枣的潜伏芽寿命很长,对枝干更新作用很大。枣股顶端的主芽,萌发后生长很弱,年生长量仅1～2 mm,只有受到刺激时才萌发成枣头。枣股的侧生主芽多不萌发成潜伏芽,潜伏芽的寿命很长,所以枣树更新复壮比较容易。当枣股衰老时,才萌发形成分权的枣股,生长弱,结实力差。

副芽位于枣头各节主芽的侧上方,为早熟性芽,当年即可萌发。枣头上的侧生副芽,下部的萌发成枣吊,中上部的形成永久性二次枝。枣头永久性二次枝各节叶腋间的副芽萌发为三次枝。着生在枣股上的副芽,多萌发成枣吊,开花结果。

3.枝条 枣树的枝条有枣头(发育枝)、枣股(结果母枝)和枣吊(结果枝,脱落性枝)三种:

(1)枣头 枣头即枣的营养枝,由主芽萌发抽生。枣头由延长枝(一次枝)、永久性二次枝和枣吊组成。枣头一次枝生长迅速,年生长量可达1 m以上。枣头是扩大树冠、构成树体骨架和形成结果基枝的基础。枣头一次枝顶端具顶芽,叶腋间各有一个主芽,一个副芽。主芽一般当年不萌发,副芽当年萌发成二次枝。枣头二次枝有永久性和脱落性之分。在一次枝中上部的二次枝,都是永久性的,基部少数几个二次枝是脱落性的。永久性二次枝无顶芽,叶腋间也各有一个主芽或一个副芽,主芽当年也不萌发,副芽当年萌发成三次枝,三次枝通常都是脱落性的。二次枝主芽,通常在第二年萌发成枣股。

幼树和健壮树,一个枣头一般可形成10～20个永久性二次枝,每个永久性二次枝有5～10节,每节的主芽次年可萌发形成枣股。因此,枣头的强弱和多少,决定次年枣股发生多少。健壮和丰产的枣树,应该具有较多的健壮枣头。

(2)枣股 枣股由枣头一次枝和永久性二次枝叶腋间的主芽形成,是一种短缩枝,这种短缩枝常为结果母枝。枣股顶生主芽每年萌发延伸,生长缓慢,年生长量仅1～2 mm。其副芽萌发抽生

2～7个脱落性二次枝,即枣的结果枝。

枣股的寿命因着生部位不同而异,一般为6～15年。枣头一次枝上的枣股寿命较长,二次枝上的枣股寿命较短。枣股的结果能力因枝龄、着生部位和方向不同而异,一般1～2年生和10年生以上的枣股结果能力差;3～6年生的枣股结果最好,二次枝上的枣股结果能力比一次枝上的枣股强,尤以枣头中部二次枝上的枣股萌芽开花早,结果能力强,所结的果实大,品质好,树冠外围的枣股结果能力比内膛枣股强。

(3)枣吊 枣吊通常是枣的结果枝。多由枣股的副芽发出,也可由枣头二次枝各节的副芽抽生。这种纤细枝常于结果后下垂,故称"枣吊"。开花结果后于秋季脱落,故又称"脱落性枝"。每一枣股上可着生2～7枣吊。枣吊一般长10～20 cm,有10多个叶片,从基部第二、三叶腋起,每个叶腋着生一个聚伞花序,每一花序有花3～15朵。在一个枣吊上,以中部各节的花序开花早,坐果率高,一个花序中以中心花坐果最好。

(二)结果习性

1.花芽分化 枣的花芽分化具有当年分化,多次分化,分化速度快,单花分化期短,持续时间长等特点。

枣的花芽分化一般是从枣吊或枣头的萌发开始,随着枣吊的生长由下向上不断分化,一直到枣吊生长停止而结束。每朵花完成形态分化需5～8天,一个花序8～20天,一个枣吊可持续1个月左右。

2.开花和授粉 枣开花多,花期长,但坐果率很低。枣股上每一枣吊开花期平均10天左右,枣头上着生的枣吊开花期迟而且较长,其中脱落性三次枝开花更迟。全树开花达2～3个月之久,以枣股上枣吊的花所占比例最大,花期较集中。

枣多数品种能自花授粉,正常结实。若配有授粉树,可提高坐果率,增加产量。

四、栽培技术

(一)育苗技术

1. 培育根蘖苗　枣树水平根系发达,浅根较多,水平根系受伤后极易产生根蘖苗。陕北群众为使枣树多产生根蘖苗,在靠近枣树树干处,用犁深翻,切断地表根系或选择优良成年枣树,在距植株 1～2 m 处,挖宽 20～30 cm,深 40～50 cm 的沟,切断根系,促进幼苗萌发,当幼苗长到 3～4 年生时再与母株分离移植。

2. 嫁接育苗　枣树嫁接育苗应选择优良品种的接穗,以品质优、结果早且丰产为佳。常用的砧木有根蘖苗和酸枣苗。酸枣较大枣含种仁率高,种子发芽率高,秋季播种或沙藏处理后春播均易出苗。一般第 1 年播种,第 2 年嫁接,第 3 年出圃。采用根接、枝接、芽接、嫩梢嫁接,均易成活。也可用山坡上的酸枣改接,充分利用荒坡繁殖枣树,既保持水土,又增加经济效益。

3. 酸枣嫁接大枣技术　枣树以枝接为好,成活率高,生长快,结果多,早丰产,效益高。春季枣芽刚开始萌动从 3 月下旬开始至 7 月底以前都可以嫁接。最佳嫁接期在清明节前 10 天至后 20 天。可当年嫁接,当年成苗,当年开花结果,效果好。

(1)接前准备

①嫁接地点选择。选择土层深厚,肥沃的山地、沟坡地和梯田地进行成片嫁接,集中管护,否则达不到丰产丰收的目的。

②嫁接前清棵选株。野生酸枣树多密集丛生,无距无行,嫁接可按设计要求 3～4 m 或 2～3 m 的株行距留苗,余者全部清除刨掉。

③接穗准备。选用珍、奇、特大枣的品种嫁接培育丰产果园,从品种特性显著,丰产性能良好,无病虫害,生长健壮的枣树上剪取粗壮的二次枝或枣头作接穗。嫁接前先将其剪成小节,每节接穗顶端必须有 1 个健壮的枣股或 1 个健壮的芽子。然后将这些接

穗放入熔化的石蜡液中进行蜡封处理,将蜡封好的接穗装袋放入纸箱内,贮藏于冷凉处备用。

(2)嫁接方法

①小苗腹接法。砧木直径在 0.5～1.5 cm 范围内,可用腹接法嫁接。嫁接时先将接穗下端削成 5 cm 的斜面,再于斜面背后下端削成 2 cm 长的小斜面。砧口的切法在砧苗离地面 7～8 cm 处入刀,向下斜切 1 个 6 cm 长的接口,将接穗的大面向外插入接口,并使二者的形成层相互吻合,然后剪去接口以上的砧木苗,用 2～2.5 cm 宽的薄膜塑料条将接口绑紧封严。

②插皮接法。凡砧木直径大于 1.5 cm 者皆可用此法嫁接。先在接穗下端削 1 个长 5 cm 的马耳形斜面,再于斜面背后两侧各轻削一刀,深达韧皮部即可。在嫁接处将砧木锯断,削平砧面,用刀尖将形成层挑开后随即将接穗插入,最后用塑料布条把接口与砧木绑紧封严。

(3)注意事项

①蜡封接穗操作过程中,蘸蜡液的速度要快,蜡液的温度要保持在 100 ℃。春季嫁接用的接穗,可提前一周或半月采回封蜡备用,存放在冷凉处用湿沙埋藏,一直可用到 5 月中下旬。夏季硬枝接穗,最好是随用、随采、随封、随接,如果搁置时间太长会影响成活率。

②嫁接刀具要锋利,做到削接面平滑,操作要快,绑扎要细致严密。

③为保证嫁接成活率和生长发育,必须清除嫁接后在砧木上萌发的大小萌芽,要适时解除接口上的绑扎带,设立防护接芽的支柱,避免嫁接苗被大风吹折,并做好病虫害防治和锄草等工作。

(二)栽植技术

1.园地选择 枣树多分布在海拔 530～800 m,背风向阳,排水良好,光照充足的淤积沙滩地、黄土地和沙壤土地上。在川滩河谷栽植,选择土壤深厚,土质较好的沙淤土、冲积沙土,但不宜在低洼排水不良的黏重土壤上栽植。

枣树生长条件适宜时,生长快、结果早。在建园时应尽量选择土层较厚,有灌溉条件的地块。如果在土层很薄的丘陵山地或在沙滩地建园,应采用客土、增施有机肥等方法改良土壤,为枣树丰产创造条件。如无灌溉条件应先打井或修渠引水,以保证能及时浇水,提高栽植成活率。在山区,枣树的园地应选择阳坡,避开风口。

2.栽植密度 一般来说,密度越大,越易实现丰产。但密度大,苗木需求量多,建园成本高。另外,密度越大,对栽培技术的要求越高,管理起来费工。因此,应当综合各方面因素,以确定栽植密度。枣树的栽植密度依栽培目的、田间管理水平、地理环境条件和枣树品种等而定。

(1)普通枣园 普通枣园指密度中等的纯枣园,一般栽植株行距为 3 m×5 m、4 m×5 m、4 m×6 m,此类型的枣园易管理,用工量较小,适合大多数地方采用。

(2)枣粮间作枣园 枣粮并重园,栽植株行距采用 3 m×15 m、3 m×20 m、4 m×15 m 或 4 m×20 m,以枣为主的枣粮间作园,行距为 7~10 m。此类型的枣园适合于平原、梯田。

(3)密植枣园 栽植株行距一般为 2 m×4 m、1 m×2 m 或株距1 m、行距为一行 1 m,一行 3 m 的两密一稀双带状栽植。此类枣园管理较为费工,要求较高的管理水平。

3.栽植时期

(1)春栽 春季萌芽前或萌芽期栽植。此时栽树成活率高、方便、简单,不存在秋栽防冻问题。近几年来普遍采用。

(2)秋栽 秋季落叶后封冻前栽植。此时栽植的枣树春天萌芽早、发根快、树体生长势强,但需要注意冬季防冻。秋栽适合冬季较温暖、冬春少风的地区。

(3)雨季栽植 在必要情况下也可以雨季带叶栽植。栽植时去除部分枝叶,尽量减少根系损伤,最好带土移栽。

4.栽植技术要点

(1)苗木质量要高 苗木质量是影响栽植成活率的最主要因素。应选用一级苗和二级苗。

(2)注意保护苗木 远距离运输枣苗要包装。苗木包装分三种形式,第一种是苗木整体包装,即将每捆枣苗(一般为50株)喷湿后装入0.06 mm的塑料膜袋中,并捆好袋口,然后装车运输;第二种包装方式是只包装根部,将1.5 m²厚度为0.06 mm的塑料膜铺在地面上,将枣苗放在塑料膜上,喷湿后在枣苗根部撒上湿锯末,用塑料膜包好根部,捆紧后装车运输;第三种是将枣苗根部蘸泥浆后装入草袋,然后捆紧装车运输。来不及栽植的枣苗要假植。

(3)挖大坑施足底肥 栽植坑的大小,也会影响枣树的成活率。栽植坑小,根系舒展不开,或根系外露,坑底土壤板硬,都不利于枣树的成活。栽植坑要按标准挖长、宽各1 m、深0.8～1 m。有机肥与表土拌匀后,填于坑内,用水浇透踏实后,再在坑内栽植。要注意栽植深度,在浇水踏实后正好埋在苗木原土印,栽植过深或过浅都不利于成活和生长。

(4)栽植时期要合适 枣树栽植一般在秋季落叶后到土壤封冻前,或翌年解冻后至发芽前。但最佳时期为萌芽前后,此时栽植成活率最高。如栽植过早,容易出现枝条抽干和假死(即当年不发芽)现象。

(5)生根粉处理根系 定植前用ABT生根粉3号500 mg/kg浸根3～5分钟,或用ABT生根粉3号1 000 mg/kg喷湿根系,可提高成活率,促进苗木生长。

(6)栽后灌足水 据阜平试验,浇定根水后,根蘖苗的成活率达85%以上,归圃苗及嫁接苗可达95%～100%。浇水的比不浇水的发芽时间早7～10天,长势明显较旺。

（7）栽后覆地膜 覆膜时要覆成外边高苗基处较低的锅底式地膜坑，地膜边缘要用土压实，以防大风吹开。栽后覆膜对在丘陵山地、沙地及干旱地区建园尤为必要。

五、抚育管理

（一）松土除草

枣园的土壤管理是稳产高产的基本措施。保持土壤疏松肥沃，枣园宜秋季深翻和早春趁墒翻耕，翻后随即耙糖保墒，在坡地要结合翻耕，挖松树盘，修筑鱼鳞坑，保持水土。对水土流失严重，根部裸露的枣树，必须培土埋根进行保护。

（二）合理间作

枣树生长期短，枝叶稀少，透光性好，适于枣粮间作。园地间种花生、绿豆、豇豆、豌豆等豆类或红薯、马铃薯、芝麻、荞麦等低秆作物，不宜间种高秆作物玉米、高粱和多年生牧草。在盛果期为保证枣树稳产高产，可不套种，加强中耕除草，提高产量。

（三）施肥灌水

枣树对肥水反应很敏感，在花前追肥、浇水，花期喷肥，坐果后追肥、灌水均能起到保花保果的作用。群众增产经验是：结合秋耕和春耕施足底肥，在开花时追施化肥、农家肥 1 次，果实膨大期追施化肥 1～2 次，能显著提高产量。

1. 时期与方法

（1）秋施基肥 枣树在采收之前施入基肥最好，可为翌年丰产奠定基础。基肥应以有机肥为主，可适当配合施入一些速效性肥料。基肥的施用方法主要有：环状沟施、放射状沟施、条状沟施、点状穴施、全园或树盘撒施等。选择何种施肥方法因树龄、栽植密度、土壤类型、肥料多少不同而异。几种施肥方法可以轮换使用。在挖施肥沟时，要注意少伤根系，尤其是直径大于 0.5 cm 的根要小心保护，以免切断。

（2）萌芽前追肥　一般在翌年 4 月上旬进行。秋季未施基肥的枣园更应注意萌芽肥的施用。萌芽肥对萌芽、花芽分化及幼果果实发育极为有利。

（3）花期追肥　枣树花芽分化有当年分化、多次分化、随生长随分化、分化时间短和分化数目多等特点。枣花量大、花期长，要消耗大量营养，若营养跟不上，必然会导致严重的落花落果，花期追肥可减少落果。花期追肥可采用根施，也可采用叶面喷肥。花期喷肥的同时，加入 30 ppm 的赤霉素，以提高坐果率。

（4）助果肥　一般在幼果生长旺盛的 7 月中旬左右追肥。这次追肥，直接关系到枣的产量和品质。助果肥最好是氮、磷、钾复合肥，可根施，也可叶面喷施。

与三次追肥相对应的每年必须保证三次供水，即催芽水、花期水和幼果水。花期水可以防止因干旱而引起的焦花现象，减少落花落果，一般在开甲前灌水。除了以上三水外，有些地区还有灌封冻水的习惯，以促进树体发育。

2. 施用量

施用量应根据枣树树体大小、肥料的种类等因素来确定。一般生长结果期树每株施有机肥 30～80 kg；盛果期树每株施有机肥 100～250 kg。对纯枣园，每亩施有机肥 5 000～6 000 kg。养分含量高的优质有机肥可少施一些，养分含量低的土杂肥可多施一些。

基肥中加入速效氮磷肥的量因枣树大小而定。生长结果期树每株加入尿素 0.2～0.4 kg，过磷酸钙 0.5～1.0 kg；盛果期大树每株加入尿素 0.4～0.8 kg，过磷酸钙 1.0～1.5 kg。

枣树追肥合适的量应根据树龄、树势、产量、土壤肥力、土壤类型等因素来综合考虑。目前，在枣树上关于施肥量的研究进行的很少。追肥的施用量主要是靠各地丰产园的施肥经验确定的，对于成龄大树，萌芽前每株施尿素 0.5～1.0 kg，过磷酸钙 1.0～

1.5 kg,硫酸钾 0.5～0.75 kg;幼果发育期施磷酸二铵 0.5～
1.0 kg,硫酸钾 0.5～1.0 kg;果实迅速膨大期施磷酸二铵 0.5～
1.0 kg,硫酸钾 0.75～1.0 kg。

3.叶面喷肥

叶面喷肥主要以通过叶片上的气孔和角质层吸收营养,一般
喷后 15 分钟到 2 小时即可被吸收利用。浓度以 0.3%～0.5%为
宜,此法简单易行,用肥量小,发挥作用快,从叶片的吸收能力看,
叶背面气孔多,且具有较松散的海绵组织,细胞间隙大,有利于渗
透或吸收。操作时,应注意喷洒叶背面。叶面喷肥的最适温度为
18～25 ℃,夏季喷肥最好在上午 10 时前和下午 4 时后进行,以免
气温过高,溶液浓缩快,影响喷肥效果,甚至导致药害的发生。

(四)整形修剪

1.整形

(1)疏散分层形　疏散分层形干高 80～100 cm,第一层 3 个
或 4 个主枝,每个主枝留 1～2 个侧枝;第二层留两个主枝,每个主
枝留 1 个侧枝;第三层 1 个或 2 个主枝,每个主枝留 1 个侧枝,层
间距 80 cm 左右。当幼树粗度达到 1.5 cm 以上即可定干,定干高
度为 1.1～1.3 m,然后逐步选留主枝和各级侧枝。此种树形容易
掌握,操作简单,在生产上应用较多。

(2)多主枝自然圆头形　一般分两年进行,第一年定干后修整
出 4～5 个主枝,第二年短截中心干后修整出 2～3 个主枝。

(3)自由纺锤形　自由纺锤形干高 40～60 cm,不留主枝,在
中心干上均匀着生 10～14 个结果枝组。成形后树高控制在
2.5 m 以下。

2.修剪

(1)冬剪　冬剪是指休眠期的修剪,即在落叶后至萌芽前进行
的修剪。枣树枝条剪口愈合较慢,在冬季多风寒冷地区,为预防剪
口抽干,应适当晚剪,以 2～3 月份为主。但不可过晚,若在萌芽后

修剪,就会削弱树势,影响枣头的萌发以及二次枝和枣吊的生长。

①落头。树冠达到一定高度,一般3～5 m(依密度而定,密度大时宜低,密度小时宜高),就要落头开心,达到控制树高和改善冠内光照的目的。

②疏枝。对交叉枝、重叠枝、密挤枝、直立枝、细弱枝、病虫枝、枯死枝从基部除去,可集中养分,增强树势,利于通风透光,从而提高产量和品质。

③回缩。对多年生的冗长枝、下垂枝、前端开始枯死的二次枝回缩修剪,有利于局部枝条更新复壮,抬高角度,增强长势。

④短截。短截有两种方式:一是短截,即所谓的"一剪子堵",剪去后期生长的细弱二次枝,留枣头中部生长健壮的二次枝,提高枣股的结果能力。二是打头短截,即"两剪子出",对枣头进行短截时,疏除剪口下的第一个二次枝,刺激剪口下主芽萌发,形成新枣头,这是对主侧枝延长枝的一种处理方式。

(2)夏剪　夏剪指生长季的修剪,多在5～7月份进行。夏剪的目的在于抑制枣头生长过快,减少养分消耗,调节营养的流向,改善光照条件,提高坐果率,促进果实发育,提高产量和质量,同时培养良好的结果枝组,增强树势。

①抹芽。对刚萌发无利用价值的枣头,应及早从基部抹除,以节约养分,利于通风透光。

②摘心。萌芽展叶后到6月份,可对枣头一次枝、二次枝、枣吊进行摘心,阻止其加长生长,有利于当年结果和培养健壮的结果枝组。对枣头一次枝,摘心程度依枣头所处的空间大小和长势而定。一般弱枝重摘心(留2～4个二次枝),壮枝轻摘心(留4～7个二次枝)。对矮密枣园地可对二次枝和枣吊进行摘心。摘心程度过强时虽当年结果很多,但影响结果面积增大,往往翌年二次枝上大量萌发枣头。摘心程度过轻时,坐果率降低,品质差,结果枝组偏弱。

③开甲。开甲就是对枣树环剥，一般在枣树盛花期（30％～50％的花开放）进行。

④拉枝。一般在5～7月份进行，使枝条分布匀称，冠内通风透光良好。

（五）保花保果技术

枣树多数品种落花落果严重。第一次集中在盛花后14天左右，第二次在盛花末期后10天左右。主要原因是枣树生长期短，根系活动较晚，开花量大而花期长，营养生长与生殖生长同时进行，养分分配不平衡所造成的。为了提高产量，当前除采用综合技术提高树体营养条件以外，在开花期可采取以下措施：

1.剥皮　剥皮又称开甲。开甲增产效果明显，还能改善果实品质，果实成熟期也一致。据河北石家庄果树所（1966年）对新乐大枣开甲树的分析，开甲的枣果含糖量为43％～49％，而对照只有30％多，说明品质提高了。

开甲时期，以盛花初期为宜，在天气晴朗时进行；幼树弱树不开，进入盛果期的树，干粗在10～12 cm以上的树才开；开甲时先刮去老皮，露出白色韧皮部，然后用开甲刀或切接刀环剥一周，深达木质部，宽0.3～0.6 cm，一般20～25天可以愈合。初开树在主干距地面20～30 cm处开第一刀，以后逐年上升。每次开口相距3～5 cm，开甲到主枝分杈处后，又从下向上开"回甲"。另外，伤口要注意保护，防止病虫感染危害。

2.喷水　如果花期温度高，空气干燥，易造成"焦花"，影响坐果。在盛花期早晚（上午10时以前和下午4时以后）喷清水，增加空气湿度，以利于花粉发芽，能提高坐果率。

3.枣头　枣头当年萌发后生长很快，消耗养分多，枣吊坐果少而且质量差。6月对枣头枝进行摘心，控制枣头生长，可提高坐果率，在枣头迅速生长高峰时期后的一个月，摘心效果更好。

4.枣园放蜂　枣为虫媒花，花期放蜂，增加授粉机会，增产效果显著。枣花还是良好的蜜源植物,枣园放蜂是一举多得的措施。

5.喷生长素　盛花初期喷 10 ppm 的赤霉素水溶液或硼砂 0.1％～0.3％水溶液,可促进花粉发芽,并能刺激单性结实,坐果率提高150％～500％,增产 30％～120％。由于坐果数量增加,果实偏小,产量提高,容易削弱树势。因此,为提高产量,保证果实质量,必须加强土肥水管理,保证充足的营养供应。

(六)预防枣裂果

裂果是目前枣树生产中存在的严重问题之一,一般年份因裂果造成产量的损失在 30％左右,严重年份在 60％以上,有些产区甚至绝收。降水是引起枣裂果的最直接因素,降水量越大,持续时间越长,裂果就越严重。不同品种抗裂果能力不同,抗裂果品种有长红、柳林木枣、小枣、大荔龙枣、端子枣、官滩枣、婆婆枣、糠头枣、小算盘等。易裂品种有壶瓶枣、梨枣、金丝小枣、相枣、无头枣、婆枣等。果实含糖量、果实结构、果实内部激素含量与裂果有关,果实含糖量越高越易裂果;果皮越薄,果肉细胞越大越易裂果。

目前生产上还没有经济有效地防治裂果的方法。初步研究结果表明,在果实发育期每隔 2 周喷 1 次 B_9 或 GA_3 可以降低裂果率,但防治裂果的根本出路在于选育、引种抗裂品种。在多雨地区栽培枣树时更应注意这个问题。

六、病虫害防治

(一)枣疯病

枣疯病为类菌质体病害。枣树感染后,形成丛生枝叶,秋季干枯但不易脱落。病根也抽生丛生根蘖。根皮逐渐变成黄褐色,最后腐烂死亡。发病后小树 1～2 年,大树 3～4 年即可死亡。病枝条一般不结果,健康枝条结果大小不一,凹凸不平,着色不均,组织松软,不能食用。该病主要通过各种嫁接和分根传染。刺吸式口器的昆虫也是重要的传播媒介。

防治方法:选用抗病品种,加强枣园管理,增强树体的抗病能力。对叶蝉等刺吸式口器的害虫进行药剂防治,减少传播媒介;对病树病枝及早锯掉或刨锄,并将大根刨净,以免再生萌蘖,对严重者整株刨掉烧毁,杜绝蔓延。

(二)枣锈病

枣锈病为叶部病害。染病初期,叶背面出现散生淡绿色小点,渐变成淡灰色,以后病斑突起呈黄褐色,病斑边缘发生不规则的绿色小点,使叶面呈现花叶状,失去光泽,最后干枯脱落。该病借风雨传播,一年可多次侵染。大部分地区 7 月下旬发病,8 月下旬开始大量落叶。雨水多的年份发生重,干旱年份较轻。水浇地、树冠郁闭、间作高秆作物的枣林发生重,反之则轻。

防治方法:冬季彻底清除落叶,集中烧毁或深埋,消灭菌源;合理密植与修剪,以通风透光。雨季及时排除积水,降低枣园湿度;在 7 月上旬喷 200~300 倍波尔多液,20 天后再喷第 2 次即可控制发生。喷 50％多菌灵 800 倍或 50％菌丹 500 倍液,也有良好的效果。

(三)枣镰翅小卷蛾

幼虫危害枣叶及枣肉,影响红枣产量及品质。该虫一年 3 代,以老熟幼虫潜伏于粗皮缝隙内化蛹越冬。

防治方法:惊蛰前后刮除老粗皮消灭越冬蛹;谷雨到立夏间喷洒 50％敌百虫 800 倍液或 50％二溴磷乳剂 500~600 倍液毒杀幼虫;9 月初向树干束草诱集老熟幼虫化蛹,10 月初除草并进行烧毁灭蛹;黑光灯诱杀成虫。

(四)桃小食心虫

此虫为较为严重的蛀果害虫,食性杂,危害枣、苹果、山楂、杏等果实。该害虫以老熟幼虫结茧,钻入树冠下的土壤中越冬,第二年 5 月中下旬出土羽化、交尾,产卵于果实萼洼周围,卵孵化成幼虫后在果面爬行数小时后蛀果危害。

防治方法:冬春季结合深翻施肥,将越冬幼虫深埋土中或翻在地表,将其消灭;5月中下旬透雨后,在结果树下喷洒辛硫磷300倍液,消灭幼虫。注意喷树干周围1 m范围和堆果场所,每亩用药0.8 kg,喷后将药耙入土中;6月中下旬至7月上旬,成虫产卵前后,树冠喷2 000倍功夫等杀虫剂毒杀虫卵与小幼虫;拾净落果,及时深埋处理,减少害虫蔓延。

(五)枣粘虫

幼虫为害叶、花、果。为害叶片时,常将枣吊或叶片吐丝将其缀在一起缠卷成团和小包,藏身于其中,为害叶片,将叶片吃成缺刻和孔洞;为害花时,咬断花柄,食害花蕾,使花变黑、枯萎;为害果时,幼果被啃食成坑坑洼洼状,被害果发红脱落或与枝叶粘在一起不脱落。

防治方法:冬季刮树皮,消灭越冬蛹。在冬、春两季,刮掉树上的所有翘皮并集中销毁,可消灭枣树皮下越冬蛹的80%~90%;黑光灯诱杀成虫;幼虫越冬前(8月中下旬),于树干或大枝基部束33 cm宽的草帘,诱集幼虫化蛹,10月份以后取下草帘和贴在树皮上的越冬蛹茧集中销毁;在枣粘虫第二、第三代卵期,每株释放松毛虫赤眼蜂3 000~5 000头;喷洒生物农药青虫菌、杀螟杆菌100~200倍液,防治幼虫效果达70%~90%;当枣树嫩梢长到大约3 cm时(即第一代幼虫孵化盛期)可用喷洒2.5%溴氰菊酯乳油4 000倍液、20%速灭菊酯乳油3 000倍液、30%氧乐氰菊乳油3 000倍液、90%敌百虫1 000倍液等。

第四节 杏树

杏树(*Armeniaca vulgaris* Lam.),系蔷薇科杏属落叶乔木。该树是遍及全国各地栽培的经济果树之一。杏果营养丰富,味甜多汁,富含多种养分和维生素。杏除供鲜食外,还可加工成杏干、杏脯、杏醋、罐头、杏酒、杏汁等；杏仁除食用外，还是重要的油料来源，其含油量达 $50\% \sim 60\%$，蛋白质 $23\% \sim 25\%$，碳水化合物 60%，还有磷、钙、铁、钾等人体不可缺少的元素。此外，杏果尚有润肺、定喘、生津止渴、清热解毒等医疗作用。香甜可口，富含维生素 B_{17}，具有显著的防癌、抗癌作用，是我国传统出口土特产品。杏树全身都是宝，它的叶、花、果肉、果仁、树皮和根都具有广泛的用途，是目前城乡道路、庭院、公园和退耕还林地理想的经济林树种。

一、形态特征

杏树高可达 10 m，树冠球形或扁球形，树皮灰褐色。新梢光滑无茸毛，阳面为红褐色，有不整齐的纵裂纹。叶宽卵圆形或圆卵形，尖端渐尖，叶缘具钝锯齿，叶面光滑，叶背无毛或稍有柔毛。花单生，粉红色。果实呈圆形或长圆形，黄色，部分品种阳面呈红色。核面平滑，边缘有沟纹。杏的品种很多，按果形分为圆形、长扁圆形和扁圆形三类，按种仁分为甜仁、苦仁两类。

二、优良品种

(一)鲜食杏

1. 凯特杏 1991 年从美国加利福尼亚大学引进。果实近圆形，果顶平，露地平均果重 105 g，最大单果重 130 g，大棚栽植平均单果重 130 g 以上。果皮光亮、橙黄色、完全成熟时阳面红色；果肉黄色，肉质细嫩，汁液丰富，风味酸甜适宜，可溶性固形物含量 12.7%，总糖含量 10.9%，总酸含量 0.94%，离核，核小，果实生育期 70 天左右，6 月 15～20 日左右果实成熟。该品种树性强，幼树生长旺盛，扩冠成形快、适应性广、耐瘠薄。树条直立性强，易成花。完全花比率高，能自花结果，自然授粉坐果率为 25.5%。结果早，产量高。

2.二转子杏 原产礼泉县。二转子杏是目前我国杏属植物中果实最大的品种。果实圆形,平均单果重 133 g,最大单果重 180 g,果皮黄色,阳面微有红晕。果肉橙黄色,肉质细软、多汁、甜酸浓香,可溶性固形物含量 12.8%,总糖含量 7.33%,总酸含量 1.24%,半离核,仁甜,品质上等,常温下果实可贮放 3～5 天。果实生育期 8 天左右,6 月中旬果实成熟。

3.金太阳杏 1998 年从美国引进的极早熟、优质甜杏新品种。5 月下旬成熟,树姿开张,树体较矮;枝条粗壮节间短;叶片卵圆形,叶面光滑有光泽;花芽形成快,当年 5 月嫁接的苗木当年即可成花。果实圆球形,底色金黄,阳面着红晕,平均单果重 67 g。肉细浓甜,品质上等,耐贮运,常温下可放 5～7 天。极丰产。露地大棚栽植皆宜。管理粗放,自花结实率强,栽后第 2 年单株产 3.5 kg 以上,第 4 年平均株产达 38.6 kg,最高产 41 kg。适应性广,抗晚霜危害,抗病性强。

4.串枝红杏 原产河北巨鹿一带。果实 6 月底至 7 月初成熟。平均单果重 52.5 g,果面底色橙黄,阳面紫红色,果肉橘黄色。组织致密,较坚韧、汁液中等、味酸甜,离核,丰产。抗寒抗旱、抗风力强。为优良的加工品种,制罐、脯、酱均佳。直立性较强,适合于密植,平原适宜栽植密度为(2.5～4)m×4 m,山区丘陵一般为(2～3)m×4 m。

5.早荷 早荷是目前成熟期最早的优质杏品种。成熟期 5 月 15 日左右。树势中强,自然开张。树条斜生,叶圆而大,叶柄特长。果实高桩,果面金黄,阳面鲜红,平均单果重 55 g,汁多肉细,香甜微酸,品质上等。离核,丰产。露地大棚均可栽植。生产中要注意预防早期落叶病。

6.早丰 极早熟优质杏品种。5 月 15 日左右成熟。树势中庸开张,枝条直立性较强,叶圆形深绿色。果实圆形,果面金黄,味极香甜,品质特优。离核,极丰产。可作为大棚杏的主栽品种。生产中要注意预防早期落叶病。

7. 红光　极早熟优质杏品种。5 月 17 日左右成熟。树势中等开张,枝条斜生,叶圆形深绿色。果实圆形或长圆,果面底色金黄,阳面鲜红色,色彩光亮,平均单果重 61 g。肉细汁多,香甜可口,品质极上。离核,丰产。可作为大棚杏的主栽品种。

8. 红丰　早熟优质杏品种。5 月 25 日左右成熟。树冠开张,枝条自然下垂,叶片卵圆形。果实近圆形,稍扁,平均单果重 56 g。果面光亮,果皮黄色,2/3 果面艳红,极美观。肉细甜香,微酸,品质上等。半离核,丰产性极强。

9. 金皇后　金皇后为杏李自然杂交种。6 月中旬成熟。树势较强,枝条直立,叶丛枝多,叶片厚绿,花芽形成快。果实近圆形,果顶平,缝合线浅。平均单果重 81 g。果皮金黄色,光滑。果肉橙黄色,质细而致密,兼有杏李风味,粘核。果实在室温下可放半个月不烂,为极耐贮运杏品种。较抗细菌性穿孔病和杏疔病。对土壤要求不严格。适合我国南北方杏、李栽培区域推广栽植。

10. 新世纪　5 月底成熟。平均单果重 70 g,最大 90 g,果实卵圆形。果皮底色橙黄,着粉红色,香味浓,味酸甜,风味极佳,品质极上,含可溶性固形物 15.2%。离核,自花结实,丰产。

11. 华县大接杏　主产于华县。果实极大,略呈扁圆形,平均单果重 84 g,最大达 150 g 以上。果皮薄而韧,黄色,有淡红晕,有紫红色细点,剥皮不易,果顶微凹,缝合线浅而显著。果肉橙黄色,肉质柔软,纤维少,汁液多,味甜,有芳香。离核,仁饱,味甜。品质上等。果实 6 月上旬成熟。树势强健,寿命较长,以中、短果枝结果为主,适应性强。华县大接杏为我省鲜食著名品种。

12. 三原曹杏　分布在三原、泾阳一带。果实极大,扁圆形,单果重约 80 g,最大果重 110 g。果皮薄,黄色,外观好,皮较易剥离。果顶凹,缝合线深。果肉橙黄色,近核处白色,肉质软,汁液多,味甜,有浓香。粘核仁肥大,味甜,品质上等。果实 6 月上中旬成熟。

树势强健,寿命长,以中、短果枝结果为主。抗寒、抗旱,耐瘠薄。结实力强,产量高,果实具有特殊风味,驰名各地。

13.泾阳大银杏　分布于泾阳、三原一带。果实极大,近圆形,单果重 120 g,大小均匀。果皮淡黄色,附有紫点,皮厚,易剥离。果顶平,缝合线浅。果肉黄色,肉质柔软,纤维少,汁液多,味浓甜,有芳香。仁甜,品质上等。果实 6 月中下旬成熟。树势强健,寿命长,以中、短果枝结果为主。对土壤要求不严,经济价值较高。

(二)仁用杏

1.一窝蜂　果实扁椭圆形,平均单果重 10～15 g。离核,核仁为长心脏形,饱满,味香甜,核仁皮为棕黄色,平均单仁重 0.6 g 左右,果实出鲜核率 22.6%,出干核率 17.5%,果实生长发育期 85 天左右,为优良仁用杏品种。

2.龙王帽　果实扁卵圆形,果个小,平均单果重 11.7～20.0 g。离核,核仁为扁椭圆形,核大,出鲜核率 22%～24%,干核率 12.7%～17.6%,干杏核出仁率为 28%～30%,平均单仁重 0.8 g 左右,仁饱满,味甜,果实生育期 85 天左右。

3.白玉扁　白玉扁又名柏玉扁、大白扁、臭水核,主产区为北京门头沟及河北涿鹿和怀来等地。7 月下旬成熟。果实发育期 90 天。果实扁圆形,平均单果重 18.4 g。果皮黄绿色。果肉厚 0.45 cm,果肉酸绵,有涩味,不宜生食,可制干。离核。成熟果实自然开裂,杏核掉出,出核率 22.2%,出仁率 30%。适应性强,耐干旱、耐瘠薄,丰产,坐果率高。杏仁乳白色,整齐美观,味香可口,是仁用杏中有发展前途的品种。

4.北山大扁　北山大扁又名荷包扁,主产于河北省怀来、赤城、丰宁、兴隆及北京密云、延庆等地。果实扁圆,橙黄色,阳面有红晕,紫红色斑点,果肉橙黄色。单果重 17.5～21.4 g,果皮厚,肉质粗,汁少,味酸甜,可生食亦可制干。适应性强,高产,抗旱。但杏仁较瘦。

5.华县克啦啦杏 分布于华县的北安村一带。果实极小,长圆形,平均单果重4.5 g,果皮薄,黄绿色,皮不易剥离。缝合线浅,果顶尖。果肉淡黄色,纤维少,汁液多,味酸。离核。仁丰满,味甜。果实6月中旬成熟。树势强健,寿命长,抗寒,耐旱,种仁丰满而甜,为有名的仁用品种。

6.华县迟梆子杏 分布于华县杏林及南王堡一带。果实小,圆形或扁圆形,平均单果重26 g,大小匀称。果皮浓黄色,有红霞及较密的紫红点,不易剥皮。缝合线浅而宽,果顶较平而微凹。果肉黄色,纤维多,汁液中等,味甜微酸。离核。仁饱,瓣大,白色,味甜,品质中上。果实6月中旬成熟。树势强健,枝条直立。本品种丰产,不易落果,耐贮运,可以制干。杏仁肥大,仁用、干用均宜,杏仁远销国外,经济价值较高。

三、生物学特性

杏树原产我国,栽培历史悠久。我国杏的栽培范围很广,种类、品种繁多。杏树适应性广,对环境条件的适应性极强,无论平原、高山、丘陵或沙荒地均可栽培。

杏树喜光,在光照充足的条件下生长良好。耐低温、高温。对土壤要求不严,抗旱力较强,抗涝性较差,喜欢土壤湿度适中和完全干燥的条件。仁用杏适应性广泛,抗旱和抗寒力很强,不择土壤,耐瘠薄。在黏土、沙土、沙砾土、较轻的盐碱土甚至岩石缝中均能生长,但宜种在排水良好地块。

(一)生长习性

1.根 杏树属于深根性树种,根系发达,适应性强。成龄树根系在土层深厚的地方,深可达5 m之多,因而地上树冠也大。幼龄杏树生长特别旺盛,定植后5~6年内,条件适宜时,新梢年生长量可达2 m以上,扩冠迅速,长势健壮,地下根系庞大,在短期内,地上部也可形成较大的树冠,有利于早期丰产。

2.芽　按性质可分为叶芽和花芽。叶芽早熟,萌发力强,成枝力弱。一般1年生枝缓放后,除枝条基部几个芽不萌发外,其余大部分叶芽都能萌发,但长成长枝的能力很弱。这种特性与品种、树龄、树势及肥水管理水平有关。

杏树的花芽为纯花芽,着生在各种结果枝节间的基部,萌发后开一朵花。芽的着生方式有单生芽和复生芽两种。各节内着生1个芽的为单芽,着生2或3个芽的为复芽。有时1个花芽和1个叶芽并生,也有的中间为叶芽、两侧为花芽的3芽并生。一般长果枝的上端以及短果枝各节的花芽为单芽,其他枝的各节多为复芽。单芽、复芽的数量、比例、着生部位与品种、营养及光照有关。

杏树的潜伏芽寿命长,利于更新复壮。

3.枝条　杏树的枝条,按其功能的不同,可分为生长枝和结果枝。生长枝因长势不同,又可分为发育枝和徒长枝。发育枝由1年生枝上的叶芽或多年生枝上的潜伏芽萌发而成,生长旺盛,在叶腋间能形成少量花芽,发育枝的主要功能是形成树冠骨架。特别旺长的发育枝,称为徒长枝,这种枝条多为直立生长,节间长,叶片大而薄,组织不充实。

(二)结果习性

1.花　杏花为两性花。根据花器官的发育程度,形成4种类型的花:一是雌蕊长于雄蕊;二是雌、雄蕊等长;三是雌蕊短于雄蕊;四是雌蕊退化。前两种花,可以授粉、受粉、坐果,称为完全花;第三种类型的花,有的也可以授粉,但不一定能受粉,坐果能力很差,有的在盛花期便开始萎缩,失去受粉能力;第四种花,不能授粉、受粉,也不能坐果,称为不完全花。有的年份或杏园,出现花开满树并不结果或很少结果的现象,就是由于后两种类型的花所占比例太大的缘故。

杏树退化花的多少,与品种、树龄、树势、营养及栽培管理水平密切相关。在同一品种中,老树、弱树、管理粗放或放任不管的树,退化花的比例相对较大;在同一株树上,枝条的类型不同,退化花的数量多少也不一样,一般是新梢多于长果枝,长果枝多于中果枝,中果枝多于短果枝,短果枝多于花束状果枝。为减少退化花的数量,应在加强土肥水综合管理和病虫害综合防治的基础上,通过修剪调节,增强树体长势,增加完全花的数量。

2.杏树的结果枝　杏树的结果枝按其长度可分为长果枝(30 cm以上)、中果枝(15～30 cm)、短果枝(5～15 cm)和花束状果枝(5 cm以下)。长果枝花芽质量差,坐果率低;中果枝生长充实,花芽质量好,且多复花芽,是主要结果枝,结果枝在结果的同时,顶芽还能形成长度适宜的新梢,成为第2年的新结果枝,以保持连续结果的能力;短果枝和花束状果枝,多为单花芽,结果和发枝能力都比较差,寿命也较短。幼树和初果期树,中、长果枝较多;老树和弱树,短果枝和花束状果枝较多。

仁用杏树以短果枝结果为主,在各类结果枝中,短果枝的数量最多,可达90%以上;短果枝营养生长停止的时间较早,积累营养的时间长,数量多,花芽发育充实,退化花数量少,坐果率高;短果枝的枝条越粗壮,结果越可靠。

杏树开花结果以后,花芽位不再生枝发芽而枯萎死亡,只有依靠先端的叶芽,抽生新枝向外延伸,从而导致结果部位年年外移,全树的结果枝也自下而上,由内而外地依次外移,形成下部和内部光秃,直至衰老枯死。仁用杏的串花枝易于更新。因此,在仁用杏的生长后期,必须及时回缩更新,以稳定结果部位,延缓结果部位外移,保持稳定产量。

四、栽培技术

(一)育苗技术

1.砧木培育　杏核(种子)粒大,顶土力强,易出苗,只要播种方法得当,育苗容易获得成功。播种时间分春秋两季,春季播种需对种子进行处理,即将种子用温水浸种,使种子吸水,将种子与沙按1:3充分混合后,贮放在温暖室内或背风向阳沟内,保持湿润,待种子裂咀即可播种。秋季播种,只将种子用温水浸泡3～4天,待种子充分吸水后,即可播种。播种时间在土壤封冻前进行。秋季播种,翌春季可出苗。

2.嫁接

(1)枝接　多采用劈接法,在春季进行,将选好的砧木在离地面10～30 cm处锯断,断面宜平,然后沿断面中央纵切5～6 cm的切口;随即将1.0～1.5 cm粗,并有2～3个芽的接穗下端削成楔形,其长度与劈口长相等,插入砧木切口内,对准砧木与接穗的形成层,即可扎捆、套袋保湿。

(2)芽接　在夏季进行。芽接方法一般采用盾状芽接。适用于一、二年生的砧木。嫁接时在砧木上选择光滑面,先横切长0.5～0.8 cm的切口,再从切口中央向下纵切长1.5～2.0 cm的切口,使呈"T"字形或"7"形。然后在接穗枝条芽上方1～1.5 cm处横切一刀,深达木质部,再在芽下方1～1.5 cm处,用刀向上削取芽片,稍带木质部。将砧木的"T"字形切口撬开,随即将芽插入,用塑料膜带自下向上捆扎,但要露出芽头。接后加强综合管理,促进嫁接苗生长。

(二)栽植技术

1.栽植地选择　杏树是多年生落叶果树,适应性强,管理起来相对较为简单,很容易达到一年栽植,多年受益。如果山地栽植,宜选在向阳坡或西南坡向,杏园不宜建在低洼地、沟底部及山谷下部冷空气容易聚集处,也不宜栽在容易积水的河滩地及风大的梁峁、山口。应避开冰雹带,山地坡度不宜过大,最好不要超过25°,否则,土壤变薄,难以获得高产,并且管理不便。另外,还必须注意新栽杏树避免与核果类树木(桃、李等)重茬,若实在避不开,则应进行深翻、消除残根、客土晾坑,增施有机肥等措施进行消毒,绝对不能在原植穴上直接栽植。

2.**整地方式**　应依据地形进行精细整地,如是平坦肥厚的沙地应全面整地,如果是山地,可以采取水平整地与修反坡梯田(宽60 cm,内低外高,每隔 3~5 m 留草带),鱼鳞坑整地(以 60 cm×40 cm×40 cm 规格标准)或者是客土整地。

杏园栽植区必须选在全园土层最厚、土质最好的地带,如是平原建园,长边宜采取南北方向,以利于果园透光;如果是山地建园,长边必须沿等高线延伸,以便于水利措施的修建与管理。

3.**栽植密度**　杏树生长高大,株行距应大些,在平原地区,土层深厚肥沃,株行距 6 m×6 m 或 7 m×7 m 为好,山地土层较瘠薄,株行距采用 4 m×5 m 或 3 m×4 m 为好,栽植时应注意搭配授粉品种,以利于提高结实率。

4.**栽植时间**　杏树栽植春、秋季均可,春季栽植,在杏树萌芽前进行,适合高寒地区,春季栽植的树虽然萌芽晚一点,但可以有效地防止冬季受冻及春季发生生理干旱(抽条)。秋季栽植是在苗木落叶后进行,好处是伤口愈合快,新根发育早,可缩短缓苗期,适于平原地区。

5.**授粉树配置**　授粉品种与主栽品种配置比例为 1∶4~1∶3,即每栽 3~4 行主栽品种,栽 1 行授粉品种,两者距离一般不超过 50 m,距离越近,授粉效果越好。在山地或多风地区,间隔行数可减少。如果几个主栽品种可互为授粉树,在同一杏园内可进行等量栽植。栽植品种以 3~5 个为宜,以便于管理。

6.**栽植方法**　选好栽植点后,应以定植点为中心,一般沙地应挖深 60~80 cm,长宽各 100 cm 的栽植穴,山地、黏重地块应挖80~100 cm 深,长宽各 100 cm 的栽植穴,挖栽植穴时应将心土与表土分开堆放。穴挖好后,应施足底肥。根据土壤肥力,一般每穴施农家肥 10~20 kg,磷肥 0.3~0.5 kg,碳酸氢铵 0.2~0.3 kg,与表土混匀后填入穴内,踏实四周。栽前给杏苗蘸泥浆,要求做到深浅适宜、根系舒展、根土密接,栽后浇定根水。待水下渗后,在蓄水盘面轻覆一层细土,以利于保墒蓄水,防止板结。

栽植后视天气情况,一般 10～15 天后必须灌第 2 次水,也可在树盘覆盖地膜减少水分的蒸发,待春季发芽展叶后,应检查苗木的成活情况,对死亡的杏树应及时去除并补栽同品种、同树龄的幼苗。

五、抚育管理

(一)松土除草

疏松土壤表层,切断土壤毛细管,减少土壤水分蒸发,防止杂草与杏树争肥水。中耕除草多在雨后或灌水后进行,杏粮间作的果园,间种作物宜选豆类、红薯等作物,通过对间种作物的土壤管理达到对杏树的松土、保墒和除草的目的。中耕深度一般在10 cm左右,在山地或水分条件差的地方,春季土壤化冻后,在株间或行间进行浅耕或浅耙。一般管理的杏园,春耕和秋耕各进行一次。

(二)施肥灌水

施肥时大树每株施有机肥 50～100 kg,并混合施入速效复合肥 1～2 kg 为宜,土壤追肥一般进行 2～3 次,前期以氮肥为主,中、后期配合施些氮磷钾复合肥,每次每株 1 kg 左右。施肥的方法有环状施肥、放射沟状施肥,或者全园撒肥。

在花前半月施氮肥,硬核期施氮肥并辅以磷肥,在果实成熟前施钾肥。夏天可进行根外追肥,常用肥料有尿素 0.2%～0.4%,过磷酸钙 0.5%～1.0%,磷酸二氢钾 0.3%～0.5%,硼砂0.1%～0.3%等。

杏树耐旱,有条件灌溉可以更高产,灌水应结合土壤施肥进行。一般在开花前后,果实发育期、土壤上冻前灌水。灌水要使杏园土壤水分含量达到 70%～80%,同时,不同季节、不同生长发育时期杏树需水量也不同,春季及夏初是形成产量的时期,需水量较大,相应的灌溉次数增加。7月以后,由于雨季来临,降水量增加,可以不再浇水,8月中旬为促进枝条发育良好,可适当浇水。另外,在土壤封冻前灌水。

(三)整形修剪

1.整形 杏树喜光,合理的整形是在调整通风透光与树体养分平衡的基础上进行的,以获得更有利于管理的树体形状与较高的产量。整形原则是主枝不要多、层间距稍大、阳光能进入内腔、小枝组多、大枝组少。

(1)自然圆头形 无明显的中心干,干高50~60 cm,4~6个主枝,树高3~6 m,冠径3.5~4.5 m。定干后,在整形带内保留4~6个骨干枝,除中心主枝外,其余各主枝均向树冠外围发展。在主枝上每隔30~50 cm培养一个小侧枝或大枝组,侧枝上培养枝组。

(2)疏散分层形 有明显的中央主干,干高40~70 cm,主枝6~10个,第一层3~4个,第二层2~3个,第三层1~2个,第三层主枝培养好后落头开心。

(3)纺锤形 干高50~60 cm,树高3~3.5 m,冠径3 m,小主枝8~12个,开张角度80°~90°,相邻枝间距20 cm,同方向枝间距30~40 cm。小主枝上着生枝组。

2.修剪

(1)幼树修剪 幼树需要尽快扩大树冠,修剪时要适度短截主枝头,疏除竞争枝、密挤枝和轮生枝,让主枝头向外倾斜单头生长,并保持其生长势,其余枝均缓放,不短截。角度和方向不合适的主枝,可采用拉枝的办法加以调整,不要轻易换头或以大改小。幼树修剪宜轻不宜重,主要目的是加速树冠扩大,培养树形,减缓树势,早日进入结果期。

(2)初结果期修剪 继续采用轻截、多缓放、疏除竞争枝的修剪技术,加大主枝角度以及应用摘心等夏剪技术,进一步缓和树势,增加结果量,培育中、小型结果枝组。

(3)盛果期修剪　从大量结果到树体衰老以前,此间修剪除继续短截延长枝头,适当抬高延长枝头和加强长势外,重点是结果枝组的更新复壮,特别是内膛的结果枝组容易枯死,修剪时要打开光路,让阳光能射进内膛。对结果3～5年的小枝组,要逐年短截更新,保持健壮,疏除膛内的徒长枝,控制大枝上的直立竞争枝,保持树形的完整。对连续结果多年的长缓枝,要及时回缩到有生长势的新带头枝处。要保持全树新梢生长量在30 cm左右。对长果枝要在1/3处短截,中、短果枝群要适当短截,刺激更新生长,保持健壮。

(4)衰老期修剪　从产量明显下降到死亡之前,称为衰老期。对这类树修剪要适当加重,对小枝要多短截少缓放,衰老的大枝要回缩更新,一般回缩要抬高角度,并短截带头枝。对徒长枝和竞争枝要加以利用,恢复树势和树冠。

六、病虫害防治

(一)杏疔病

杏疔病又叫叶枯病和红肿病。此病发生于新梢、叶片、花、果实上。一般落花后新梢生长10 cm以上时出现病状。受害嫩梢伸长迟缓,病梢易干枯,所结果实易干缩、脱落或悬于枝上。病叶叶柄基部肿胀,两个托叶上也生有小红点和橘红色黏液,叶柄短而呈黄色,无黏液,病叶到后期逐渐干枯,变成黑褐色,质脆易碎,畸形。病叶背面散生小黑点,且挂在枝上越冬,不易脱落。

病菌以子囊壳在病叶内越冬,挂在树上的病叶是此病主要的初次侵染来源。春季,子囊孢子从子囊中散放出来,借助风力或气流传播到幼芽上,遇到适宜条件即很快萌发侵入。

防治方法:在秋、冬季结合树体修剪,剪除病枝、病叶,清除地面上的枯枝落叶,并予烧毁,翌春症状出现时,应进行第二次清除病枝病叶工作;发芽前喷 1 次 3～5 波美度的石硫合剂,以消灭树上的病原菌,开花前和落花后 10 天,各喷 1 次 70％甲基托布津或50％退菌特 800 倍液。

(二)流胶病

流胶病又称瘤皮病或流皮病,对杏树影响很大,轻则枝条死亡,重则整株枯死。主要危害枝干和果实。被害的枝干在春季流出透明的树胶,干后呈黄褐色黏在枝干上,同时流胶处枝干常呈肿胀,皮层和木质部变黑腐烂。极易伴生其他腐生菌,严重削弱树势。流胶主要出现在虫口或机械损伤的伤口部位,特别是果实流胶更是如此。

病菌在枝干越冬,雨水冲溅传播。病菌可从皮孔或伤口侵入,日灼、虫害、冻伤、缺肥、潮湿等均可促进该病的发生。

防治方法:加强栽培管理,增强树势,提高树体抗性;为减少病菌从伤口侵入,可对树干涂白加以保护;在高接换头或回缩更新后,对萌发的新枝不可一次疏除过多,以免引起日灼造成流胶;对大的剪口、锯口应涂 721 防腐剂,以免伤口感染;及时消灭枝干害虫,控制氮肥施用量。休眠期刮除病斑后,可涂 3～5 波美度的石硫合剂。生长季节,结合其他病害的防治,用 75％百菌清 800 倍液或甲基托布津可湿性粉剂 1 500 倍液或异菌脲可湿性粉剂1 500倍液或腐霉利可湿粉剂 1 500 倍液喷布树体。

(三)疮痂病

疮痂病又叫黑星病。主要危害杏果,也危害枝叶。受害果实的发病部位多在肩部。初期,果实病斑为暗绿色,近圆形小点,以后扩大至 2～3 mm,严重时病斑连接成片,果实接近成熟时,病斑呈黑色或紫黑色,由于病斑仅限于表皮,所以在病斑组织枯死后果实继续生长,病果常发生裂果,形成疮痂。枝条受害后,病斑暗褐色,隆起,常发生流胶,以致最后枯死。叶片受害后,背面出现绿色病斑,以后变为褐色或紫红色,最后穿孔或脱落。

病原菌以菌丝体在杏树枝梢的病部越冬。翌年4～5月产生分生孢子,经风雨传播,通常自杏叶背面侵入。病菌侵染果实时潜育期较长,为40～70天,在新梢及叶片上为25～45天。

防治方法:结合冬、春季修剪,剪除病枝,集中烧毁,减少初次侵染源;在落花后,喷布14.5%的多效灵1 000倍液,隔半个月再喷1次;或用25%甲基托布津1 000倍或65%代森锌粉剂500倍液喷布。

(四)杏仁蜂

杏仁蜂又称杏核蜂,危害杏果实和新梢。幼虫蛀食果仁后,造成落果或果实干缩后挂在树上,被害果实和新梢也随之干枯死亡。

一年发生1代,主要以幼虫在园内落地杏果及枯干在树上的杏核内越冬越夏。幼虫也有在留种的和市售的杏核内越冬。

防治方法:加强杏园管理,彻底清除落杏、干杏。秋冬季收集园中落杏、杏核,并振落树上干杏,集中烧毁,可以基本消灭杏仁蜂。结果杏园秋冬季耕翻,将落地的杏核埋在土中,可以防止成虫羽化出土。成虫羽化期,在地面撒3%辛硫磷颗粒剂,每株250～300 g,或25%辛硫磷胶囊,每株30～50 g,或50%辛硫磷乳油30～50倍液,撒药后浅耙地,使药土混合。落花后树上喷布20%速灭杀丁乳油。

(五)桑白蚧

桑白蚧又名桑盾蚧、桃白蚧,俗称树虱子。主要危害杏、桃、李、樱桃等核果类果树,也危害核桃、葡萄、柿树、桑树和丁香等。树体皮层受害后坏死,严重受害时枝干皮层大面积坏死,致使整个枝干枯死。危害时以雌成虫和若虫群集固定在枝条上吸食汁液,小枝到主枝均可受害,其中2～3年生枝受害最重,发生严重时,整个枝条被虫体覆盖,远看很像涂了一层白色蜡质物,受害枝条的皮层凹凸不平,发育不良,受害严重的枝条往往出现干枯,直至死亡。

桑白蚧1年发生2～5代,雌虫在杏树枝干处越冬,来年杏芽萌动时,越冬雌虫开始产卵。在关中地区,5月出现第一代若虫,这时是防治该虫的有利时机,7～8月出现第二代若虫。初孵若虫经6～8天左右,分泌白色蜡粉覆盖体表,此时防治很困难。

防治方法:在春季杏树发芽前,喷洒5%矿物油乳剂,或5波美度石硫合剂。在若虫期,选用触杀性强的5%溴氰菊酯1 000倍液或50%辛硫磷800倍液加0.2%的洗衣粉混合液喷杀。

(六)李小食心虫

李小食心虫又名李小蠹蛾,简称"李小"。主要危害果实。以幼虫蛀果危害,蛀果前在果面上吐丝结网,幼虫于网下啃咬果皮再蛀入果内。不久,从蛀入孔流出果胶,往往造成落果或果内虫粪堆积成"豆沙包",不能食用,严重影响杏果产量和质量。

一年发生2～3代,以老熟幼虫在树冠下距离树干35～65 cm处,深度为0.5～5 cm的土层中作茧越冬,少数在草根附近、石块下或树皮缝隙结茧越冬。当花芽萌动时,越冬幼虫出土,初花期,越冬幼虫开始化蛹,蛹期22天。开花期成虫开始羽化产卵,卵期5～7天,卵多产在果面上,孵化后吐丝结网并蛀入果内,被害果停止生长,随后脱落,幼虫随果落地、入土。大约1个月后出现第一代成虫,以后世代重叠,到9月下旬,第三代幼虫老熟入土作茧越冬。

防治方法:加强杏园管理,及时消除落地果,可集中烧毁或深埋。秋冬翻耕树盘,以消灭越冬幼虫。成虫发生期,喷布50%杀螟松乳油1 500倍,或2.5%溴氰菊酯乳油3 000～4 000倍液,或20%杀灭菊酯乳油4 000～5 000倍液,连续喷布两次。利用成虫的趋光性和趋化性,进行灯光诱杀或糖醋诱杀。

(七)桃红颈天牛

桃红颈天牛主要危害木质部,造成枝干中空,树势衰弱,严重时可使植株枯死。

防治方法：幼虫孵化期，人工刮除老树皮，集中烧毁。成虫羽化期，人工捕捉。成虫产卵期，经常检查树干，发现有方形产卵伤痕，及时刮除或以木槌击死卵粒；对有新鲜虫粪排出的蛀孔，可用小棉球蘸敌敌畏煤油合剂（煤油 1 000 g 加入 80％敌敌畏乳油 50 g）塞入虫孔内，然后再用泥土封闭虫孔，或注射 80％敌敌畏原液少许，洞口敷以泥土，可熏杀幼虫；保护和利用天敌昆虫。

第五节　花椒

花椒（*Zanthoxylum bungeanum* Maxim.），系芸香科花椒属落叶灌木或小乔木。原产我国，是重要的香料、油料树种。果皮富含挥发油和脂肪，以及钙、磷、铁等微量元素。可蒸馏提取芳香油，制作食品香料和香精原料，是人们常用的调味佳品。种子含油率 25％～30％，椒油可食用或制作肥皂、润滑油、油漆等化工原料。其果皮、果梗、种子及根、茎、叶均可入药，有温中散寒、燥湿杀虫、行气止痛的功能。椒叶除直接食用外，还可制作椒茶、配制土农药等。花椒也是很好的蜜源植物，具有较好的观赏价值。花椒根系发达，固土能力强，亦可作为退耕还林树种，发挥其良好的水土保持作用。

一、形态特征

花椒树高 2～7 m。枝具基部宽扁的皮刺。叶轴具窄翅，小叶 5～11 个，长 1.5～7 cm，卵形或卵状长圆形，顶端尖，基部近圆或宽楔形，锯齿细钝，表面无皮刺，背面中脉基部两侧常被一簇褐色长柔毛。花序顶生，花被 1 轮。子房无柄。蓇葖果无柄，红色至紫红色，密生疣状突起的腺体。花期 3～5 月，果期 7～10 月。

二、优良品种

花椒在我国栽培历史悠久,分布广泛,变异复杂,生态类型多样。经长期的自然选择和人工选育,已形成60多个栽培品种和类型。目前,生产中具有代表性的主要栽培品种有:

(一)大红袍

大红袍也叫大红椒、狮子头、疙瘩椒,是栽培最多、范围较广的优良品种。该品种盛果期树高3～5 m,树势旺盛,生长迅速,分枝角度小,树冠半圆形。当年生新梢红色,一年生枝紫褐色,多年生枝灰褐色。皮刺基部宽厚,先端渐尖。叶片广卵圆形,叶色浓绿,叶片较厚而有光泽,表面光滑。果实8月中旬至9月上旬成熟,成熟的果实艳红色,表面疣状腺点突起明显,果柄短,果穗紧密,果实颗粒大,鲜果千粒重85 g左右。成熟的果实易开裂,采收期较短,晒干后的果皮浓红色,麻味浓,品质极上。一般4～5 kg鲜果可晒制1 kg干椒皮。大红袍花椒丰产性强,喜肥抗旱,但不耐水湿不耐寒,适宜在海拔300～1 800 m的干旱山区和丘陵区的梯田、台地、坡地和沟谷阶地上栽培。

(二)大红椒

大红椒又称油椒、二红袍、二性子等。该品种盛果期树高2.5～4.5 m,分枝角度大,树姿开张,树势中庸,树冠圆头形。当年生新梢绿色,一年生枝褐绿色,多年生枝灰褐色。皮刺基部宽扁,尖端短钝,并随枝龄增加,常从基部脱落。叶片较宽大,卵状矩圆形,叶色较大红袍浅,表面光滑。果实9月中旬前后成熟,成熟时红色且具油光光泽,表面疣状腺点明显,果穗松散,果柄较长较粗,果实颗粒大小中等、均匀,鲜果千粒重70 g左右。晒干后的果皮呈酱红色,果皮较厚,具浓郁的麻香味,品质上。一般3.5～4.0 kg鲜果可晒1 kg干椒皮。

大红椒丰产、稳产性强,喜肥耐湿,抗逆性强,适宜在海拔

1 300～1 700 m 的干旱山区、川台区和四旁地栽植。

(三)小红椒

小红椒也叫小红袍、小椒子、米椒、马尾椒等。该品种盛果期树高 2～4 m,分枝角度大,树姿开张,树势中庸,树冠扁圆形。当年生枝条绿色,阳面略带红色,一年生枝条褐绿色,多年生枝灰绿色。皮刺较小,稀而尖利。叶片较小且薄,叶色淡绿。果实 8 月上中旬成熟,成熟时鲜红色,果柄较长,果穗较松散,果实颗粒小,大小不甚整齐,鲜果千粒重 58 g 左右。成熟后的果皮易开裂,采收期短。晒干后的果皮红色鲜艳,麻香味浓郁,特别是香味浓,品质上等。一般 3.0～3.5 kg 鲜果可晒 1 kg 干椒皮。

小红椒枝条细软,易下垂,萌芽率和成枝率均高,结果早,果实成熟时果皮易开裂,栽植面积不宜太大,以免因不能及时采收,造成大量落果,影响产量和品质。

(四)小白沙椒

小白沙椒也叫白里椒、白沙旦。该品种盛果期树高 2.5～5.0 m。当年生枝绿白色,一年生枝淡褐绿色,多年生枝灰绿色。皮刺大而稀疏,在多年生枝的基部常脱落。叶片较宽大,叶色淡绿。果实 8 月中下旬成熟,成熟时淡红色,果柄较长,果穗松散,果实颗粒大小中等,鲜果千粒重 75 g 左右,晒干后干椒皮褐红色,麻香味较浓,但色泽较差。一般 3.5～4.0 kg 鲜果可晒 1 kg 干椒皮。

白沙椒的丰产性和稳产性均强,但椒皮色泽较差,市场销售不太好,不可栽培太多。

(五)豆椒

豆椒又叫白椒。该品种盛果期树高为 2.5～3.0 m,分枝角度大,树姿开张,树势较强。当年生枝绿白色,一年生枝淡褐绿色,多年生枝灰褐色。皮刺基部宽大,先端钝。叶片较大,淡绿色,长卵圆形。果实 9 月下旬至 10 月中旬成熟,果柄粗长,果穗松散,果实成熟前由绿色变为绿白色,颗粒大,果皮厚,鲜果千粒重91 g左右。果实成熟时淡红色,晒干后暗红色,椒皮品质中等。豆椒抗性强,产量高,一般4～5 kg鲜果可晒制1 kg干椒皮。

(六)秦安1号

秦安1号也叫大狮子头,是甘肃省秦安县林业局在本县郭加乡槐庙村发现的大红袍个体变异类型。其分支角度较小,树姿半开张,树势健壮。枝条特征同大红袍。叶片宽大卵圆形,叶脉略下陷,表面波浪状,叶色浓绿。果实8月下旬至9月上旬成熟,果穗大而紧凑,果柄极短,果实颗粒大,鲜果千粒重88 g左右。成熟时鲜红色,晒干后的椒皮浓红色,色泽鲜艳,麻香味浓,品质上等。该类型喜水肥,耐瘠薄,抗干旱,耐寒冷。适宜在干旱或半干旱地区栽培。

三、生物学特性

花椒定植后2～3年即可开花结果。4～6年生骨干枝延伸很快,分枝大量增加,树冠扩展迅速,结果量逐年提高。7～8年生以后,树体进入盛果期,单株年产干椒皮平均2～3 kg。10年生以上丰产树可达5 kg左右。15年生以后,结果量逐年递减,出现干梢现象。20～30年生以后,部分主、侧枝及大量结果枝枯死,坐果率很低,走向衰老死亡。

(一)生长习性

1.根 花椒为浅根性树种,根系垂直分布较浅,而水平分布范围很广。盛果期树,根系最深分布在1.5 m左右,较粗的侧根多分布在40～60 cm的土层中,较细的须根集中分布在10～40 cm的土层中,也是吸收根的主要分布层。根系水平扩展范围可达15 m以上,约为树冠直径的5倍,而须根及吸收根集中分布在树干距树冠投影外缘0.5～1.5倍的范围内。

从花椒根系分布特征看,须根和吸收根虽水平分布范围较广,但垂直根分布较浅,在干旱少雨年份,往往表现出受旱。

花椒根系的趋温性与趋氧性,与其他树种相比更为明显,特别是大红袍在土壤疏松的坡地、石质山地的冲积扇和石头垒边的地埂上生长旺盛,而在雨季集流过水地带或进水口处,常因短时积水,造成根系供氧不足和地温下降而突然死亡。

2. 芽 花椒的芽有叶芽和花芽之分。

(1)叶芽 根据发育状况、着生部位和活动性可分为营养芽和潜伏芽两种。营养芽发育较好,芽体饱满,着生在发育枝和徒长枝的中上部,翌年春季可萌发形成枝条。潜伏芽(又叫隐芽、休眠芽),发育较差,芽体瘦小,着生在发育枝、徒长枝、结果枝的下部,多不萌发,并随枝条的生长被夹埋在树皮内,呈潜伏状态,潜伏寿命很长,可达几十年,在受到修剪刺激或进入衰老期后,可萌发形成较强壮的徒长枝。

(2)花芽 芽体饱满,呈圆形,着生在一年生枝(结果母枝)的中上部。花芽实质上是一个混合芽,芽体内既有花器的原始体,又有雏梢的原始体,春季萌发后,先抽生一段新梢(也叫结果枝),然后在新梢顶端抽生花序,开花结果。花椒树到盛果期很容易形成花芽,一般在生长健壮的结果枝、发育枝和中庸偏弱的徒长枝的中上部均可形成花芽。

花芽分化开始于新梢生长的第一次高峰之后,大致在6月上旬,花序分化在6月中旬至7月上旬,花蕾分化在6月下旬至7月中旬,花萼分化在6月下旬至8月上旬,此后花的分化处于停顿状态,并以此状态越冬,到翌年3月下旬至4月上旬进行雌蕊分化,同时,花芽开始萌动。

3. 枝 花椒的枝条按其特性可分为发育枝、徒长枝、结果母枝和结果枝四类。

(1)发育枝 这是由营养芽萌发而来。当年生长旺盛,其上不形成花芽,落叶后为一年生发育枝;当年生长中庸健壮,其上可形成花芽,落叶后转化为结果母枝。发育枝是扩大树冠和形成结果枝的基础,也是树体营养物质合成的主要场所。

(2)徒长枝 这是由多年生枝皮内的潜伏芽在枝、干折断或受到剪截刺激及树体衰老时萌发而成,它生长旺盛,直立粗长,长度多为 50～100 cm。徒长枝多着生在树冠内膛和树干基部,生长速度往往较快,组织不充实,消耗养分多,影响树体的生长和结果。通常徒长枝在盛果期及其以前多不保留,应及早疏除;在盛果期后期到树体衰老期,可根据空间和需要,有选择地改造成结果枝组或培养成骨干枝,更新树冠。

(3)结果枝 这是由混合芽萌发而来,顶端着生果穗的枝条。结果初期,树冠内结果枝较少,进入盛果期后,树冠内大多数新梢成为结果枝,且结果后先端芽及其以下 1～2 个芽仍可形成混合花芽,转化为翌年的结果母枝。结果枝按其长度可分为长果枝、中果枝和短果枝。长度在 5 cm 以上的为长果枝,2～5 cm 的为中果枝,2 cm 以下的为短果枝。各类结果枝的结果能力,与其长度和粗度有密切关系,一般情况下,粗壮的长、中果枝的坐果率高,果穗大;各类结果枝的数量和比例,常因品种、树龄、立地条件和栽培管理技术水平不同而异。一般情况下,结果初期结果枝数量少,而且长、中果枝比例大;盛果期和衰老期树,结果枝数量多,且短果枝比例高;生长在立地条件较好的地方,结果枝长而粗壮;生长在立地条件较差的地方,结果枝短而细弱。

结果母枝,其上着生着混合芽的枝条。果实采收后转化为枝组。在结果初期,结果母枝主要是由中庸健壮的发育枝转化而来,在盛果期及其以后,主要是由生长健壮的结果枝转化而来。结果母枝抽生结果枝的能力与其长短和粗壮程度成正相关。长而粗壮的结果母枝抽生结果枝能力强,抽生的结果枝结果也多,反之则少。

(二)结果习性

1.花芽分化 花椒的花芽分化开始于新梢生长的第一次高峰之后,大约在 6 月上旬,一直持续到 8 月上旬,此后进入休眠,到来年 3 月下旬至 4 月上旬继续分化直到开花。

树体营养物质积累水平和外界光照条件是影响花芽分化的主要因素。生长季节,增强叶片光合能力,减少树体营养物质不必要的消耗,保持树冠通风透光,是促进花芽分化的主要途径。

2.开花坐果 花椒花芽萌动后,先抽生结果枝,在其顶端抽生花序,发育良好的花序长 3~5 cm,有 50~150 朵花,有的多达 200 朵以上。花序伸展结束后 1~2 天,花开始开放,花被开裂,露出子房体,无花瓣,1~2 天后柱头向外弯曲,由淡绿色变为淡黄色,且具有光泽的分泌物增多,此时为授粉的最佳时期。

花椒一般在 4 月下旬到 5 月中旬左右开花坐果,花期 15~25 天。影响开花坐果的因素除树体贮藏养分的多少外,外界因素主要是低温和虫害。北方地区,花期常受晚霜冻害和蚜虫危害,引起落花落果。

果实在发育的过程中,常因营养不足和环境条件不良而引起落花落果。营养来源主要是树体贮藏的养分和入春以来的水肥供应,贮藏养分多,结果母枝粗壮;水肥供应充足,结果枝就生长健壮。另外,不良环境条件,如低温冻害、长期干旱、病虫滋生、枝条过密、光照不足、雨水过多等,常引起大量落果。

四、栽培技术

花椒树是喜光、喜温树种,生长发育期间需要较高的温度和光照条件。在年平均气温为 9~16 ℃的地区栽培较多,低于 10 ℃的地区虽有栽培,但冻害时常发生。幼苗在 −18 ℃ 受冻害,−25 ℃ 时冻死。花椒为强阳性树种,正常生长要求年日照时数不得少于 1 800 小时。光照充足,树体健壮,产量高,质量好。花椒忌风,应栽于避风向阳的地方。花椒较耐干旱,但不耐涝,短期积水或洪水冲淤都能使花椒死亡。但对土壤适应性较强,在中性或酸性土壤上发育生长良好,在山地钙质壤土生长更好,但在黏重土壤中发育不良,最喜深厚肥沃湿润的沙质壤土,根系发达,萌芽力强,耐修剪。

(一)育苗技术

花椒实生繁殖变异小,遗传性比较稳定,种子繁殖技术简单、成本低、速度快,多用种子培育苗木。

花椒种子壳坚硬,外具较厚的蜡质层,发芽困难,播种之前必须进行处理。处理方法常用的是碱水浸泡法,做法是:将种子放入碱水中浸泡(5 kg 水加碱面、洗衣粉 50 g,加水量以淹没种子为度)2 天,除去秕子,搓洗种子油脂至种子表面发白,捞出后用清水冲净碱液,再拌入沙土或草木灰即可播种。

花椒春秋两季均可播种。春旱地区,以秋季土壤封冻前"立冬"为好,出苗整齐,比春播早出土 10～15 天。春播时间一般在"春分"前后。

在有灌溉条件的地方,可选择背风向阳,地势平坦的地方,无灌溉条件的,要选择背阴地育苗。选好圃地后,每亩施 2 500 kg 农家肥作基肥。在雨季前进行深翻整地,耙耱整平,做成宽 1 m、长 10 m 左右的畦。

小畦育苗可用开沟条播,每畦 4 行,行距 20 cm,沟深 5 cm,覆土 1 cm。每亩播种量 4～6 kg。播后床面覆草,保持湿润,出苗后分次揭去。苗高 4～5 cm 时间苗,保持苗距 10～15 cm。结合间苗进行移苗补缺。苗木生长期间可于 6～7 月每亩分别施入人粪尿 300～400 kg,或化肥 10～12.5 kg。施肥要与灌水相结合,施后及时进行中耕除草。花椒苗最怕涝,雨季到来时,苗圃要做好防涝排水,1 年生苗高 70～100 cm,即可出圃栽植。

(二)栽植技术

花椒建园应选择在山坡下部的阳坡或半阳坡。土壤以排水良好的沙质壤土为最好,也可在庭院或房前零星栽植,以移植苗最为普遍。渭北地区普遍在梯田埂边沿呈带状栽植。

1.植苗建园　一般用1年生苗或2年生旱地苗进行植苗建园。秋季在"白露"以后,苗木开始落叶时进行,春季宜在椒苗芽苞开始萌动时进行。栽植前要细致整地。在山坡可实行等高带状整地,在梯田可沿地埂进行穴状整地。山坡可挖鱼鳞坑,坑长1 m,宽70 cm,坑距2～2.5 m;平地和梯田可挖直径70 cm,深50～60 cm的圆穴,株距3～4 m,行距可根据梯田宽而定。秋、冬栽植,为防冻害,可截干栽植,栽后培土堆,开春解冻后再扒去培土。为了提高干旱阳坡栽植成活率,可实行"平埋压苗栽植法",即在土层浅薄的地方,视苗大小,挖长30～50 cm,宽12 cm,深20 cm左右的沟,将苗木下部3/4的部分平斜放入沟内,使苗木舒展,然后埋土踩实,表面再覆一层虚土,以利保墒。

花椒建园也可与核桃、板栗等生长较慢的经济树种混交配置。建园时,在株间夹栽1～2株。还可在苗圃、机关、学校、公园周围用花椒栽成绿篱。一般栽1～2行,株距20 cm,行距30～40 cm,既美化环境,又可增加收入。

2.直播建园　在选好的林地上挖直径70 cm,深50～60 cm的穴,回填表土,整平,以备播种。秋季随采随播,每穴放种子约10粒,覆土厚1 cm,来春每穴可出苗5株左右,夏季选阴雨天间苗,每穴选留1株,间出苗可用于栽植或补植。

五、抚育管理

(一)土肥水管理

1.中耕锄草　"花椒不除草,当年就衰老"。花椒最怕草荒,花椒从幼树定植的当年起就要开始中耕锄草,第一次除草应在杂草刚发芽时,第二次锄草松土应在 6 月底前,锄草时要注意不要损伤椒苗根系。在椒树栽后的前几年内,要特别重视锄草松土,当年进行 2 次,以后每年进行 3～5 次。以促进花椒的生长发育和保证花椒的成活率。

2.合理施肥 合理施肥可以显著提高产量。基肥春施、秋施皆可,以秋季果实采收后施入效果最好,初果树每株施农家肥15～25 kg,过磷酸钙 0.3 kg,盛果树每株施农家肥 25～40 kg,过磷酸钙 1～2 kg。追肥每年 2 次,第 1 次在萌芽期,促进枝叶生长,提高坐果率,促进幼果生长;第 2 次在采收后,也可结合施基肥 1 次进行,对花芽分化、根系生长、提高光合效率、增加树体营养贮存、保证来年产量都很重要。追肥量每次每株 0.25～5 kg。另外,在一年的生长发育期间,可在 3 月底萌芽时喷 0.5% 的尿素水溶液 1 次;6 月盛花期喷 0.5% 的磷酸二氢钾水溶液 1 次,0.5% 尿素液 1 次;挂果期喷高美施 800 倍液 1 次,0.5% 尿素液加 0.5% 磷酸二氢钾 1 次。

3.浇水灌溉 施肥必须与土壤管理、灌水等措施相结合,肥效才能充分发挥。坚持每年灌溉 1～3 次,一般在萌芽前、坐果后、落叶后各浇水 1 次。灌溉条件不好的地方可在地头建集雨坑,以蓄积降水之用。花椒不抗涝,雨季要注意排水防涝。

4.覆盖 花椒树根浅,易遭受干旱,使果实大量脱落,在每年 3～6 月,用麦草、谷草等秸秆覆盖花椒树盘,并用土压成网格状,冬季翻耕时,可将草翻入土中,达到肥田的目的,也可以减少杂草滋生,促使花椒增产。

(二)整形

立地条件较差的梯田埂边、台田边等以培养多主枝丛状为主;水肥及立地条件好的地方以培养主干形及自然开心形为主。

1.多主枝丛状形 无明显主干从树基着生 4～5 个方向不同、长势均匀的主枝;主枝上着生 1～2 个侧枝,第一侧枝距树基 40～

50 cm,第二侧枝距第一侧枝 50～60 cm;同一级侧枝在同一方向,一、二级侧枝方向相反,主枝基部与垂直方向夹角为 30°～50°,中部 40°～60°,梢部 60°～80°;侧枝与垂直方向夹角为 60°～80°;主、侧枝上着生结果枝,与垂直方向夹角为 70°～90°。整个树形呈丛状。

2. **主干形** 有明显的中央领导干,干高 50～70 cm,中央干直线延伸,主枝 16～20 个,不分层在主干上错落排列;相邻枝距离 10 cm 左右,方位角 120°左右,角度张开;主枝基部与垂直方向上方夹角 90°,中部 70°～80°,梢部 50°～60°主枝上着生若干结果小枝;下部主枝长 1～1.5 m,向上渐短,最上面主枝长为 40～50 cm。

3. **自然开心形** 主干高 20～30 cm,其上均衡着生着 3 个主枝(3 个主枝相邻间的夹角各 60°左右),基角(主枝与主干的夹角) 60°,主枝上着生 2～3 个侧枝,第一侧枝距主干 40～50 cm,第二侧枝距第一侧枝 30～40 cm,第三侧枝距第二侧枝 50～60 cm。同一级侧枝在同一方向,相邻侧枝方向相反。主、侧枝上着生结果枝。

(三)修剪

1. **初果树修剪** 采用短截、拉枝、摘心、开张角度等技术措施,迅速扩大树冠,增加枝量,培养良好的结果枝组。冬季短截主枝延长头或秋季摘梢、促发侧枝。秋、春季拉枝,开张角度;夏季摘心,促使花芽形成,为来年丰产打好基础。

2. **盛果树修剪** 盛果期花椒树以秋季采椒后修剪效果最佳。坚持以疏为主、以截为辅原则,确保树体有良好的通风透光和结果环境。对当年抽生的营养枝,剪去先端木质化部分(约为枝条 1/3),遇有主枝、侧枝先端衰弱的回缩至健壮处,并选留向上或今年生的枝作带头枝。夏季控制徒长枝、过旺枝。通过拉枝、扭枝等措施将有生长空间的徒长枝、过旺枝培养成结果枝组;将无生长空间的徒长枝、过旺枝疏除,同时疏除细弱枝、病虫枝、重叠枝及主干 50 cm 以下的枝组。秋季逐年疏除过旺、过密枝组,达到树体整体通风、枝枝见光的目的,为提高树体产量、质量创造良好条件。

3.衰老树修剪　衰老树的修剪时间一般在休眠期的早春进行,宜重剪,以促进新枝萌发或生长。将衰弱或干枯的主枝进行更新复壮,即将主枝回缩到壮枝处;对基部萌生的旺枝进行保护,培养成新的主枝;同时,疏除病虫枝、干枯枝和细弱的密生枝。

(四)花椒冻害及预防

冬春季节的异常气候,常使花椒受冻,造成严重危害,损失很大。花椒冻害可分为冬季冻害和春季冻害。冬季冻害主要是绝对最低温度过低且严寒持续的时间较长造成的;春季冻害主要是霜冻和"倒春寒"造成的。

1.冻害表现

(1)树干冻害　冻害中最严重的一种,受害树皮纵裂翘起外卷,主要发生在冬季温度变化剧烈,温度过低的年份,被害树主要是盛果树和衰老期大树。

(2)枝条冻害　发生比较普遍,严重时1~2年生枝条大量枯死,造成多年歉收,幼树受冻严重。

(3)花芽冻害　主要是花器官冻害,多发生在春季回暖早,而后又复寒的年份。

2.冻害发生规律

不同地区、地势、树龄、树种对冻害的发生有较大的影响。一般昼夜温差大的地方易发生冻害。树龄越大,受害越重。同一地区阴坡冻害最重,阳坡较轻。

3.冻害及预防

椒园要选择坡势缓、坡面大,背风向阳的开阔地。在椒田的迎风面可营造防护林,减轻冻害的发生,加强土、肥、水的管理,提高树体营养物质的积累,增强抗寒能力。

(1)加强树体保护　对1~2年生幼树,在落叶后,地封冻前,在树干基部培50 cm高的土,翌年温度升高后及时扒除。培土的同时用涂白剂涂干,要求石灰质量要好。也可用麦草包树干,早春发芽前解除。也可在发芽萌动前(3月上中旬)喷布石灰、食盐、水比例为 2∶1∶20 的防冻剂。

(2)灌水防寒 "霜降"至"寒露"土壤将冻结时,要灌足水,灌水量以灌后 6～7 小时渗完为准。过一周再浇 1 次效果更佳。

(3)熏烟 强寒来临之时,在椒园迎风面和园内堆置草根、落叶、锯末、麦糠等上湿下干草堆,每亩 10～15 堆,每堆 15～20 kg,当凌晨气温降至 3 ℃以下时点火发烟。熏烟时要注意收听天气预报。河北省近年推广的硝铵、柴油与锯末混合点火发烟防霜冻方法,具有点火快、烟量大、效果佳的特点。硝铵∶柴油∶锯末比例为 30∶10∶60。

对已经受冻害的树首先要加强护理,干枯的枝梢于萌芽前后剪去枯死部分,剪后用 50 倍机油乳剂封闭。其次要加强肥水管理,早施肥,以利恢复树势,还应进行根外追肥,间作绿肥和豆科作物,夏季开沟压绿。最后要积极防治病害。

六、病虫害防治

(一)花椒叶锈病

主要危害叶片,其发生与气候条件有关。凡是降水量多,特别是在第三季度雨量多、时间长的条件下,病害容易发生。一般 6 月中旬开始发病,7～9 月为发病盛期。

病害的发生与花椒品种也有关,大红袍发病最重,其次为豆椒、苟椒较抗病。叶片染病初期,背面呈圆形点状淡黄色的病斑,以后病斑逐渐加深呈黄褐色,并有粉末状橙黄色的夏孢子产生,严重时造成叶片提早脱落,影响椒树生长和结果。

防治方法:秋冬季节及时剪除枯枝,清除园内落叶及杂草,集中烧毁,减少越冬菌源。冬季在树体和树冠下土壤及杂草上喷布 3～5 波美度的石硫合剂;建园时选择一定数量的抗性品种与大红袍混合栽植,以降低锈病的蔓延速度;6月上旬在尚未发病时,可喷布波尔多液(等量式或倍量式)或0.1~0.2波美度石硫合剂。也可于6月初至7月下旬喷500倍粉锈宁或200~400倍萎锈灵进行喷雾保护,每隔15天左右喷1次;7~8月发现锈斑时,喷布15%的粉锈宁可湿性粉剂1 000倍或50%代森锌500倍液。

(二)花椒干腐病(流胶病)

花椒干腐病是伴随花椒窄吉丁虫发生的一种严重的枝干病害。一般椒园发病株率都在20%以上。该病能迅速引起树干基部韧皮部坏死腐烂,严重影响营养运输,往往使一个建立不久的椒园毁于一旦。

该病主要发生在树干基部,严重的树冠上部枝条上出现白色的菌丝体。后期病斑干缩,出现橘红色小点粒。病菌于6~7月产生分生孢子,借雨水传播,通过伤口入侵,病害发展可持续到10月,气温下降时,停止发展。

防治方法:加强椒园管理,改变过去传统粗放经营方式,搞好防冻、防虫、防日灼,加强修剪、施肥工作,增强椒树抗病性。尤其是蛀干害虫的防治,避免造成伤口,以防虫促防病;药剂防治时每年4~5月份及采椒后用80%抗菌素"402"1 000倍液喷树干2~3次,也可用40%乐果5倍液兑1∶1柴油和50%乙基托布津500倍液先后喷干都可收到理想的效果。此外,在调运苗木时,一定要重视病虫害检疫工作。

(三)花椒枯梢病

花椒枯梢病主要危害当年小枝嫩梢。初期嫩梢失水出现萎蔫状,后期嫩梢枯死、直立,小枝上产生灰褐色,长形病斑,病斑上生有许多小黑点。病菌春季产生分生孢子,借风雨传播,6月下旬开始发病,7~8月为发病盛期。

防治方法:加强椒园土肥水管理,增强树势;发现病枯梢,及时剪除烧毁;发病初期和盛期喷70%托布津1 000倍液,或65%代森锌 400 倍液,或 40％福美砷 800 倍液,或 50％代森铵 800 倍液。

(四)花椒窄吉丁

花椒窄吉丁又名花椒小吉丁,以成虫取食叶片,幼虫蛀入根颈、主干、主枝及侧枝的皮层下方,取食形成层,随虫龄的增大逐步潜入木质部内危害,损失很大。花椒窄吉丁一年发生 1 代,以幼虫在枝干木质部或皮下越冬,翌年 5 月下旬成虫羽化出洞,卵产在树皮裂缝、翘皮等处。

药剂防治:花椒萌芽期或果实采收后,用内吸剂乐果与柴油(或洗衣粉水∶煤油)的 1∶50 倍液在树干 30～50 cm 高处涂一条宽 3～5 cm 的药环,可防治干部、枝梢、叶部等处的害虫,收到施一药兼防多种害虫的效果。被害处有流胶出现,先用刀刮去胶疤,涂抹药剂。5 月中旬成虫发生期树冠喷洒乐果乳剂 1 000 倍液,以消灭成虫;也可进行人工机械防治,在幼虫蛀入木质部之前,用小锤击打流胶部位,一是幼虫越冬后活动危害流胶期(4 月中旬至 5 月上旬),二是初孵幼虫钻蛀流胶期(6 月下旬开始)。杀死皮下幼虫。对椒园濒死木、枯死木要彻底清除,烧毁。

(五)蓝桔潜跳甲

蓝桔潜跳甲为花椒果实的恶性害虫之一,该虫以幼虫蛀入幼果取食种子,被害果达 30％～70％,造成大量落果,有的地区甚至绝收。该虫 1 年发生 1 代,以成虫在树冠下及附近的土壤、土石缝隙及树缝中越冬,第二年 4 月上旬出土,卵产在花序上。

防治方法:4 月中旬花椒展叶期用溴氰菊酯、百树菊酯 3 000 倍液或杀螟松 800 倍液喷树冠,杀越冬成虫;严格检疫,以防传入新区。

第六节　李

李(*Prunus salicina* Lindl.),系蔷薇科李属落叶乔木。果品

酸甜适口,多有香气,是一种优良的时令水果。李子性寒,具有清热利水、活血祛痰、解渴润肠之功效。李子品种很多,成熟期差异很大,鲜果上市期长,深受消费者青睐。此外,李子叶、花、果极具观赏价值,是我国城乡庭院绿化的优良经济树种,也是良好的蜜源植物。

李子果实鲜艳美丽,营养丰富,除了含有丰富的糖、有机酸、蛋白质外,还含有对人体有益的多种维生素、矿质元素和 17 种氨基酸等物质。李干风味甜美,有解渴与振奋精神之功效。李子果实还有很好的药用价值,果味甜酸,性寒,具有清热利水、活血祛痰、润肠之功效。

一、形态特征

李树高可达 9~12 m。树冠宽圆形,树皮灰褐色,起伏不平。小枝无毛。叶矩圆形、倒卵形,长 6~12 cm,顶端渐尖、极尖或短尾尖,基部楔形,叶缘有圆钝重锯齿,常混有单锯齿,背面无毛偶沿中脉有稀疏柔毛或脉腋有毛。花白色,有明显紫色脉纹,通常 3 朵并生,花期 4 月。核果球形、卵球形或近圆锥形,直径 3.5~5 cm,黄色或红色有时为绿色或紫色,外被蜡粉,果期 7~8 月。核表面有皱纹。

二、优良品种

(一)黑宝石

美国加州十大主栽品种之首,果实 8 月下旬成熟,平均单果重120 g,最大 180 g,果面紫黑色,汁液较多,味甜爽口,耐贮存,在-5 ℃条件可贮藏 3 个月以上。树势壮旺,成枝率较低,结果早,产量高。在栽培时应注意疏果和防桃蛀螟。

(二)安哥诺李

美国加利福尼亚州十大李子主栽品种之一,果实扁圆形,单果重 102～178 g,硬度大,果面光滑而有光泽,果粉少,枝叶丰富,香味较浓,果核极小,半黏核,可溶性固形物含量为 15.2%,成熟期为 9 月下旬至 10 月上旬,成熟后为紫黑色,果实耐贮存,常温可贮存至元旦,冷库可贮存至翌年 4 月底。

该品种幼树生长快,结果早,丰产性好。无论在山地还是在平原均表现生长良好,具有较强的耐旱力,硬核期较长,病虫害较轻。需配置授粉树,可用凯尔斯、黑宝石、索瑞斯作授粉树。

(三)大石早生李(日本早红李)

该品种原产于日本。果实卵圆形,平均单果重 49.5 g,最大果重106 g,果发育期为 65～70 天,6 月 10 日左右果实成熟。果面鲜红色,果肉黄色,可溶性固形物含量 15%,黏核、核小。大石早生李是色、形、味俱全的优良极早熟品种。

该品种幼树生长旺盛,适应性强,早果丰产性能良好。

(四)莫尔特尼

美洲李系品种,果实中大,近圆形,平均单果重 74.2 g,最大重123 g,果顶尖,果面光滑有光泽,底色为黄色,着色全面,紫红,果皮中厚,离皮,果粉少,果肉淡黄色,果汁中少,风味酸甜,单宁含量极少,品质中上。可溶性固形物含量 13.3%,果核中大,黏核。果实 6 月中上旬成熟。

该品种幼树生长稍旺,结果早,极丰产,以短果枝结果为主,在自然授粉条件下,全部坐单果,坐果率较高。

(五)龙圆秋李(秋红、红宝石)

黑龙江农科院园艺所以九三杏梅李为母本、福摩萨李为父本杂交育成。果实扁圆形,平均单果重 76.2 g,最大单果重 110 g。果皮底色黄绿,着鲜红色,果皮较厚,易剥离。果肉黄色,肉质松软。果汁较多、味酸甜。可溶性固形物含量 14.8%,果实生育期130 天,8 月下旬至 9 月初果实成熟,耐贮性强,在土窖内可放至12 月底。

该品种抗寒性强,果个大,晚熟,极丰产。该品种自花不结实,栽植时需配置授粉树,授粉品种以绥棱红、五香李、香蕉李为好,树形以主干疏层形为宜。

(六)紫琥珀

美国李子中最珍优的品种之一,成熟后果色紫黑圆形,单果重150 g以上,果肉细嫩,酸甜适口,香浓味郁。该品种定植第二年结果,亩产达1 000~1 200 kg,第三年亩产高达3 400 kg,挂果率高,耐贮运。7月下旬成熟。因其自花不育,栽植时应配置授粉树。

三、生物学特性

(一)生长习性

1.根　李树属于浅根性树种。但根系在土壤中的分布,因砧木、品种及土壤状况而有差异。土壤深厚、疏松及地下水位低的地方,根系分布较深。群根集中分布在20~50 cm深的土层中。水平分布可达冠径的1~2倍。

李树有发生根蘖的习性,在一般情况下,应及时除去,以免过多地消耗营养。

2.芽　李树的芽有花芽和叶芽。李树新梢的顶芽为叶芽,叶腋处着生花芽。1个叶腋间能着生许多芽,最多可达12个,成为1个芽组。位于中间的,多为叶芽;位于两侧的,多为花芽,但也有叶芽。花芽和叶芽的大小差不多,幼芽呈卷席状或对折状。花芽的鳞片被有蜡质,赤褐色,有光泽,外形也较饱满,可与叶芽区别。李树萌芽力强,芽具早熟性。

3.枝　李树的枝条根据性质可分为营养枝和结果枝。营养枝上只着生叶芽,抽生新梢,处于各级枝条先端的延长枝。结果枝着生花芽并能开花结果。结果枝可分为长果枝(30 cm以上)、中果枝(15~30 cm)、短果枝(5~15 cm)、花束状果枝(5 cm以下)。

幼龄李树生长迅速、旺盛,在1年内新梢的加长生长可达2~3次;李树萌芽力强,成枝力较弱,一般在1年生枝梢的先端,只萌发2~3条发育枝,下部的芽只能形成短果枝或花束状果枝,但潜伏芽的寿命较长,容易萌发,自然更新能力较强。所以,枝条基部的光秃现象不严重。

中国李长势旺盛,早期抽生的副梢,生长较为充实,能够形成花芽并结果。

(二)结果习性

1. 结果枝 李树开始结果的年龄较早,在当年生新梢上就可形成花芽,3~4年生即可开始结果,8~10年生大量结果。中国李的寿命较长,可达30~40年;美洲李寿命较短,一般20~30年。

幼龄李树,营养生长旺盛,多以长果枝结果为主,随着树龄的增长,营养生长逐渐变弱,花束状果枝的数量逐渐增多,这是中国李的重要结果习性。

花束状果枝的着生部位,多在母枝的中下部,每年延长一小段,又形成花芽,可连续结果4~5年。不同枝龄上的花束状果枝,虽然着生大量花芽,但并不一定都能结果。结果最好的还是3~4年生枝段上的花芽,5年生以上枝段的花芽坐果率较低;老树上的花束状果枝,如果营养条件较好,可通过更新修剪,复壮其结果能力。

长果枝和中果枝,多着生在母枝的上部,花芽一般不充实,坐果率较低。

欧洲李和美洲李的结果习性和中国李不同,它们主要以中果枝和刺状短果枝结果。发育健壮的李树,在当年生新梢上,也能形成花芽结果。

李树的主要结果部位,一般比较稳定,而且多集中在树冠的中下部,隔年结果现象较少。每年都是顶端的叶芽向前延伸,下部枝条容易衰老,结果能力降低,每隔3~4年就应回缩更新1次,促其复壮。

欧洲李和中国李的结果习性不同,修剪时应注意。欧洲李结果枝的节上多为单芽,中国李的长果枝和中果枝,多为复芽;欧洲李的老树,短果枝较多,长度在 15～20 cm 为细弱枝,仍能形成花芽。欧洲李的隐芽发枝较少,中国李的隐芽发枝较多,欧洲李的纤细枝较多,但在这种纤细枝上,极易分生短果枝,修剪时,不要轻易将这种枝条疏除。欧洲李的结果部位比中国李上升快,副梢的发生也比中国李少。以上特点,修剪时都应注意区别和利用。

2.花　李树的花为两性花,花量很大,在一个花芽内,可开出 2～4 朵花,李大多数品种自花不结实,必须配置授粉树。欧洲李可自花结实,但异花授粉可显著增加结实量。

四、栽培技术

李树对环境条件适应性强,全国各地都有分布。

李树喜欢温暖的气候,但因种类、品种而异。抗寒性最强的是乌苏里李,美洲李较强,欧洲李较弱,中国李居中。中国李北方有的品种可耐 -40～-35 ℃的严寒,但长期生长在南方的品种则不耐低温。花期最适温度为 12～16 ℃,-2.2～-0.52 ℃即受冻害。在休眠期遇温度 -5 ℃时有 10%～15% 的花芽受冻,影响翌年产量,开花期、幼果期晚霜冻害的临界温度为 -0.6 ℃。

李树是抗旱力中等的果树,含水量过低会影响植株生长造成落花落果,但花期阴雨或多雾会妨碍授粉受精,致结果率减少;李园积水,成熟期多雨会影响品质。

李树为喜光性的落叶果树,在花芽分化和果树成熟期要求光照充足,光照好果实着色好,品质佳。在选择园地、栽植密度、整形修剪等方面应充分考虑利用光照。

李树对土壤要求不严,但以土壤肥沃、土层深厚、保水力强、排水良好、有机质含量高、pH 6～6.5、保肥保水良好的黏壤土为宜。

对盐碱土的适应性也较强，在瘠薄土壤上亦能有相当产量。中国李对土壤的适应性强于欧洲李和美洲李。

（一）育苗技术

1.嫁接繁殖　李树多采用嫁接繁殖。常用的砧木有山李、山杏、山毛桃及毛樱桃等，与李子嫁接亲和都好，并且各有特点，选用时根据各地气候条件灵活掌握。山李是李子的珍贵优良砧木资源。

（1）砧木培育

①种子处理。采集充分成熟的砧木种子，堆沤并洗去果皮，取出种子。如果秋播，播种前用干净水浸泡 2～3 天即可。春播用的种子，应进行层积催芽，解除休眠和促进萌芽。方法是入冬前将种核用清水浸泡 2～3 天，浸泡时搅拌，捞出杂物及瘪核。浸泡过程中换水 1～2 次，除去黏着物和污水，种仁吸水膨大后，将种核捞出与湿沙以 1∶3 比例混拌，湿沙含水量为 70% 左右，即用手握紧成团不滴水为宜。混拌好后埋在背阴的土坑或其他容器中，要先在坑底铺一层 6～7 cm 厚的湿沙，再将拌好沙的种核撒进去，直到距坑口 5～10 cm 处，用湿沙填平，并培一个土堆，高 10～15 cm，以防积水。如果种核量大时，可在坑内竖一草把，以利通风散热，防止种核霉烂。另外，要注意防鼠，可在沙坑周围用细眼铁丝网罩住，或投放毒饵。在沙藏过程中，要经常检查，如河沙的湿度过低，则要再洒些水；如果湿度过大时，则将河沙翻晒一下或掺入干河沙降湿。当有大部分种核开裂，杏仁露白时，即可播种。

对来不及沙藏的种核，可在播种前 20 天用开水烫种，方法是：将种核放在水桶或缸内，将开水直接浇在种核上，边浇开水边搅拌，直到热水将种核浸没过，待水凉后浸泡 1～2 天，捞出种核，堆在背风向阳处，上面盖草袋或麻袋等，进行保温、保湿，前期每隔 1～2 天洒 1 次水，后期每天洒 1～2 次水，并经常翻动。待种核有裂口、种仁吸水膨胀后即可播种。

当年采收的新鲜砧木种子,立即破壳取出种子。剥去种皮播种可当年出苗。6 月中旬播种,当年苗高可达 50 cm,地径 0.42 cm,即达到嫁接要求。用 300～800 mg/kg 赤霉素浸种仁,可加快出苗,提高出苗率。

②播种时期。春播在春天土地解冻以后进行,通常在 3 月中下旬至 4 月上旬。先整地做畦,浇足底水,按行距 30～40 cm、株距 15～20 cm 开沟点播。播种深度 3～5 cm,杏砧一般 20 天左右即可出苗。播种时应将已发芽和未发芽的种子分开播种,以便于管理并出苗整齐一致。播种后用塑料薄膜覆盖可增温保湿,提早出苗 5～7 天。

秋播于秋季封冻前进行,种核不用层积处理,播种后浇足底水。方法简单省工,第二年出苗早,生长壮,但冬春干旱年份要浇水保墒,较沙藏处理出苗率低且不整齐。

③播种量。播种量一般毛桃(350～400 粒/kg)每亩 25～30 kg,山桃(500～600 粒/kg)20～25 kg,山杏(550～650 粒/kg)20～25 kg,李子(1 000～2 000 粒/kg)5～10 kg,毛樱桃(5 000 粒/kg)2～3 kg。

(2)嫁接

①接穗准备。接穗好坏是保证育苗质量的关键。芽接用的接穗,选取生长健壮、无病虫危害,在树冠外围当年生的枝条。芽体要饱满,枝条木质化程度要高。芽接接穗最好随剪随用,接穗剪下后立即去掉全部叶片,留下叶柄。嫁接时,最好放在水桶内或用湿布包盖保湿,不要直接曝晒在阳光下。暂时用不完的接穗,要用湿布(或草袋)包好,放于冷库、地窖、山洞、水井等阴凉处,或用湿沙埋好,随用随取,量少也可放在家用冰箱的冷藏室内。枝接接穗在落叶后休眠期或结合修剪时剪取,在背阴处开沟,用湿沙埋藏或在 9 ℃左右的冷库内保湿贮藏,留春季嫁接用。

②嫁接方法。常用方法有两种。

芽接。当砧木粗度超过 1 cm 时即可芽接,砧木离皮时用"丁"字形芽接法,不容易离皮时用带木质部芽接,以"丁"字形芽接最为普遍。

芽接时,选取接穗中部的饱满芽。在芽的上方 0.4～0.5 cm 处横切皮层深达木质部,在芽的下方 1 cm 处向上斜削一刀,深入木质部 1/3,至削过芽上横刀口,即可取下盾形芽片。在砧木的阳面或夏季的迎风面,选择离地面 4 cm 或 5 cm 皮部的光滑处,横切成一横一点或"丁"字形,用刀尖撬开切口交叉点的皮层,将芽片尖紧贴刀尖插入,并向下推,使皮层顺之裂开,至芽片上部与砧木横切口对齐为止。然后用塑料条从接芽上部向下绑缚,露出叶柄和接芽。另外,当接芽不离皮而砧木离皮时,可以削取带木质部的芽片进行"丁"字形芽接,以延长嫁接时间。

芽接时也可采用嵌芽接,方法是从接芽以上 1.5 cm 处向下削取带木质部的芽片,再在芽下部 0.3～0.5 cm 处横斜切至削口使芽片至盾形取下。砧木上切削成与芽片相应的切口,将芽片嵌入后用塑料条绑缚。这种方法通常在春季砧木和接穗都不离皮时采用,接后立即在接芽上 5 cm 处剪砧。

枝接。枝接多在春季叶芽萌动前后进行。常用切接和劈接法。

2.扦插繁殖　当李树母枝上新梢长到 20～30 cm 时,即可采集嫩枝进行扦插。插条要品种纯正,无病虫害,半木质化。插条长度 10～20 cm 为宜,上部保留 2～3 个叶片。然后按每 50～100 根捆成一束,将成束插条的基部约 2 cm 浸入 250 mg/L 的萘乙酸溶液中 1 小时或采取 1 000 mg/L 乙酸溶液速蘸法(边蘸边插)。

经药剂处理的插条,应立即插入扦插床上。扦插前先用小木棍或玻璃棒在扦插床上打孔,然后再把插条插入孔内。扦插深度控制在 5～8 cm,插后立即灌水,使插穗与插床密接,并及时扣棚保湿。

（二）栽植技术

1. 园地选择与品种配置　李树虽然对土壤要求不严,一般平地、丘陵、山地、沙滩、盐碱地都可以栽植,但北方地区常出现晚霜危害。因此,应避免在谷底、盆地或山坡底部等冷空气容易集结的地方建园。

李树品种有自花结实和异花结实两类。自花授粉不结实的,必须配置授粉树。即使自花结实的品种,也需配置授粉树或 3～4 个品种混栽,才能显著提高坐果率,增加产量。李树授粉树配置比例 10%～20%。圣玫瑰品种花粉多,是多数品种的良好授粉树。

2. 整地方式　按照定植密度和方式在定植前 2～3 个月把坑挖好,一般要求开挖坑的规格为 80 cm×80 cm×80 cm 或 100 cm×100 cm×60 cm 即可,挖坑时要心土、表土分放,栽植前,底部填入有机肥或秸秆等有机物,再用表土、心土将坑填平备用。

3. 栽植时间及密度　李树既可春栽,也可秋栽。即从落叶后至萌芽前栽植均可,各地根据气候掌握最佳时机。栽植密度因地势、土壤种类及品种而有所不同。土壤瘠薄的山地、荒滩及树冠较小的品种,可以略密植,反之则稀一些。在土壤肥沃、土层深厚的平原地,株行距宜为(2.5～3) m×4 m,每亩栽 48～67 株。在土壤瘠薄的山地、丘陵地或沙滩地,株行距宜为(2～3) m×4 m,每亩栽 56～83 株。栽植密度以长方形定植为好。

五、抚育管理

（一）土肥水管理

1. 土壤管理　李树是开花多、结果多的果树,生长中需要较多的营养物质,土肥水管理非常重要。李园土壤秋季结合施肥进行1 次深翻,春季浅耕除草,能改善深层土壤环境,促进李树生长。幼龄李园合理的间作矮秆作物或绿肥,增加地表覆盖,减少和防止水土流失;地面覆盖草或地膜,防止水分蒸发,缩小土温变化,促进根系生长,减少落花落果,提高花芽质量。对于坡地和沙地李园,要在树下培土和修筑树盘,防止雨水冲刷,保护根茎使其免受低温冻害。

2.施肥 李树喜肥,且开花结实量大,特别是氮和钾必须满足。除早施基肥外,要特别重视开花前和采收后 2 次追肥。

在定植前每亩施腐熟农家肥 2 500 kg、过磷酸钙 100 kg 的基础上,要求于果实采收后落叶前在树冠外延开沟施入基肥。基肥每亩施入优质农家肥 2 500 kg、果树专用肥 50 kg、麦糠 1 500 kg 和尿素 50 kg。

追肥要求在开花前、花后以及采果后施入。每株追施果树专用肥,1~2 年生 2 kg,3 年生以上 2.5~4 kg。叶面施肥,萌芽时喷尿素 1 次,幼果膨大期喷磷酸二氢氮钾 1 次。

3.水分管理 李树从萌芽、开花到果实成熟都需要充足的水分供应,否则影响树体生长与果实发育。因此,李园要经常保持土壤湿度在田间持水量的 70% 左右,并要求在萌芽前、开花后和硬核期根据天气状况灌水。注意果实膨大期灌水要均匀,否则易引起裂果。采收前两周应停止灌水。李树怕涝,尤以桃砧最不耐涝,应注意排水。

(二)整形修剪

1.整形 整形时,树冠开张的用自然开心形,树姿直立的用主干疏层形和纺锤形。栽植密度大,可用圆柱形或篱壁式等。生产上常用的有以下三种类型:

(1)自然开心形 干高 20~30 cm,3 个主枝,基角 45°~50°,主枝上直接着生枝组,树高 1.2~1.5 m。

(2)主干疏层形 主干疏层形以两层主枝为宜,第一层 3 个,第二层 2 个,以上落头开入口。

(3)自由纺锤形 树高 3.5 m 左右,干高 50~60 cm。小主枝5~6 个,间距 50 cm 交错着生在主干上。

2.修剪 李树直立枝和斜生枝多而壮,下垂枝和背后枝少而弱。幼树期以轻剪缓放为主,休眠期与生长期修剪相结合。对于发枝多的品种和植株,骨干枝不必短截,可以拿枝、拉枝、夏季摘心、分枝换头调整角度、增加尖削度;对于分枝少的品种或植株,则应轻截,促进分枝,以便培养侧枝枝组。非骨干枝休眠期缓放,生长期应用抹芽、疏梢、处理徒长枝、摘梢等方法控制新梢数量和长势。萌芽前对准备培养结果枝组的枝进行刻芽,促进分枝,5月下旬再在下部环剥促花。

盛果期骨干枝放、缩结合,维持生长势。上层和外围枝疏、放、缩结合,疏密留稀,去旺留壮。保留的枝条缓放,以便形成大量花束状果枝。枝组疏弱留强,去老留新,并分批回缩复壮。发育枝缓放1～2年后及时回缩。中国李以花束状果枝结果为主,成枝力较强,主要是疏枝和长放。美洲李以中果枝和短果枝结果为主,成枝力较强,对发育枝适当重剪培养为健壮的结果枝组。

衰老树骨干枝、枝组及时回缩更新。

(三)花果管理

李树花量大,坐果多,适当疏果可以提高坐果率,增大果实,提高质量。花后15～20天进行疏果,早期生理落果严重的品种,应在确认已经坐果后,再行疏果。

据试验,每果需16片以上叶子才能保证果实的正常发育,生产上可作为留果标准。根据果枝类型和距离留果,一般花束状果枝和短果枝留1～2个果实,中果枝3～4个,长果枝5～6个,弱枝少留,中小型果间距4～8 cm,大型果间距8～10 cm。

六、病虫害防治

(一)李疮痂病

李疮痂病又名李黑星病。主要危害果实、叶片和新梢。发病时多在果实肩部产生暗褐或暗绿色圆形斑点,果实接近成熟时,病斑发展成紫黑色或黑色。病斑侵染仅限于表层,表皮组织木栓化。随果实生长,病果发生龟裂呈疮痂状。病斑小而多,病重时病斑联结成片。枝梢被害呈现暗褐色椭圆形病斑,病部隆起,常发生流胶现象。叶片上病斑多出现在叶背,形状不规则,初为灰绿色病斑,后变成褐色或紫红色,最后病斑干枯或穿孔。病原菌在枝梢病组织中越冬,来年春天经风雨传播侵染。果实膨大期开始发病,成熟时发病最盛,潮湿条件有利于病害发生。

防治方法:彻底剪除树上病枝并烧毁;于发芽前喷布 1~3 波美度石硫合剂;花后 2~4 周喷布 2~3 次 65％代森锌 500 倍液及 0.5∶1∶100硫酸锌石灰液;在生长后期结合其他病害的防治喷 70％百菌清 600 倍液或 70％甲基托布津 1 000 倍液。

(二)李褐腐病

李褐腐病又称李黑腐病,是核果类果树的重要病害。主要危害果实,在果面初生褐色斑点,湿润腐烂,迅速扩及整个果实。在病部中心形成灰色至灰褐色绒球状菌丝团,呈轮纹状排列,病果失水干缩变成僵果。该病危害花、叶、枝梢等多种部位。若花部受害,颜色变褐,在湿润条件下呈软腐状,表面丛生灰霉,枯死后,常残留于枝上,长久不落。病菌通过花梗和叶柄向下蔓延到嫩枝,成长圆形溃疡斑,中央微陷,呈灰褐色,并常出现流胶,发病一周会引起上部枝梢枯死。该病菌在枝梢的发病组织或僵果内越冬。第二年春借风雨传播,通过病虫伤口、皮孔、机械伤口侵入果实。在适宜条件下,大量发生,但主要在果实成熟期和贮藏期发病。

防治方法:首先要消除越冬菌源。彻底清除树上、树下的病枝、病果,烧毁或深埋,进行果园秋翻。在褐腐病发生严重的地区,初花期喷布 70％甲基托布津 800~1 000 倍液;在果实近成熟期,喷布 200~300 倍波尔多液,同时要防止病虫伤及其他裂口,以减少侵染。

(三)李穿孔病

李穿孔病是常见的叶部病害,包括细菌性穿孔病和真菌性穿孔病。其中以细菌性穿孔病最为普遍,常引起早期落叶。

(1)细菌性穿孔病　危害叶片、新梢及果实。叶片受害最初产生水浸状小斑点,后逐渐扩大为褐色或紫褐色周围有黄绿色晕圈的不规则形或圆形病斑。当天气潮湿时,病斑背面常溢出黄白色黏稠状菌脓。进一步发展便形成穿孔。

(2)霉斑穿孔病　危害枝梢、花芽、叶片及果实。枝梢被害,以芽为中心形成黑色长圆形病斑,边缘紫褐色,常出现流胶、枯梢。叶片上病斑直径2～6 mm,中部褐色,边缘紫色,病后期叶穿孔,在天气潮湿时病斑背面长出灰黑色霉状物。果实发病则出现褐色凹陷斑,边缘呈红色。

(3)褐斑穿孔病　叶上病斑呈圆形,中央褐色至灰色,边缘红褐色或紫红色。病斑两面都产生褐色霉状物,发病后期穿孔,孔边缘整齐。果实和新梢上病斑与叶面上相似。

(4)斑点穿孔病　主要危害叶片,病斑褐色、圆形;边缘红褐色或紫褐色,上面有黑色小点。发病后期叶上出现穿孔。

发病规律:细菌性穿孔病原菌主要在春季溃疡斑内越冬,春季抽梢展叶时,通过雨水传播。从枝条、果实的皮孔、叶片的气孔侵入。5～6月开始发病,春暖多雨时,发病早而重,夏季若雨水多,可造成大量晚期侵染。雨季为发病盛期。真菌性穿孔病菌主要在病叶和枝梢病组织内越冬,第二年春借风雨传播,侵染嫩梢、幼叶及果实。多雨、潮湿是发病的主要条件。特点是病菌在生长季内条件适宜,可多次侵染、发病。斑点穿孔病菌主要在落叶中越冬,也是第二年春借风雨传播,侵染幼叶。

防治方法:结合冬剪,除去病枝,清除落叶、落果,烧毁或深埋,以消灭越冬病原菌。其次要注意避免与核果类果树混栽,防止互相传染。同时加强栽培管理,增强树势,提高树体抗病能力。药剂防治:春季发芽前,喷布 4～5 波美度石硫合剂或等量式波尔多液,杀死潜伏病原菌。到 5～6 月可喷 65％代森锌 500 倍液。

(四)桃蛀螟

桃蛀螟主要危害果实,管理不好的果园,一般发病率较高。

防治方法:成虫产卵高峰期喷 BT 乳剂 500 倍液,或 50％辛硫磷 1 000 倍;用黑光灯诱杀或栽晚熟向日葵诱集后灭杀;采果后,树干束草诱集越冬幼虫;坐果后套袋,防虫效果好,还可避免药害。

(五)李实蜂

李实蜂又名李叶蜂。以越冬成虫取食花蕊,并产卵于花托或花萼表皮下,幼虫钻入花内,蛀食花托、花萼和果,将果肉、果核吃空,并在果内排粪,最终造成大量落果。该虫每年 1 代。李实蜂以老熟幼虫在土壤中结茧越夏、越冬,时间可长达 10 个月之久。李萌芽时化蛹,开花时成虫羽化出土,白天活动产卵,幼虫孵化后约经 30 天的危害,老熟后落入土内结茧越夏、越冬。

防治方法:秋季或早春成虫羽化前深翻树盘,将虫茧埋入深层,使成虫不能出土;成虫出土前或幼虫脱果前,在李园地面撒施 25％辛硫磷微胶囊剂。施药前先清除地表杂草,施药后轻耙土壤,使药、土混匀,以毒杀出土成虫或脱果幼虫。也可用生物农药防治昆虫病原线虫,每株 10 万条线虫加 5 kg 水,或使用化学农药敌马粉,每株 100 g,树冠垂直范围投药后喷湿地面并浅耙。

(六)黄斑卷叶蛾

黄斑卷叶蛾又名黄斑长翅卷叶蛾,简称黄斑卷。主要寄生在李、杏、苹果、桃等果树上。以幼龄幼虫食花芽,钻入芽内或芽基部蛀食,待新叶展开后取食新叶,有的取食叶肉,仅剩叶脉或表皮,致使叶卷曲成苞团,有时也啃食果皮。北方果产区,每年发生 3～4 代,以越冬型成虫在果园的落叶、杂草及向阳的石块缝隙内越冬。第二年树发芽时成虫出蛰并产卵,4 月为活动盛期,卵主要产在枝条上,少数产在芽的两侧和基部,卵多散产,其他各世代成虫的卵主要产在叶片上,多为老叶背面,6月中旬、8月上旬、9月分别为各代的产卵盛期。幼虫第一代孵化出后先危害花芽,再危害叶簇、叶片。幼虫不活泼,有转叶危害的习性,每蜕一次皮就转移一次,多在新叶、卷叶内作茧化蛹。成虫抗寒性较强,多在白天活动,天气晴朗温和尤为活跃。

防治方法:早春清除果园内或附近的杂草、枯枝落叶,集中烧毁,消灭越冬虫源;用糖、醋液诱杀成虫,将糖：酒：醋：水按5：5：20：80的比例配成溶液装罐,挂在树上,诱杀越冬成虫;第一代幼虫孵化盛期,可喷布50%杀螟松乳油1 000倍液并可兼治其他害虫,也可喷20%敌虫菊酯乳油2 000倍液。

第七节　石榴

石榴(*Punica granatum* Linn.),有酸石榴、甜石榴之分,属石榴科石榴属落叶、常绿灌木或小乔木。石榴果实艳丽,味酸甜,富含维生素、钙、铁等微量元素,可鲜食或加工饮料。树皮、根皮及果皮中含有丰富的石榴皮碱等毒性生物碱,通常用于杀虫、防虫等。石榴枝叶繁茂,花果期长达4～5个月之久,初春新叶红嫩,入夏花繁似锦,秋季硕果累累,冬季铁杆虬枝。石榴是我市城乡园林绿化及退耕还林理想的生态经济兼用树种。

一、形态特征

石榴树高可达2～7 m,树冠圆头形,小枝四棱形,平滑,顶端常为刺状,叶倒卵状长椭圆形或矩圆状披针形,长2～8 cm,宽1～3 cm,有短柄,先端尖或钝,基部楔形,花1～3朵,集生于枝条顶端;花萼钟状,红色、质厚,顶端5～8裂,花瓣5～7枚。有时成重瓣,红色、黄色、白色。浆果近球形,径约5～12 cm,萼宿存,种子多数,种皮厚,外种皮肉质,内种皮木质,花期5～7月,果期9～

10月。

二、优良品种

(一)临潼火红甜石榴

果实扁圆形,平均重250 g,最大重600 g,萼片闭合。果皮鲜红而厚,子房5～7室,隔膜薄,籽粒多角棱形,较大,深红色,汁液多,味偏甜,含糖量6.47％,含酸量2.73％,品质上。树势强,寿命长。9月中下旬成熟。品质好,不裂果,适宜鲜食,较耐贮运。

(二)临潼净皮甜石榴

该石榴又名粉红甜石榴,有软籽和硬籽两个品系。果实大,圆形,平均重200 g左右,最大果重500 g。萼片半开。果皮薄,粉红色,光滑,洁亮,美观,子房5室,有多角形大籽粒,汁多,风味甜香无酸,含糖量8.5％,含酸量0.6％,品质上。树势健旺,抽枝力强。5月下旬开花,9月下旬至10月上旬果实成熟。果实大,外观美,品质好,受欢迎。该石榴为外销主要品种之一。可在城市工矿区发展,除鲜食外,还可加工成果汁。果实成熟时遇雨易裂口,不耐贮藏。

(三)临潼三白石榴

因其花瓣、果皮、籽粒均为白色,故名"三白石榴",又名三白甜石榴、白石榴、白净皮石榴、冰糖石榴。果实扁圆形,平均重124 g。果皮薄,黄白色。籽粒多角棱形,白色,浆汁多,味甜,含糖量7.98％,含酸量0.41％,籽粒软,品质佳。树势中强,抽生结果枝能力较弱。5月下旬开花,9月下旬果实成熟。植株抗逆性较差,皮易裂,不耐贮运,品质佳。

(四)临潼天红蛋石榴

果实为有棱扁圆形,平均重217 g,最大可达750 g。萼片半闭合,果皮厚,为带红条纹的淡紫红色,不太光滑。子房5～6室,隔膜薄,籽粒为正三角形,淡红色,汁多,味甜,无酸,籽硬,品质较好。

树势较健,抽枝能力强。1～3年生枝条抗风、抗寒、抗霜能力差。近几年来枝条常有冻害发生。肥水不足,产量偏低。果实9月下旬至10月上旬成熟,不易裂果,可贮藏到次年4月,为外销主要品种之一。

(五)临潼鲁峪蛋石榴

该石榴又名冬石榴、青皮石榴。果实近圆形,平均重190 g,最大果重400 g。萼片闭合。果皮厚,青绿色,带紫色条纹。子房5～6室,隔膜薄,籽粒较小,柱形,有棱角,红色带白纹,汁较少,无酸味,品质中。树势较强,树姿直立,寿命较长。结果枝多生于树冠外圈。果实10月上旬成熟,故名"冬石榴",容易坐果,果实耐贮藏和运输,但品质较差。

(六)临潼大红酸石榴

果实扁圆形,平均重450 g,大者可达800 g。萼片闭合。果皮鲜红而厚,子房5～7室,隔膜薄,有深红色大籽粒,汁液多,味偏酸,含糖量6.47%,含酸量2.73%,品质上,是酸石榴之魁星。常入药,治疗慢性支气管炎有特效,很受欢迎。

(七)昭陵御石榴

该石榴分布于乾县及礼泉的昭陵、庄河附近。果实扁圆,极大,平均果重750 g。萼筒高,萼片闭合。果皮厚,为无锈的红色,果梗特长,子房10室,隔膜厚,有粉红色的大籽粒,汁多,稍甜偏酸,品质上。树势强,发枝力强。果实10月上旬成熟,果皮易裂,可贮至次年3月。植株抗风,抗旱、抗病虫能力均强,但抗寒力弱。耐贮运,在渭北有发展前途。

(八)宝鸡笨石榴

该石榴分布于宝鸡坪头镇码头、晁峪及益门镇塔等地。果实圆球形,平均果重283.5 g,萼筒高,萼片开张,反卷。果皮紫红,果梗短,子房6室,籽粒淡红,风味甜,品质上。树势中健,果实10月上中旬成熟。果实可贮藏到次年4月。植株抗寒、抗旱、抗病虫能力较强。

(九)宝鸡火石榴

该石榴分布于宝鸡坪头镇、大坪和益门镇塔等地。果为圆球形,平均果重 284 g。萼筒低,萼片开张。果面凸凹不平,紫红色,果梗较短。籽粒较小,红色,风味甜,品质中。树势强健,寿命较短。果实 9 月上中旬成熟。植株抗寒、抗旱、抗病虫能力均强,适应性广。果实可贮至次年 2～3 月。

(十)玛瑙籽石榴

安徽怀远的优良品种,树势旺盛。果圆球形;有棱,中等大,平均重 220～250 g。果皮黄色,外表有疤,皮薄。籽粒软而特大,味香甜。9 月上旬成熟,不耐贮藏。

(十一)软籽石榴

山东枣庄及临潼等产区均有栽培。该品种属于衰老退化植株的营养繁殖系。在许多品种中存在软籽植株。如临潼的软籽石榴,针刺少,叶片大,产量高。果大可达 500 g 以上。味甜多汁,品质优良。种子柔软,便于食用。8 月下旬成熟。

(十二)铜壳石榴

云南巧家地区的优良品种。果大,球形,平均重 325 g,果皮底色黄绿,阳面或全果为红铜色,故名“铜皮石榴”。果皮光滑,籽粒大,水红色,种子黄白色、多味甜,品质佳,8～9 月成熟。极耐贮藏。

(十三)甜绿籽石榴

云南蒙自地区的优良品种。树势强健,果皮不太光滑,粒大,味甜,品质佳,产量高。6～7 月成熟。

三、生物学特性

(一)生长习性

石榴没有明显的主根,须根十分发达。主要根群分布在 30～

40 cm 的土层中。石榴根际易生根蘖,可用于更新或分株繁殖,但在栽培条件下,一般多将根蘖挖除,留单干或多主干直立生长。

石榴树上的芽有叶芽和花芽,花芽为混合芽,着生在发育充实的枝条顶端及其下 2～3 节,萌发后抽枝结果。石榴的芽依季节而变色,有紫、绿、橙三色。

石榴树的枝条一般细弱而瘦小,腋芽明显,枝条先端呈针刺状,对生,徒长枝的先端,有时为轮生。生长特别旺盛的徒长枝,在 1 年之内,由春至夏,再从夏到秋,可不断地延长生长,其长度可达 1～2 m;其中上部可以抽生 2 次枝和 3 次枝,这些 2 次枝、3 次枝与母枝几乎成直角,向水平方向伸展。因此,长势一般不强,这些 2 次、3 次枝,尤其是 2 次枝,由于形成时间较早,有的可在当年形成混合芽,第 2 年开花结果。

凡具有明显叶芽枝条,不论是小枝,还是徒长枝,一般都没有顶芽。但长势极弱,基部簇生数叶,没有明显腋芽的极短枝,则有顶芽。这些极短枝,如能获得充足的营养,其顶芽可在当年发育成混合芽,第 2 年开花结果;如果营养不良,其顶芽仍为叶芽,第 2 年生长微弱,仍为极短枝;但如遭受刺激,也可能萌发长枝。

(二)结果习性

结果年龄,因繁殖方法和品种不同而有差异,实生石榴,3～10 年才能开花结果,而以观花为主的重瓣红石榴或玛瑙石榴,播种当年就可开花。石榴树一般 15 年进入盛果期,连续结果年限,可长达 50～60 年,以后则产量逐渐减少而进入衰老期,进入衰老期后,其结果年限仍可维持 20～30 年,寿命可长达百年之久,如果栽培管理得当,其寿命可达 200 年以上,但经济栽培年限,只有 70～80 年。

石榴是从结果母枝上抽生结果枝而结果。结果母枝多为春季萌发的一次枝或生长前期所发生二次枝。一般发育充实的长、中、短枝(6～15 cm)均可产生混合芽而转变为结果母枝。混合芽多在翌年萌生结果枝开花结实。凡结果母枝为中长枝者,常因顶芽自枯(自剪),而结果枝自腋芽发生;结果母枝为短枝或叶丛枝者,结果枝由顶芽抽出。强壮的结果母枝能在结果的当年抽出新枝再演变为新的结果母枝而连续结果,为了连年丰产,培养足够的强壮结果母枝很重要。

在结果母枝抽生的结果枝上,一般可着生 1～5 朵花。结果枝上所着生的花,其中一个顶生,其余为腋生,以顶生结果为好。同时结 2 个果的,被称"并蒂石榴";5 朵花都能坐果时,则被称为"五子登科"。

石榴树的花量很多,但落花落果严重,坐果率很低,产量不稳,大小年现象较重。

四、栽培技术

石榴原产地中海地区。我国除严寒地区外,均有栽培。喜阳光充足和温暖气候,稍耐寒,耐旱,耐瘠薄,不耐水涝。在 −18～−17 ℃即受冻害。对土壤需求不严,但喜肥沃湿润、排水良好的壤土或沙壤土。

(一)育苗技术

1.扦插育苗　插条应在品质优、结果早、丰产、生长健壮的母树上选取树膛内部的 1～2 年生枝,粗 0.6～1.2 cm 的枝条最好。石榴插条不需储藏,可随采随插,以 3 月下旬至 4 月中旬为宜。如水分条件好,6 月下旬也可在遮阴的地坑里进行嫩枝扦插。

扦插方法分两种,短枝扦插和长枝扦插。一般多用短枝扦插法,在水源方便的地方做好苗床,施足底肥。将插穗剪成长 12～15 cm,并把 2/3 插入土中,地面留 2 个芽子,插后踏实灌水,当年生嫩枝扦插用半木质化的带叶插穗,插入苗床中,并要覆盖遮阴。短枝扦插密度为 20 cm× 30 cm 或 20 cm× 40 cm,每亩扦插8 000～11 000 株。

苗期管理。扦插后应保持床面湿润,灌水后即松土,清除杂草,生长期内可追肥1～2次。当年苗高达1m左右时,即可出圃栽植。

2.嫁接繁殖　以酸石榴实生苗为砧木,采用优良品种做接穗,于3月下旬用腹接法嫁接,8月中旬也可腹接,劈接只能在3月下旬进行。

3.压条繁殖　即利用根际根蘖,于春季压入土中,到秋季即可成苗,一般在干旱地区应用较多,容易成活。

(二) 栽植技术

1.园地选择　平地、山地均可栽培,最好是在山坳处而又不聚集冷空气的地方。土壤以沙壤土或壤土为宜,过于黏重的土壤易于保墒,但果实皮色不好,成熟前易裂果。临潼在黑沙土上栽的石榴,因质地疏松、通气良好、土温高、排水好,石榴果皮薄、色美丽、有光泽、富水分、风味优良。

2.品种选择　选优良、丰产品种,注意早、中、晚成熟和酸甜石榴的搭配。

3.定植　近多年来,短枝扦插育苗推广后,定植方便,成活好,省工,多被采用。定植株距2～5m,行距不等,坑穴1m见方,每亩栽30～60株。为早结实早丰产,定植时施足底肥,栽后灌水。

五、抚育管理

(一) 土壤管理

幼树期以间种秋田作物(如豆类、花生、瓜类、棉花等)较好,不宜种夏田作物。秋田作物收获后即进行深翻。来年1、2月遇雨后进行中耕,使土壤疏松保墒,以后每次灌水后即中耕除草,并使石榴植株附近土壤呈疏松状态。

(二) 施肥灌水

一年施2次肥,第1次基肥在冬季土壤冻结前施入,第2次早春惊蛰以前施用,这次施肥很关键,可提高开花和坐果率。施肥量为幼树每株施厩肥、人粪尿或土肥等 7.5～10 kg,中年树施 25 kg,大树施 50 kg。施肥后树势生长旺,可提早丰产。适时灌水能促进植株正常生长和提高产量。一般每年至少灌水 3 次,即冬初灌封冻水;花前灌水有利于开花,提高坐果率;幼果期灌水,促进果实生长提高产量。

(三)修剪

1.树形 树形以多主枝的自然半圆形为主,早期增产明显。石榴树栽后将干基的萌蘖除去,即可形成灌木式多主枝自然半圆形树冠。以后每年修剪,使树冠逐步扩大,产量逐步提高。

2.修剪 修剪多在冬季,以疏剪为主。去除根蘖,修除树冠内部的下垂枝、枯死枝及横生的小枝,使树冠枝条稀疏均匀,才能通风透光,充分结果。随树龄的增长,要注意选留根际的健壮根蘖 2～3 枝,以备代替老树,可继续保持结果 10 多年。另外在谢花时,应适当地剪去细弱枝,以节约养分。

(四)保花保果

石榴的花有正常花和退化花两种。正常花数量少,退化花多,石榴结果全靠正常花,正常花自花结实率一般为 7.0%～8.9%,而异花授粉结实率高达 70.0%～75.6%。因此,保花保果是提高石榴产量的一项重要措施。

石榴的开花期很长,从 5 月至 7 月先后开放,盛花期为 6 月上中旬。一般早期开放的花坐果率高,结的果也大。农谚说:"石榴花开三,越早越值钱。"因此,保花保果的重点是保住最早开的花和早期形成的果。

1.加强综合管理 促进石榴树健壮生长,增加正常花的比例,综合管理的主要内容有秋季深耕、中耕除草、施足基肥、分次追肥、适量灌水、防治害虫、正确修剪等。盛花期对开花多的树或大枝,合理疏花疏果,进行环割或环状剥皮,使营养集中,可以增加坐果率,而且使留下的幼果生长发育良好。

2.果园放蜂　果园放蜂是一举多得的措施,石榴园开花盛期每亩放 2～3 箱蜜蜂,蜂箱最好放在需要授粉的果园中心,以提高坐果率。开花期遇到长期阴雨、低温或大风时蜜蜂活动困难,可进行人工辅助授粉,提高坐果率。

3.合理利用微量元素　石榴盛花期喷 0.1%～0.2%的硼砂,可显著提高坐果率,特别是山地和滩地果园更为有效。

4.疏花　疏花可分两次进行,第一次应疏除发育不全的筒状花(子房较小的);第二次在第一次疏花完后的两周左右进行,仍以疏除发育不全的筒状花为主,以节省养分。

六、病虫害防治

(一)干腐病

干腐病菌侵害花器、果实及果梗。开花时开始侵染。花和幼果严重受害后常常早落。果实受害后,往往悬挂在枝头,形成干僵果。僵果里的菌丝在第二年 4 月温度适宜时,就产生新的分生孢子器,成为病菌的主要传播来源。

防治方法:摘除僵果、清园,剪去病害枝条,减少菌源的传播;开花前后,各喷 1 次 1∶1.5∶160 波尔多液。

(二)桃蛀螟

桃蛀螟主要危害果实,管理不好的果园,一般发病率较高。

防治方法:成虫产卵高峰期喷 BT 乳剂 500 倍液,或 50%辛硫磷 1 000 倍;用黑光灯诱杀或栽晚熟向日葵诱集后灭杀;采果后,树干束草诱集越冬幼虫;坐果后套袋,防虫效果好,还可避免药害。

(三)豹纹木蠹蛾

防治方法:结合冬、夏剪枝,剪除虫枝,集中烧毁;5 月中旬开始设置黑光灯诱杀成虫;7 月份幼虫孵化期喷施 40%水胺硫磷乳油 1 500 倍液或 5%来福灵乳油、10%赛波凯乳油 3 000～5 000 倍液,能有效地杀死幼虫。

第八节　樱桃

樱桃[*Cerasus pseudocerasus*（Lindley）Loudon]，又名莺桃，系蔷薇科李属落叶乔木或丛生灌木。近年来，在新技术引领下已杂交培育出一批味美、大粒、高产樱桃良种，使樱桃这个水果成为深受大家欢迎的时令水果。

一、形态特征

樱桃树高 $2\sim8$ m；叶卵圆形至卵状椭圆形，长 $7\sim12$ cm，尖端锐尖，基部圆形；花白色，径 $1.5\sim2.5$ cm，萼筒有毛，总状花序，$3\sim6$ 朵一簇，花期 3 月；径 $1\sim1.5$ cm，红色或粉红色，先花后叶，果成熟期 $5\sim6$ 月。

二、优良品种

目前，中国樱桃约有 50 多个品种。主要优良品种有浙江诸暨的短柄樱桃、山东龙口的黄玉樱桃、安徽太和的金红樱桃，江苏南京的垂纺樱桃、四川的汉源樱桃等。此外，还有辽宁、烟台近年引进大而甜的欧洲樱桃良种。

三、生物学特性

樱桃寿命长，对环境适应性强，属浅根性果树。不耐旱、不耐涝，不抗风，不耐盐碱。樱桃园应选建在背风向阳，排灌方便，土层深厚的沙质壤土上。

四、栽培技术

（一）育苗技术

樱桃苗木繁育多采用压条育苗法，而压条育苗又分为直立压条和水平压条两种。育苗地应选在背风向阳、土质肥沃、不重茬、不积涝，又有灌溉条件的中壤或沙壤土上，育苗前必先施足底肥，每亩施有机肥 1 500～2 000 kg，磷肥 50 kg，然后整平作畦。

1. **直立压条法** 秋季或早春将大樱桃砧木苗定植在苗床中，定植时先按 1～1.5 m 的行距挖深 30 cm 左右的沟，再按 50～60 cm 的株距将砧木苗栽入沟内，其根茎要低于地面。砧木苗萌发前留 5～6 个芽剪截，待芽萌发新梢长到 20 cm 左右时，进行第 1 次培土，培土厚度约 10 cm，新梢长到 40 cm 时再培土，每次培土后均应追肥、浇水。秋季落叶后，即可扒土分株。

2. **水平压条法(亦称埋干压条法)** 水平压条法是大樱桃砧木扦插育苗应用较多的一种方法。早春先按行距 60～70 cm，开出一条深、宽各 20 cm 的沟，再将优质 1 年生砧木苗顺沟斜栽于沟内，砧木苗与地面的夹角 30°左右，株距大致等于苗高，栽后踏实并浇足底水。插穗成活后，侧芽萌发，抽出新梢，当新梢长至 10 cm 左右时，将砧木苗水平压入沟底，用小枝杈固定，并培土 2 cm 左右覆盖苗干，然后浇水。以后随新梢生长，分次覆土，直至与地面平齐。为促进苗木生长，于 6 月上中旬结合覆土每亩施尿素20 kg。苗木长势好的，可于 6 月下旬至 7 月上旬在圃内进行嫩枝嫁接，长势差的可在 9 月进行嫁接，第二年秋季起苗时，再分段截成独立的砧木苗。

(二)栽植技术

1. **精细整地** 通常采用大坑穴整地方式，规格为 60～80 cm 见方，并实行南北定行，东西定株，以利通风透光。株行距 3 m×3 m至 3 m×4 m，每亩栽植 56～74 株，呈"品"字形配置，挖坑时，生土熟土分堆放。

2. **科学栽植** 樱桃建园时，先要精选苗木，其标准一是必须为良种，即建园苗木必须是优良品种；二是必须是壮苗，即建园苗木必须是生长健壮、无病虫害、无机械损伤且具有"一签两证"的苗木。栽植前,先要给每个栽植坑施入有机肥 10 kg,磷肥 0.5 kg,与表土搅匀,然后按照"三埋两踩一提苗"的栽植程序进行规范栽植,栽后灌足"定根水",并用地膜覆盖树坑。

五、抚育管理

(一)松土除草

樱桃建园后 1～4 年内,每年进行 1 次松土除草,时间以 5 月中下旬为宜,以避免因草荒而引起与幼树争水争肥。

(二)增加水肥

樱桃从开花到果实采收仅 50～60 天时间,充足的水分、养分是樱桃实现优质、高产的关键措施。每年在这一时期内,都要适时对园内幼树采取灌水、施肥及叶面喷肥等措施,以保证结果幼树的水分、养分供应。

六、病虫害防治

樱桃主要病害为早期落叶病、立枯病、腐烂病等,主要虫害有小灰象甲、桃小食心虫、卷叶蛾、刺蛾等。

(一)早期落叶病

在 7～8 月,可喷洒 65%代森锌可湿性粉剂 500 倍液 1～2 次,或用 40%多锰锌 600～800 倍液喷洒,或用硫酸锌石灰液(硫酸锌 1 份,消石灰 4 份,水 240 份混合)喷洒,效果均好。

(二)立枯病、腐烂病

立枯病用甲基托布津、百菌清等喷雾防治;腐烂病用多菌灵防治。

(三)小灰象甲

可用人工捕捉,也可用 80%晶体敌百虫做成毒饵诱杀。

(四)桃小食心虫

桃小食心虫为较为严重的蛀果害虫,食性杂,危害枣、苹果、山楂、杏等果实。该害虫以老熟幼虫结茧,钻入树冠下的土壤中越冬,第二年5月中下旬出土羽化、交尾,产卵于果实萼洼周围,卵孵化成幼虫后在果面爬行数小时后蛀果危害。

防治方法:冬春季结合深翻施肥,将越冬幼虫深埋土中或翻在地表,将其消灭;5月中下旬透雨后,在结果树下喷洒辛硫磷300倍液,消灭幼虫。注意喷树干周围1 m范围和堆果场所,每亩用药0.8 kg,喷后将药耙入土中;6月中下旬至7月上旬,成虫产卵前后,树冠喷2 000倍功夫等杀虫剂毒杀虫卵与小幼虫;拾净落果,及时深埋处理,减少害虫蔓延。

(五)果蝇

防治方法:在果实采收期间,及时在田间清除落果和摘除烂果、虫果,并集中深埋和销毁,消灭虫果中的幼虫,减少下一代的虫量;在幼果期果实未被果蝇产卵前及时进行套袋,可有效防止成虫产卵而造成危害;悬挂果蝇引诱剂(甲基丁香酚),诱杀成虫,减少产卵量;在成虫发生高峰期,施用氯氰菊酯杀虫剂3 000倍液防治成虫;用50%敌百虫1 000倍液+30%红糖喷洒树冠,诱杀成虫。间隔5~6日喷1次,连续喷洒3~4次,可以消灭成虫达90%以上。

(六)桃红颈天牛

桃红颈天牛主要危害木质部,造成枝干中空,树势衰弱,严重时可使植株枯死。

防治方法:幼虫孵化期,人工刮除老树皮,集中烧毁。成虫羽化期,人工捕捉。成虫产卵期,经常检查树干,发现有方形产卵伤痕,及时刮除或以木槌击死卵粒;对有新鲜虫粪排出的蛀孔,可用小棉球蘸敌敌畏煤油合剂(煤油1 000 g加入80%敌敌畏乳油50 g)塞入虫孔内,然后再用泥土封闭虫孔,或注射80%敌敌畏原液少许,洞口敷以泥土,可熏杀幼虫;保护和利用天敌昆虫。

(七)金龟子

金龟子主要危害嫩枝、叶,常常造成枝叶残缺不全、生长缓慢、甚至死亡,严重危害幼树的生长、发育。

防治方法:利用成虫的趋光性,于晚间用黑光灯或频振式杀虫灯诱杀成虫;在成虫发生期,将糖、醋、白酒、水按 1∶3∶2∶20 比例配成液体,加入少许农药液,装入罐头瓶中(液面达瓶的 2/3 为宜),挂在种植地,进行诱杀;当虫害发生时,直接喷用氯氟氰菊酯或溴氰菊酯或甲氰菊酯或联苯菊酯或百树菊酯或氯氰菊酯等高效低毒的菊酯类农药加甲维盐或毒死蜱喷雾防治,效果很好。

第九节　葡萄

葡萄(*Vitis vinifera* Linn.),又名蒲桃、提子,系葡萄科葡萄属落叶藤本植物。葡萄是人类栽培最早的果树,产量几乎占到全世界水果的 1/4。

营养价值很高。葡萄中所含的糖大部分都是易被人体直接吸收的葡萄糖,它的含糖量可达到 8%～10%。因此,葡萄汁被科学家誉为"植物奶"。另外,在葡萄籽中富含一种营养物质"多酚",它的抗衰老能力是维生素 E 的 50 倍,是维生素 C 的 25 倍。因此,葡萄对遗传人类生命,增强人身体健康有着十分重要的作用。

葡萄除了鲜食之外,近年来在葡萄汁、葡萄酒及相关葡萄食品加工业也呈现出了蒸蒸日上的良好态势。因此,葡萄资源的不断扩大,产品加工业的深度开发,必然会给葡萄产区特色产业发展、农民增收和推动经济社会可持续发展开辟一条新的途径。

一、形态特征

葡萄为落叶藤本,树体圆柱形,有纵棱纹。叶对生,有 3～5 浅裂或显著中裂,长 7～18 cm,宽 6～16 cm,基部深心形,边缘有 22～

27 个锯齿,叶柄长 4~9 cm;圆锥花序密集或疏散,花多呈黄色,与叶对生,长 10~20 cm,花序梗长 2~4 cm;花蕾倒卵圆形,花瓣 5,雄蕊 5,雌蕊 1,花期 4~5 月;种子倒卵椭圆形,种脊微突出,两侧洼穴宽沟状,颜色有紫色或白色,果成熟期 8~9 月。

二、优良品种

葡萄种类繁多,全世界目前共有 8 000 多种,中国有 500 多种,最著名的品种有"紫红泽国""龙眼",被誉为"北国明珠"。还有早熟的无核白、酸甜可口的红提等都受到好评。

三、生物学特性

葡萄喜光,喜温暖气候,对土壤适应性较强,除了沼泽地和重盐碱地不适宜生长外,其他各类土壤均可栽培,而以土层深厚、土壤肥沃的沙壤土为最适宜。

四、栽培技术

(一)育苗技术

扦插、压条和嫁接三种方法均可,其中以扦插法简便易行,成苗率高。

1.种条采集　在葡萄园内选定优良母树,在优良母树上选择一年生生长健壮、芽眼饱满、无病菌、无病虫害、充分木质化,直径 0.7~1.0 cm 的枝条作插穗,将枝条剪成 13~15 cm 长的插穗,每 50~100 个捆成一捆,并贴上品种标签。

2.沙藏　沙藏地应选择背风向阳平坦的地方,挖坑,坑深 100~150 cm,宽度依插穗数量而定。沙藏时,先用 5 波美度石硫合剂或 600 倍液多菌灵对插穗进行处理,防止霉变。沙的湿度控制在 5% 左右,温度控制在 -2~2 ℃,为了调节温湿度,可用玉米秆、芦苇秆作散热通气孔。

3.土壤准备　扦插前,先给每亩育苗地施有机肥 1 500～2 000 kg,磷肥 50 kg,再每亩地撒生石灰 15 kg,1%的克线磷颗粒 3 kg,进行土壤消毒,并防止根腐线虫发生,然后灌装营养袋,营养袋规格为 8 cm×10 cm,装灌时要装满压实、排紧,与畦面平整一致。

4.扦插　扦插前,还要用 90%禾耐斯对营养袋土壤进行处理,防除杂草危害,扦插前一天需对苗床均匀透灌,以利扦插。扦插时,将插穗直插营养袋中央,深 8～10 cm,要求插穗芽眼外露营养袋土面 5 cm,扦插时将芽眼统一向南,一则使芽眼充分受光,二则使插穗萌芽一致,避免相互重叠。最后,撒细沙使插穗与土壤密结并灌足底水,以利生长发芽。1 年生葡萄扦插苗苗高可达50～70 cm。

(二)栽植技术

1.精细整地　葡萄建园整地通常采用大坑穴整地方式,规格为 80 cm 见方,建园株行距1.5 cm×2.5 cm,呈"品"字形配置,每亩栽 170 株,葡萄建园应坚持南北定行,东西定株的原则,以利园内通风透光。挖坑时,应实行生熟土分开堆放。

2.科学栽植　葡萄建园栽植前,首先要施足底肥,每亩施有机肥 1 500～2 000 kg,磷肥 50 kg。其次是选用生长健壮、无病虫害、无机械损伤的良种壮苗。最后按照"三埋两踩一提苗"的栽植程序进行规范栽植,栽后灌足"定根水",并用地膜覆盖树坑。

五、抚育管理

(一)松土除草

葡萄建园后 1～3 年内,每年都要进行 1 次松土除草,防止因草荒造成与幼树争水争肥或病虫害发生。

(二)及时浇水施肥

为了促进葡萄园早挂果,早结实,建园后,每年要浇水 1 次,追施氮、磷、钾复合肥 1 次,每亩用量 50 kg。

(三)建立栽培架

葡萄建园后,一定要及时搭建栽培架。一般一行葡萄需搭一道篱架。篱架高度 1.6～2 m,架上拉 4 道铁丝,每道铁丝相距 0.5 m,第一道铁丝可离地面稍高些,以 0.6～0.8 m 为宜,这样会有效减少感病程度。

(四)促进花期授粉

在葡萄初花期至盛花期,每隔 7 天喷洒 1 次 0.2％硼砂溶液,连续喷洒 2～3 次,促进花粉管萌发,提高授粉率。

(五)加强夏剪

在始花至盛花期实行结果枝摘心,同时抹除全部侧面副梢,只留顶端 1 个副梢,7 天后,再对顶端副梢留 1～2 叶摘心,若再萌发 2 次副梢,仍需及时抹除。

(六)人工掐穗尖

在开花前 2～3 天,摘去花穗的 1/4～1/3。

六、病虫害防治

(一)白腐病

该病危害果实、枝蔓、叶片。可喷 1 000×50％多菌灵或 1∶0.5∶180 倍波尔多液,每隔 15 天喷 1 次,喷 3 次。

(二)黑痘病

该病危害果实、果梗、叶片及新梢。及时抓住开花前和落叶时两关键环节,喷 1∶0.5∶180 倍波尔多液或 600×75％百菌清进行防治。

(三)霜霉病

该病主要危害叶片、新梢及幼果。发病时,每隔半月喷 1 次 1∶0.5∶180 倍波尔多液或 1 000×25％瑞毒霉进行防治。

(四)红蜘蛛

该病危害叶片及果穗。春季发芽时喷 3 波美度石硫合剂加0.3％洗衣粉,7～8 月喷 3 000×73％克螨特。

(五)十星叶甲

十星叶甲危害叶子和嫩芽。在为害期喷施 0.5％蔬果净(楝素)乳油 600 倍液。

第十节　牡丹

牡丹($Paeonia\ suffruticosa$ Andrews),系芍药科芍药属中的一种多年生小灌木,是一种油料观赏兼用型植物。牡丹千姿百态,婀娜多姿,素有"国色天香""花中之王"的美称。油用牡丹籽油中的亚麻酸高达 40.2％,高出菜籽油、葵花籽油、大豆油、油茶的几倍至十几倍。亚麻酸是构成人体细胞的重要成分,它能在人体内转化为机体所需的生命活性因子 DNA,俗称"脂黄素",是人体不可缺少的营养元素。

一、形态特征

牡丹喜凉怕热,宜燥怕湿,可耐－30 ℃严寒,在年均相对湿度45％的地区可正常生长,喜疏松、肥沃、排水良好的中性沙质土壤,忌黏重通气不良的土壤。

二、优良品种

(一)凤丹牡丹

凤丹牡丹又名铜陵牡丹、铜陵凤丹,属江南品种群,耐高温高湿,适宜夏无酷暑、冬无严寒环境,其根皮有镇痛、解热、抗过敏、消炎、免疫等功效。《中药大辞典》记载,"安徽省铜陵凤凰山所产丹皮质量最佳",故称凤丹。2006 年 4 月,国家质检总局批准对凤丹实施地理标志产品保护。该品种植株较高大、直立,年生长量较大,一年生枝长可达 50 cm。大型长叶,小叶 13～15 枚,长椭圆形至长卵状披针形,全缘。花朵瓣性低,以单瓣型为主,少数花瓣略有增多,形成荷花型。

(二)紫斑牡丹

紫斑牡丹是中国特有植物,为珍贵的花卉种质资源,根皮供药用。抗逆性、适应性强,非常耐旱耐寒,是世界上唯一原产西北甘肃的牡丹种群,属西北牡丹品种群,是近几年来寒冷地区牡丹首选品种。落叶灌木,高 50～150 cm;小枝圆柱形,微具条棱,基部具鳞片状鞘。叶为二至三回羽状复叶,小叶不分裂,稀不等 2～4 浅裂;花大,花瓣 10～12,白色,宽倒卵形,长 6～10 cm,宽 4～8.2 cm,内面基部具有深紫色斑块;雄蕊多数,黄色,长 1.8～2.5 cm;花盘杯状,革质,包围心皮;心皮 5～7,密被黄色短硬毛。种子倒圆锥形,长约 8 mm,黑色,有光泽。紫斑牡丹单瓣、半重瓣品种结实率高,且籽实饱满,约占果实重量的 2/3,籽仁的油脂含量高达 33%。

就本市而言,渭河以南应选择结籽量大,出油率高、适应性广、生长势强的"凤丹"作为主栽品种;渭河以北应侧重选择"紫斑"作为主栽品种。

三、生物学特性

牡丹是一种多年生小灌木,也是一种很好的生态树种。牡丹耐干旱、耐瘠薄、耐高寒。宜选高燥向阳地块,以沙质壤土为好。要求土壤疏松透气、排水良好,适宜 pH 6.5～8.0。

四、栽培技术

(一)栽培方式

牡丹既可整片建园,也可在经济林(园)中实行行间套种,从全国各地牡丹资源开发趋势看,实行经济林(园)行间套种是其最佳栽培方式。

(二)栽培地选择

牡丹建园或间作套种地应选择在背风向阳、排水良好、土壤深厚、土地肥沃的塬地或坡耕地。间作套种应选择与核桃、柿子、大枣、樱桃、李子、葡萄等经济林(园)行间套种为最佳。

(四)精细整地

牡丹建园或实行间作套种整地,都要在全面深耕的基础上进行定点挖坑,坑穴规格为 30～50 cm 见方,每亩施有机肥 1 000～1 500 kg,复合肥 40～50 kg,同时,每亩还需施入锌硫磷颗粒剂 10～15 kg,多菌灵 4～5 kg,用作土壤消毒。

(五)科学栽植

牡丹栽植时间以秋季落叶后为宜(即 9 月上旬至 10 月上旬),一般多选用 2～3 年生实生苗栽植,栽植密度视其投资和培育目的而定,一般普通园栽植密度为 333～666 株/亩;密植园密度为 2 100～3 330 株/亩。栽植时,先对栽植苗进行修根后,用 800 倍福美双溶液将苗木浸泡 15～20 分钟晾干,再按"三埋两踩一提苗"的科学栽植程序进行规范栽植,栽植深度一般为 25～35 cm,栽后及时采取灌水、覆膜,在北部高原沟壑区为了当年冬天防冻,还应采取筑土埂措施。

五、抚育管理

(一)中耕除草

牡丹每年需进行两次中耕除草,第 1 次是 3 月底至 4 月初,即开花前要除草,深度可达 3～5 cm;第 2 次是 6 月底至 7 月中旬,即开花结实前要浅锄,深度为 1～3 cm。其目的是实现园地无板结、无草荒。

（二）适时追肥

牡丹栽后第一年不需追肥，从第二年开始，每年追肥 2 次。第 1 次是春分前后，每亩施用 40～50 kg 复合肥；第 2 次是入冬前，每亩施用 150～200 kg 饼肥或有机肥 1 000～1 500 kg，40～50 kg 复合肥；另外，在牡丹展叶后，可结合病虫害防治，每隔 15～20 天，可进行 1 次 400 倍磷酸二氢钾的叶面喷肥，连续喷施 3～5 次，以促进树体快速生长。

（三）整形修剪

整形修剪应在树体发芽后半个月左右进行。方法是把弱枝、干枯枝全部去掉，只保留粗壮的健壮枝条，每个健壮枝条上留 2 个花蕾，一个枝条上留 5～7 片叶子。在萌芽前，对部分老枝短截或回缩复壮，保持株形整齐；萌芽后，及时疏除过密枝、徒长枝，留壮去弱，保持树冠通风透光；3 月中旬至 5 月上旬，摘除部分残花、减少养分消耗；秋末，剪掉弱枝、病枝、枯枝、残枝，确保树体整洁。

（四）适时浇水

牡丹为肉质根，不耐水湿，应保持地面干燥，避免积水。如遇干燥时仍需适时浇水，特别是开花前后或越冬封土前，要保证土壤墒情适中，浇水提倡采用滴灌、微灌及喷灌方式，避免采用大水漫灌。

六、病虫害防治

防治病虫害是确保牡丹优质高产的关键环节，在加强牡丹园生长监测预报的基础上，全面做好病虫害防治工作。在 2 月上中旬，树体喷洒 3 波美度石硫合剂或多菌灵 500 倍液，同时覆盖整个地面。3 月初，每亩撒施锌硫磷颗粒剂 10～15 kg。4 月中下旬，于花期前 7～10 天喷施等量式波尔多液、代森锌液等。从 5 月中下旬开始，每隔 15～20 天喷洒 1 次多菌灵或甲基托布津、百菌清等杀菌剂，直至 9 月中下旬，对园内病虫害实行全面综合防治。

第十一节　文冠果

文冠果(*Xanthoceras sorbifolia* Bunge),亦称文官果、木瓜,系无患子科文冠果属落叶灌木或小乔木。它不但是一种良好的生态树种,也是我国特有的食用油料树种和生物能源树种。

文冠果建园栽植 3 年后即可开花结果,7~10 年进入盛果期,连续挂果可持续百余年,树的寿命可长达 300~600 年。文冠果全身都是宝。除油可食用,还可制作高级润滑剂、增塑剂,制作油漆、肥皂外,果粕中蛋白质含量高达 40%,且富含人体所需的 18 种氨基酸,是制作优质饮料的原料;文冠果嫩叶可制茶,还可提取杨梅酸树皮苷、皂苷、花可提取茯苓苷;果皮可提取糠醛;种子和外皮可制作活性炭。文冠果木材纹理细致,抗腐蚀强,是制作家具、农具的良材;根是制作根雕的上等材料。文冠果的花美、叶奇、果香,具有极高的观赏价值,是城乡绿化的理想树种。文冠果作为现代生物能源树种,用它的种子开发生产生物柴油前景十分广阔,据东北师范大学、吉林省林科院和长春市亿高生物工程研究所联合研制文冠果生物柴油结果表明,由文冠果油制作的生物柴油中,烃脂类含量较高,内含 18 ℃的烃脂类占 93.4%,而且无硫、无氮等污染因子,符合理想的生物柴油指标,它将为我国今后缓解能源危机开辟了一条新的途径。

一、形态特征

文冠果属落叶灌木或小乔木,树高 2~5 m,小枝粗壮,褐红色,无毛,顶芽和侧芽有覆瓦状排列的芽鳞。叶连柄长 15~30 cm;小叶 4~38 对,披针形或近卵形,顶端渐尖,基部楔形,边缘有锐利锯齿,腹面深绿色,背面鲜绿色,花序先叶抽出或与叶同时抽出,两性花,雌花序顶生,雄花序腋生,总状花序长 12~20 cm,

直立,基部常残存芽鳞。花期春季,果期初秋。

二、生物学特性

文冠果喜光,耐半阴,对土壤适应性很强,耐瘠薄、耐盐碱,抗寒能力强,−41.4 ℃能安全越冬;抗旱能力极强,在年降水量仅150 mm的地区也有散生树木,但文冠果不耐涝、怕风,在排水不好的低洼地区、重盐碱地和未固定沙地不宜栽植。

三、栽培技术

(一)育苗技术

以种子繁育为主,也可采用分株、压条及埋根繁育。为了提高结实量,一般选用适宜当地培育的文冠果优良品种,在圃地内采用嵌芽接法嫁接后,建园栽植,效果更好。

(二)栽植技术

1.建园地选择

应选择在地势平坦、背风向阳、土壤肥沃、土质疏松、交通方便,集中连片的坡地或缓坡地上。

2.建园技术

文冠果建园应选用生长健壮、根系发达、无病虫害、无机械损伤、符合国家规定栽植的Ⅰ、Ⅱ级苗木。其具体规格是苗高大于70 cm,地径大于5 mm,主根长30 cm左右,侧根不少于5条。

3.精细整地

(1)整地方式　文冠果建园应实行大坑穴整地方式,规格为60 cm见方,并坚持"南北定行,东西定株"画线定点,呈"品"字形配置,以利林内通风透光。

(2)整地时间　一般先年秋季整地,第二年春季栽植,使之尽可能达到收集雪雨、熟化土壤,以利树木成活生长的目的。

(3)科学栽植　文冠果建园一般应在春季土壤解冻后进行,株行距 2 m×3 m,初植密度为 111 株/亩。栽植时,要给每个栽植坑内施入 10 kg 农家肥和 0.5 kg 磷肥,先将表土与肥料混匀,再将底土的一半填入坑内,然后将苗木放入坑的正中央,按照"三埋二踩一提苗"的栽植程序进行栽植,栽植深度为苗木原根径以上 5 cm 左右。栽后还要灌足"定根水",并用农膜覆盖树坑,以利保墒促成活。

四、抚育管理

(一)中耕扩盘

为保证文冠果的健壮生长,一般应在建园栽植后 3 年内各进行一次中耕除草和扩盘,时间在 5 月中旬进行,一是可减少草与树争水争肥的矛盾,二是可集聚雨水,防止树下害虫滋生。

(二)补植补栽

文冠果建园经过一个生长季节后,要及时调查成活率,对未成活的植株,要采用同品种、同苗龄、同规格苗木进行全面补植,确保建园保存率达到 95% 以上。

(三)修枝整形

文冠果树形应以开心型为主,选留生长健壮的主枝 3~5 个,每个主枝上再培养 4~6 个侧枝,使其逐步形成结果枝组,以促进树木高产稳产。

五、病虫害防治

文冠果主要虫害有黑绒金龟子、木虱和根结线虫三种。

防治方法:在林内安装频振式杀虫灯(每 30~50 亩安装 1 台),对黑绒金龟子诱杀效果显著;当成虫大发生时,在树上喷洒 2.5% 的溴氰菊酯 2 000 倍液或 5 月下旬用 50% 杀螺松乳油 0.1% 溶液喷洒叶面,杀虫效果最佳;在发生文冠果木虱的园内,及时喷洒 10% 的吡虫啉分散颗粒剂 WG 1 500 倍液,3% 啶虫脒乳油 EC

2 000 倍液、1.8％阿维菌乳油 EC 3 000 倍液,均可收到良好的防治效果;在发生根结线虫的文冠果林园内,可用 0.5％阿维菌素颗粒剂(75 kg/nm²)均匀施于开挖的树盘沟槽内覆土夯实,也可用99％氯化原液按 25 kg/nm² 处理土壤,均能达到理想的防治效果。

第十二节　杜仲

杜仲(*Eucommia* ulmoides Oliver),又名胶木,系杜仲科杜仲属落叶乔木。它不但是一种深受大家喜爱的城乡绿化树种,也是我国独有的特用经济树种。

杜仲皮是名贵中药材,具有补肝肾、益腰膝、强筋骨、益寿延年等多种功能,长期以来,被我国医学界高度重视,它在治疗高血压及软化动脉血管上颇有特效。更重要的是杜仲在现代国防工业上应用价值更高,其叶、皮、种子、木材中均含有一种硬质橡胶(亦称杜仲胶),这种材料具有耐酸碱、抗腐蚀的特点,是制造海底电缆的最佳绝缘材料。

一、形态特征

杜仲为落叶乔木,树高达 20 m,胸径约 50 cm,树皮灰褐色,粗糙,内含橡胶。叶椭圆形或矩圆形,上面暗绿色,下面淡绿色,叶柄长 1～2 cm,叶扯断后有胶状丝;花生于当年枝基部,雄花无花被;花梗长约 3 mm,无毛,雌花单生;翅果扁平,长椭圆形,先端 2 裂,基部楔形,周围具薄翅;坚果位于中央。早春开花,秋后果实成熟。

二、生物学特性

杜仲喜温暖湿润气候和阳光充足的环境,耐严寒,成年树在−30 ℃的条件下可正常生存,适应性很强,对土壤没有严格选择,但以土层深厚、疏松肥沃、湿润、排水良好的壤土最适宜。

杜仲树生长速度在幼年期较缓慢,速生期出现在 7～20 年,20 年后生长速度又逐年降低,50 年后树高生长基本停止,植株自然枯萎。

三、栽培技术

(一)育苗技术

1.播种育苗

选择新鲜、饱满、有光泽的种子,于当年秋冬 11～12 月或来年春季的 3～4 月,当气温达到 10 ℃以上时播种。播前,用 20 ℃温水浸种 2～3 天,每天换水 1～2 次,待种子膨胀后取出晾干再行播种。条播行距 20～25 cm,每亩播种 8～10 kg,播后盖草遮阴,保持土壤湿润,以利种子萌发。幼苗出土后,于阴天揭除盖草,每亩留苗 3 万～4 万株。

2.嫩枝扦插育苗

在春夏之交,剪取健壮嫩枝,剪成 8～10 cm 的插条,插入苗床,入土深 5～7 cm,在地温达到 21～25 ℃,经过 15～20 天即可生根。如果用 0.05 mL/L 萘已酸处理插条 24 小时,扦插成活率可达 80%以上。

3.压条育苗

在春季选强壮枝条压入土中,埋深 15 cm,待萌芽抽出 7～10 cm时,将其铲断压实,当年深秋或来年春季时即可掘苗定植,进行大苗培育。

4.嫁接

用二年生苗作砧木,选优良母树上一年生健壮枝作接穗,于早春切接于砧木上,成活率可达 90%以上。

(二)栽培技术

1.整地方式

宜选择土层深厚、土质疏松、酸性至微碱性、排水良好、背风向阳的园地或坡地上。实行坑穴整地方式,其规格为 50～60 cm 见方,株行距(2～2.5) m×3 m,每穴施入 20 kg 有机肥和 0.5 kg 磷肥,并与表土拌匀。

2.科学栽植

杜仲栽植要坚持"三埋两踩一提苗"的栽植程序,栽后要灌足"定根水"(每穴一桶),并用 1 m×1 m 的地膜进行覆盖,以利保墒促成活。

四、抚育管理

(一)中耕除草

杜仲定植 3～4 年后,每年都应进行中耕除草 2 次。根据杜仲的生长发育规律,4 月左右为树高生长高峰期;5～7 月为直径生长速生期。因此,第 1 次中耕除草时间应在 4 月上旬进行;第 2 次应在 5 月或 6 月上旬进行。有条件的地区,分别在定植后第二年、第四年冬季对林地进行全面深翻一次,可同时采用埋青技术。肥沃土地上,密度较稀的林地,也可开挖树塘,即在树中心,按树冠的投影直径筑树塘,深挖时,切忌毁坏主根、侧根及须根。这对土壤黏重、板结的林地上杜仲幼树生长发育,效果特别明显。

(二)科学追肥

追肥可结合中耕除草进行。用饼肥作追肥,效果显著。在酸性土上施石灰和草木灰反应明显。每亩施尿素 15～25 kg,肥效反应较快。在山区、林区,建议使用有机肥,每亩用量可根据立地状况而定。一般把中耕除草、施用追肥和压青结合进行。

(三)林粮间作

在没有郁闭的林地上实施林粮间作是以耕代抚,促进幼树生长发育的有效措施,同时增加林地收入。间作作物以豆科作物为主,亦可种植绿肥。

五、病虫害防治

(一)立枯病

苗期病害多发生在 4～6 月多雨季节,病苗近地面的茎腐烂变褐,向内凹陷,植株枯死。

防治方法:苗床地忌用黏土和前作为蔬菜、棉花、马铃薯的地块,播种时用 50％多菌灵 2.5 kg 与细土混合,撒在苗床上,或播种沟内。发病时用 50％多菌灵 1 000 倍液浇灌。

(二)根腐病

一般多发生于 6～8 月,危害幼苗。雨季严重,病株根部皮层及侧根腐烂,植株枯萎直立不倒,易拔起。

防治方法:选择排水良好的地块作苗床,实行轮作,病初用 50％托布津 1 000 倍液浇灌病区。

(三)叶枯病

发病叶初期先出现黑褐色斑点,病斑边缘绿色,中间灰白色,有时破裂穿孔,直至叶片枯死。

防治方法:冬季清除枯枝叶,病初摘除病叶,发病期用 1:1:100 倍波尔多液或 65％代森锌 500 倍液 5～7 天喷 1 次,连续 2～3 次。

(四)豹纹木蠹蛾

防治方法:结合冬、夏剪枝,剪除虫枝,集中烧毁;5 月中旬开始设置黑光灯诱杀成虫;7 月份幼虫孵化期喷施 40％水胺硫磷乳油 1 500 倍液,或 5％来福灵乳油、10％赛波凯乳油 3 000～5 000 倍液,能有效地杀死幼虫。

第十三节　漆树

漆树[*Toxicodendron verniciﬂuum* (Stokes) F. A. Barkley]，系漆树科漆属落叶乔木，既是一种荒山荒沟栽植绿化树种，又是我国一种特用经济树种。

漆树既产漆，又产籽、产材，所产生漆是一种天然涂料，具有耐久、耐磨、耐热、耐腐而绝缘的多种性能，广泛应用于国防、化工、石油、矿山、机电、船舶、轻纺、科研及民生家具领域，世界上至今还没有一种人工合成及天然涂料能与之相比，故素有"涂料之王"的美誉。漆籽富含焗脂和油分，漆蜡广泛用于制造肥皂，提取甘油，加工制造硬蜡及凡士林、油墨、蜡纸、发蜡等。漆籽油渣是良好的饲料和肥料。漆树木材软硬适中，纹理美观，耐腐、耐虫蛀，是制作电杆、建筑材料及家具的良材。

一、形态特征

漆树为落叶乔木，树高 20 m 左右，树皮灰白色，粗糙，呈不规则纵裂；奇数羽状复叶，互生，有小叶 4～6 对，叶轴圆柱形，被柔毛；叶柄长 7～14 cm，基部膨大，半圆形，圆锥形花序，长 15～30 cm，花黄绿色，雄花花梗纤细，长 1～3 mm，雌花花梗粗短，花瓣长圆形，长约 2.5 mm，宽约 1.2 mm，花期 5～6 月；核果肾形或椭圆形，长 5～6 mm，宽 7～8 mm，外果皮黄色，果核棕色，与果同形，长约 3 mm，宽约 5 mm，坚硬，果成熟期 7～10 月。

二、生物学特性

漆树喜气温适中、雨量充沛、湿度较大的气候条件。漆树适宜在酸性至中性土壤上生长，微碱性土壤生长发育不良；喜温和湿润环境，能耐一定低温；充沛的降水与较高的相对湿度有利于漆树生长发育；漆树为阳性树种，充足的光照有利于漆树生长和漆液的分泌与形成；强风会对漆树生长及漆液分泌造成严重影响。

三、栽培技术

(一)苗木技术

1.种子育苗 漆树种皮坚硬且附有漆脂,水分不易进入,为促其发芽迅速整齐,可用开水烫种、碱水脱脂、浸泡软壳、温水催芽等技术,效果均较好。

2.埋根育苗 埋根育苗从出圃的优良漆树苗上剪下苗根扦插,不仅节约劳力,而且比用大树根育苗成活率高30%左右。

(二)栽植技术

1.栽植地选择 漆树荒山荒沟栽植地应选在背风向阳、土层深厚、排水良好、微酸性沙壤土上,通常采用鱼鳞坑整地方式,规格为80 cm×60 cm×40 cm,沿等高线排列成行,株行距视栽植立地条件和品种而定,大红袍、贵州红栽植株行距为4 m×5 m,每亩30株;高八尺栽植株行距3 m×4 m,每亩56株;火焰子、茄棵头栽植株行距2 m×3 m,每亩110株,呈"品"字形配置。并应坚持先年秋季整地,来年春季栽植,以利土壤熟化。

2.科学栽植 漆树栽植时间一般应在早春进行,若春季干旱多风,亦可在秋季进行。栽植时,一定要坚持"大坑、深栽、砸实、覆土"的技术要点,并做好栽植施工人员防止漆毒感染的安全教育。

四、抚育管理

栽植后每年要进行1~2次的中耕除草和施肥,直至郁闭成林。一般山坡林地可用化肥,每株每次施尿素50 g,宜在春季或夏季施用,如施农家肥应在冬季或早春施用。漆树割漆后,树势将逐渐衰退,当产量大减时,可在秋季落叶时自根颈伐倒,使其萌发新枝,当新枝50 cm长时,宜保留最健壮的一根,余者剪除,这样可以更新两次,此后则要重新栽植。

五、病虫害防治

(一)根腐病

育苗期可用 200 倍等量式波尔多液,每隔 7～10 天喷洒 2～3 次,也可用 200 倍高锰酸钾液喷射树苗行间,或 0.5％～2％的青矾溶液喷洒。大树根腐病可在 6～7 月间用 200 倍波尔多液于树根基部 1～2 m 范围内,对土壤进行喷淋消毒灭菌。

(二)炭疽病、褐斑病

可用 500～800 倍的代森锌液防治。

第十四节 香椿

香椿[*Toona sinensis*（A. Juss.）Roem.],又名香椿芽、香桩头、大红椿树、椿天等,属楝科香椿属多年生落叶乔木。原产于中国,古代称香椿为椿,分布于长江南北的广泛地区。根有二层皮,又称椿白皮,落叶乔木,雌雄异株,叶呈偶数羽状复叶,圆锥花序,两性花白色,果实是椭圆形蒴果,翅状种子,种子可以繁殖。树体高大,除供椿芽食用外,也是园林绿化的优选树种。

中国人食用香椿久已成习,汉代就遍布大江南北。椿芽营养丰富,并具有食疗作用,主治外感风寒、风湿痹痛、胃痛、痢疾等。

一、形态特征

香椿树高可达 25 m,树皮窄条片状开裂,深褐色,片状脱落。叶具长柄,偶数羽状复叶,长 30～50 cm 或更长;小叶 16～20 cm,对生或互生,纸质,卵状披针形或卵状长椭圆形,长 9～15 cm,宽 2.5～4 cm,先端尾尖,基部一侧圆形,另一侧楔形,不对称,边全缘或有疏离的小锯齿,两面均无毛,无斑点,背面常呈粉绿色,侧脉每边 18～24 条,平展,与中脉几成直角开出,背面略凸起;小叶柄长

5~10 mm。圆锥花序与叶等长或更长,被稀疏的锈色短柔毛或有时近无毛,小聚伞花序生于短的小枝上,多花;花长 4~5 mm,具短花梗;花萼 5 齿裂或浅波状,外面被柔毛,且有睫毛;花瓣 5 片,白色,长圆形,先端钝,长 4~5 mm,宽 2~3 mm,无毛;雄蕊 10 枚,其中 5 枚能育,5 枚退化;花盘无毛,近念珠状;子房圆锥形,有 5 条细沟纹,无毛,每室有胚珠 8 颗,花柱比子房长,柱头盘状。蒴果狭椭圆形,长 2~3.5 cm,深褐色,有小而苍白色的皮孔,果瓣薄;种子基部通常钝,上端有膜质的长翅,下端无翅。花期 6~8 月,果期10~12月。

二、生物学特性

香椿喜温,喜光,较耐湿,适宜生长于河边、宅院周围肥沃湿润的土壤中,一般以沙壤土为好。适宜在平均气温 8~10 ℃的地区栽培,抗寒能力随树龄的增加而提高。用种子直播的一年生幼苗在 8~10 ℃左右可能受冻。香椿适宜的土壤酸碱度为 pH 5.5~8.0。

三、栽培技术

(一)育苗技术

香椿树繁殖方法有种子播种、根插法以及枝条扦插繁殖等方法。

1.播种育苗 由于香椿种子发芽率较低,因此,播种前,先用 20~30 ℃的水浸种处理 12 小时,浸种后取出以清水冲洗干净后置于 25 ℃处催芽,至胚根露出米粒大小时播种(播种时的地温最低在 5 ℃左右)。出苗后,2~3 片真叶间苗,4~5 片真叶定苗,株行距为 15 cm×25 cm。种子播种前,播种一般在 4~5 月间进行,到秋冬季时幼苗即可移栽。育苗时需留意根腐病的发生。

2.根插繁殖 取直径 0.5~1 cm 的根,截成长 10~15 cm 的插穗,较粗的一端平剪向上,细的一端斜切向下。插穗用 0.4%丁酸溶液稀释 1 000 倍后浸泡 30 分钟,或以 0.1%ABT 生根粉剂蘸染后扦插,处理后的插穗深插于沙床上。为保持温度(25～30 ℃)及湿度(75%～80%RH),可用透明塑胶布覆盖。萌芽后每一穗仅留一芽即可,待成长至 30 cm 左右即可移栽。

3.扦插繁殖 一般于 4～6 月进行。取当年生且半木质化的枝条剪成 15 cm 左右,扦插于沙床中。为增加成活率,插穗可用 0.4%丁酸溶液稀释 1 000 倍后浸泡 30～60 分钟,或以 0.1%ABT 生根粉剂蘸染后扦插。

(二)栽植技术

栽植地选择选地势平坦,光照充足,排水良好的沙性土和土质肥沃的地块,栽植时每亩施优质农家肥不少于 5 000 kg,过磷酸钙不少于 100 kg,尿素 25 kg,撒匀深翻。然后整畦栽苗,一般畦宽 80～100 cm。矮化栽培定植密度以每亩定植 3 万株左右为宜。

四、抚育管理

(一)定植后管理

1.精细管理

①温度管理。开始几天可不加温,使温度保持在 1～5 ℃,以利缓苗。定植 8～10 天后在大棚上加盖草苫,白天揭开,晚上盖好。使棚内温度白天控制在 18～24 ℃、晚间 12～14 ℃。在这种条件下经 40～50 天即可长出香椿芽。

②激素调节。定植缓苗后用抽枝宝进行处理,对香椿苗上部 4～5 个休眠芽用抽枝宝定位涂药,1 g 药涂 100～120 个芽,涂药可使芽体饱满,嫩芽健壮,产量可提高 10%～20%。

③湿度调节。初栽到温室里的香椿苗要保持较高的湿度。定植后浇透水,以后视情况浇小水,空气相对湿度要保持在 85%左右。萌发后生长期间,相对湿度以 70%左右为好。

④光照调节。日光温室香椿生产，要有较好的光照才能促进生长。采用无滴膜，并保持棚膜清洁。

2.椿芽采收 香椿芽在合适的温度条件下(白天 18～24 ℃、晚上 12～14 ℃)，生长快，呈紫红色，香味浓。温室加盖草苫后 40～50 天，当香椿芽长到 15～20 cm，而且着色良好时开始采收。第一茬椿芽要摘取丛生在芽薹上的顶芽，采摘时要稍留芽薹而把顶芽采下，让留下的芽薹基部继续分生叶片。采收宜在早晚进行。温室里香椿芽每隔 7～10 天可采 1 次，共采 4～5 次，每次采芽后要追肥浇水。

(二)种植技术

1.温度调节 据观察，棚温在 25 ℃左右，24 小时嫩芽可长 3～4 cm；而 15 ℃情况下，只长 1 cm；棚温超过 35 ℃时，影响椿芽着色和品质。扣膜后 10～15 天是缓苗期，应着力提高气温，白天棚温可在 30 ℃左右。经过 1 个多月的自然光温积累，芽子萌出后，白天温度控制在 25～30 ℃，夜间控制在 13～17 ℃，采芽期间气温以 18～25 ℃为宜。视情况加盖草苫、纸被以增温或保温。

2.湿度调节 温棚中栽的苗木，根系吸水能力差，因而初期宜保持较高的土壤湿度和空气湿度，栽植后要浇透水，以后视情况浇小水。空气相对湿度保持在 85％以上，晴天还要向苗木喷水，以防失水干枯。萌芽后，空气相对湿度以 70％为宜，湿度过大，不仅发芽迟缓，且香味大减，应及时放风排湿。

3.光照调节 香椿喜光，应尽量选用无滴膜，白天及时揭开草苫、纸被，还要经常清扫膜上杂物，以增加光照，若光照过强，可适当盖草遮阳。

4.打顶促分枝 在采摘第 2 茬香椿时，将顶部同时摘掉定干(从离地面 40 cm 处打顶)。定干后喷洒 15％多效唑溶液，浓度为 200～500 ppm，以控制顶端优势，促进分枝迅速生长，达到矮化栽培。此后根据树型发育情况，及时打顶、打杈，确保树冠多分枝、多产椿芽,达到高产优质。

5.水肥管理　香椿为速生木本蔬菜,需水量不大,肥料以钾肥需求较高,每 300 m² 的温棚,底肥需充分腐熟的优质农家肥 2 500 kg、草木灰 75～150 kg 或磷酸二氢钾 3～6 kg、碳酸二铵 3～6 kg。每次采摘后,根据地力、香椿长势及叶色,适量追肥、浇水。

(三)套隔光薄膜袋

谷雨后地温在 18 ℃ 以上即可撤掉棚膜,让树苗自然生长。此后树苗虽发育较快,但容易老化,应及早准备黑红 2 层 2 色聚乙烯薄膜袋,当香椿芽长到 5 cm 时,即可套上隔光薄膜袋。这样既可增加产量,又能保证椿芽不老化。当椿芽长到 15 cm 时,连袋一起采下,然后去袋销售,这种薄膜袋可多次利用。

五、病虫害防治

(一)香椿白粉病

白粉病产区均有分布,主要危害香椿叶片,有时也侵染枝条。发病初期在叶面、叶背及嫩枝表面形成白色粉状物,后期逐渐扩展形成黄白色斑块,白粉层上产生初为黄色,逐渐转为黄褐色至黑褐色大小不等的小粒点,即病菌闭囊壳。严重时布满厚层白粉状菌丝,影响树冠发育和树木的生长。严重时叶片卷曲枯焦,嫩枝染病后扭曲变形,最后枯死。

防治方法:生长期在发病前可喷保护剂,发病后宜喷内吸剂;病害盛发时,可喷 15％粉锈宁 1 000 倍液、2％抗霉菌素水剂 200 倍液、10％多抗霉素 1 000～1 500 倍液;也可用白酒(酒精含量 35％)1 000 倍液,每 3～6 天喷 1 次,连续喷 3～6 次,冲洗叶片到无白粉为止;喷高脂膜乳剂 200 倍液对于预防白粉病发生和治疗初期具有良好效果。

(二)香椿叶锈病

香椿叶锈病产区多有发现,苗木发病较重,感病后生长势下降,叶部出现锈斑,受害植株生长衰弱,提早落叶,影响次年香椿芽的产量。初期叶片正反两面出现橙黄色小点(病菌的夏孢子堆),散生或群生,以叶背为多,严重时可蔓延全叶,后期叶背面出现黑褐色小点(病菌的冬孢子堆),受害后使叶变黄、脱落。

防治方法:①冬季清除病叶,携带林外集中烧毁,减少初次侵染来源。②及时排灌,以降低湿度,创造不利于病害发生的条件;合理施肥,避免过晚或过量施用氮肥,适当增施磷钾肥,促进香椿生长健壮,提高抗病能力;合理密植,注意通风透光,改善林内小气候,减轻病害。③发现香椿叶片上出现橙黄色的夏孢子堆时,初春向树枝上喷洒1~3波美度石硫合剂与五氯酚钠350倍液的混合液1~2次或用15‰三唑酮可湿性粉剂1 500~2 000倍液或用15‰可湿性粉锈宁600倍液喷洒防治,喷药次数根据发病轻重而定。当夏孢子初期时,向枝上喷100倍等量式波尔多液,每隔10天喷1次,每次每亩用药100 kg左右,连喷2~3次,有良好的效果。

(三)桑黄萤叶甲

桑黄萤叶甲又称黄叶虫、黄叶甲、蓝尾叶甲,一年发生1代,以老熟幼虫在土中越冬,于次年4月上旬化蛹,4月下旬开始羽化,羽化后成虫先在发芽较早的香椿、朴树、榆树上危害,当桑叶新梢长到8~10片叶时,转到桑叶上。成虫都咀食叶片,大发生时将全部叶片吃光,残留叶脉,植株生长发育受阻,危害后叶片全部发黄,如同火烧。

防治方法:①利用成虫的假死性进行捕杀;在清晨敲打树干,将其振落地,迅速捕杀。②利用植物源农药0.63‰烟苦参碱500倍、生物农药BT 2 000倍液进行喷雾防治。

第十五节　桑树

桑树(*Morus alba* Linn.),属桑科桑属落叶乔木。树冠倒卵圆形,叶卵形或宽卵形;为阳性树,喜温暖湿润气候,耐寒,耐干旱,耐水湿,对土壤适应性强,有较强抗风力;抗碱力也比较大,所以桑树是水土保持、固沙的好树种。原产我国中部,有约四千年的栽培史,栽培范围广泛,垂直分布大都在海拔 1 200 m 以下;不仅具有其独特的观赏价值,而且具有良好的经济价值和药用价值;具有滋养肝肾、养血明目、滋液熄风、润肠通便、调整机体免疫功能,促进造血细胞生长、降血脂、护肝等多种作用。

桑叶是喂桑蚕的主要辅食料;桑树木材可以制家具、农具,并且可以作小建筑材;桑皮可以造纸;桑条可以编筐;桑葚可以酿酒。

一、形态特征

桑树是落叶乔木,高 16 m,胸径 1 m。树冠倒卵圆形。叶卵形或宽卵形,先端尖或渐短尖,基部圆或心形,锯齿粗钝,幼树之叶常有浅裂、深裂,上面无毛,下面沿叶脉疏生毛,脉腋簇生毛。聚花果(桑葚、桑果)紫黑色、淡红或白色,多汁味甜。花期 4 月;果熟期 5～7 月。

二、生物学特性

桑树喜光,对气候、土壤适应性都很强。耐寒,可耐－40 ℃的低温,耐旱,耐水湿,也可在温暖湿润的环境生长。喜深厚疏松肥沃的土壤,能耐轻度盐碱(0.2％)。抗风,耐烟尘,抗有毒气体。根系发达,生长快,萌芽力强,耐修剪,寿命长,一般可达数百年,个别可达数千年。

三、栽培技术

(一)育苗技术

1.桑苗种植法

(1)种前先用磷肥加黄泥水浆根,提高成活率。坡地及半旱水田平沟种,水田起畦种,种后回土至青茎部,踏实后淋足定根水。

(2)种后干旱时要及时淋水,渍水则及时排水,发现缺苗及时补上。

(3)新梢长到 10～15 cm 高施第 1 次肥,亩施粪水＋尿素 3.5～5 kg;长到 17～20 cm 高结合除草施第 2 次肥,亩施农家肥 250～500 kg＋复合肥 20 kg＋尿素 10 kg,肥料离桑苗 10 cm 远,以免烧死桑苗,要开沟深施回土。施第 2 次肥后可喷禾耐斯都尔等旱地除草剂一次,注意不能喷到桑苗;隔 20 天后施第 3 次肥,亩施生物有机肥 50 kg＋尿素 20 kg。施这次肥后喷 1 次乐果＋敌敌畏,浓度为背负式喷雾器一桶水加乐果 2 盖,敌敌畏 2 盖,不得喷其他农药,以免蚕中毒。

2.桑枝繁殖法

(1)选地及整地　选土质肥沃,不渍水的旱水田为好,犁好耙平。

(2)枝条选择及种植方法　应选择近根 1 m 左右的成熟枝条,种植时间最好是 12 月份冬伐时进行,随剪随种,提高成活率,种植办法有垂直法和水平法。①垂直法:把桑枝剪成 20 cm(3～4 个芽)左右,开好沟后把枝条垂直摆好(芽向上)回土埋住枝条或露一个芽,压实泥,淋足水,保持 20 天湿润,用薄膜覆盖,待出芽后去掉薄膜。②水平埋条法:这是一项新技术,对于无种子的良种最适宜,平整土地后,按规格开好约 5 cm 深的沟,然后把剪成约 70 cm 长的枝条平摆 2 条(摆 2 条是为了保证发芽数)回土约 2.5 cm,轻压后淋水,盖薄膜出芽后去掉薄膜。

(3)植后管理　待芽长高 17 cm 后,结合除草,每亩薄施农家肥 150～200 kg＋尿素 7.5 kg。20 天后再施 1 次,亩施复合肥 30 kg＋尿素 15 kg,施肥后进行除虫。

3.直播套种成园法　这是一种快速成园,提高经济效益的新技术,具体办法如下:

(1)播前准备　选择土质疏松,容易打碎的好地,犁翻打碎后,开好排水沟,按行宽 70～80 cm 画线,沿线施入腐熟有机肥,与泥土翻匀,拨平地面。

(2)播种方法　2～3 月份播种最适宜,先将播桑行线 3 寸(10 cm)宽的泥土充分打碎、充分淋水,然后沿桑行线点播桑种,亩播种量 0.1～0.15 kg(每 10 cm 播 3～6 粒),用泥粉薄盖种子,最后盖草再淋水。行间套种黄豆、花生、蔬菜等经济作物(不要离桑苗太近),套种作物可在播种的同时进行,也可适当提前,争取 5 月份收获完,以免影响桑树生长。

(3)管理　播种后小苗阶段注意淋水,及时除草施肥除虫,套种作物收获后,及时施肥,不久就可养蚕。为了养树,当年不夏伐,冬季离地面 0.5 m 左右剪伐,按每亩 6 000～7 000 株(行距 70～80 m,株距 15 cm 左右),留足壮株,多余苗木挖去出售或自种,重施冬肥。

(二)栽植技术

1.桑园规则　桑树是多年生植物,一经种植,多年收益,为使新植桑园能够种得下、稳得住、能养蚕、见效益,在桑园规划时掌握连片规划的原则。

2.桑树种植

(1)土地整理　将土地平整、清除杂物,进行深翻。方法有两种:

①全面深翻:深翻前每亩撒施土杂肥或农家肥 4 000～5 000 kg,深翻 30～40 cm;

②沟翻:按种植方式进行沟翻,深 50 cm,宽 60 cm,表土、心土分开设置,在沟上每亩施土杂肥或农家肥 2 500～5 000 kg,回表土 10 cm,拌匀。

③深翻时间:在 11～12 月份种桑前均可进行。

(2)种植技术

①种植时间:12月至次年3月。

②栽植密度与形式:每亩移栽桑苗1 000～1 200株,栽植形式有两种:a.宽窄行种植:水肥条件好、平整的地块,采用宽窄行种植,三角形对空移栽。要求大行距2 m,小行距70 cm,株距30～50 cm。b.等行种植:水肥条件差的台地、缓坡地宜采用等行栽,行距1.3 m,株距40～50 cm。

(3)品种及苗木处理

①桑树品种以农桑系列为主,主要有农桑8号、农桑12号、农桑14号。

②苗木选择处理:将苗木按大小分开,分别种植,种植前将枯萎根、过长根剪去,并在泥浆中浸泡一下,可提高成活率。

(4)定植　要求苗正、根深,浅栽踏实,以嫁接口入土10 cm左右为宜,浇足定根水,覆盖地膜(宽窄行膜宽1 m,等行膜宽0.7 m)。

(5)移栽后的管理

①剪干:移栽后离地面20 cm左右剪去苗干,冬栽的进行春剪,春栽的随栽随剪,要求剪口平滑。

②疏芽:待新芽长至15 cm左右时进行疏芽,每株选留2～3个发育强壮、方向合理的桑芽养成壮枝。

③摘心:对只有一个芽的,待芽长至15 cm时进行摘心,促其分枝,提早成园。

④补缺:桑芽萌发后,及时检查,未成活的及时进行补种。

⑤排灌:干旱浇水,雨天排涝,提高成活率。

⑥加强除草、施肥:及时浅耕除草,疏芽、摘心后每亩施尿素10～15 kg,或浇沼液、人粪尿等,施肥量掌握在成林桑园的1/3。

四、抚育管理

(一)幼龄桑园的树型养成

种植次年春离地 35 cm 左右进行伐条,每株留 2~3 个树桩,以后每年以此剪口为均进行伐条,培养成低干有拳式或无拳式树形。

(二)中耕除草

每年养蚕结束后进行一次中耕,除草根据杂草生长情况,一般每年进行 2~3 次除草。

(三)施肥

每年进行 4 次施肥。

1.春肥　于桑芽萌动时施,每亩施 20 kg 尿素。

2.夏肥　春蚕结束后施,每亩施尿素 20 kg,桑树专用复合肥 25 kg。

3.秋肥　早秋蚕结束后施,每亩施尿素 5 kg,桑树复合肥 10 kg。

4.冬肥　12 月初施,每亩施农家肥 1 500~2 000 kg。

五、病虫防治

危害桑树的害虫主要为金龟子,主要危害嫩枝、叶,常常造成枝叶残缺不全、生长缓慢,甚至死亡,严重危害幼树的生长、发育。

防治方法:利用成虫的趋光性,于晚间用黑光灯或频振式杀虫灯诱杀成虫;在成虫发生期,将糖、醋、白酒、水按 1:3:2:20 比例配成液体,加入少许农药液,装入罐头瓶中(液面达瓶的 2/3 为宜),挂在种植地,进行诱杀;当虫害发生时,直接喷用氯氟氰菊酯或溴氰菊酯或甲氰菊酯或联苯菊酯或百树菊酯或氯氰菊酯等高效低毒的菊酯类农药加甲维盐或毒死蜱喷雾防治。

第三章 用材林树种

第一节 华北落叶松

华北落叶松[*Larix gmelinii* var. *principis—rupprechtii* (Mayr) Pilger],为松科落叶松属落叶乔木,我国特有树种,也是我国华北和西北高海拔地区的重要造林树种。

华北落叶松主要分布在山西、河北两省,后逐渐被引种至内蒙古、山东、辽宁、陕西、甘肃、宁夏、新疆等省区。现水平栽培范围已扩至北纬 32°～46°,东经 85°～127°,垂直分布已达 1 000～2 800 m,常与山杨、红桦、白桦、油松混生。

一、形态特征

高大落叶乔木,树高可达 30 m,胸径 1 m;树皮暗褐色,呈不规则鳞状裂开;大枝平展,小枝不下垂;苞鳞暗紫色,呈近带状矩圆形,长 0.8～1.2 cm,基部宽、中上部微窄;种子斜倒卵状椭圆形,灰白色,具不规则的褐色斑纹,长 3～4 mm,径约 2 mm,种翅上部三角状,子叶 5～7 枚,针形,长约 1 cm,花期 4～5 月,球果 10 月成熟。

二、生物学特性

华北落叶松属强阳性树种,喜光,喜凉爽气候,极耐低温与高温,1 月平均气温－20 ℃下能正常生长,夏季可忍受 35 ℃高温,喜微酸性土壤,不耐盐碱,以质地疏松、排水良好、土层深厚的土壤为最适宜,并具深根性、生长快、寿命长的特点,是良好的高海拔地区造林树种。

三、栽培技术

(一)苗木培育

华北落叶松通常采用播种育苗进行繁育,其方法同油松、华山松的播种育苗。高山造林以 1～2 年实生苗为好,苗高 20～50 cm。

(二)精细整地

华北落叶松应采取大鱼鳞坑整地方式,规格为 80 cm×60 cm×40 cm,沿等高线进行,株行距 1.5 m×2 m～2 m×3 m,亩栽植密度 110～220 株,呈"品"字形配置。

(三)科学栽植

华北落叶松造林前,对苗木应进行 ABT 生根粉浸根 2 小时左右,然后蘸泥浆,再按照"三埋两踩一提苗"的栽植程序实行科学栽植,有条件的地方,栽后应灌水,确保造林成活率达到 85% 以上。若是在高海拔地区森林公园栽植,还可实行大苗(3～5 年生)带土球栽植,栽后灌足"定根水",同时用地膜覆盖树坑。

四、抚育管理

栽植当年,进行带状割灌抚育为好,割灌带宽为 1 m,抚育时间 7～8 月。第 2 年及时松土除草,进行穴状抚育。第 3 年进行全面割灌抚育,满足幼树对光照条件的要求。

五、病虫防治

(一)落叶松褐锈病

6 月上旬至 7 月上旬,可向林冠喷射 0.3 Be 石硫合剂 1 000～2 000 倍代寿铵液、500～700 倍福美双液或 75% 百菌清可湿性粉剂 600 倍液。在水源不足、交通不便的林区,7 月初可施放硫黄烟剂、五氯粉钠烟剂或百菌清烟剂效果较好。

(二)落叶松锉叶蜂

幼虫期可喷洒 90％敌百虫晶体或 80％敌敌畏乳油 1 500～2 000 倍液;喷洒 20％灭幼脲或 1％的苦参碱 1 000～2 000 倍液;喷洒 2.5％溴氰菊酯 5 000 倍液;用 40％锌硫磷 1∶1 500、15％毒赛灵 1∶1 500 实施喷雾;或用烟雾机喷洒 1.3％的苦烟乳剂、1.8％的阿维菌素、4.5％的溴氰菊酯等,郁闭度大的林分,可使用 DDV 托管烟剂、敌马烟剂、741 烟剂或林丹烟剂均有很好效果。

(三)落叶松球蚜

4 月下旬用 40％乐果乳油、50％敌敌畏乳油、25％锌硫磷乳油、50％马拉硫磷乳油或 20％氰戊菊酯乳油 3 000 倍液喷雾,也可喷施 20％、25％吡虫啉 1 250 倍液或 3％高渗苯氧威 1 000 倍液。

(四)小蠹虫

防治方法:加强检疫,严禁调运虫害木。对虫害木要及时进行药剂或剥皮处理,以防止扩散;选择抗逆性强的树种或品种营造针阔混交林;越冬期和幼虫发育期,伐除虫害木;保护和利用天敌,如鸟类、寄生蜂(茧蜂、金小蜂)、大唼蜡甲等降低为害;在越冬代成虫扬飞入侵盛期,使用 40％氧化乐果乳油 100～200 倍液或 2％的毒死蜱、2％的西维因和 2％的杀螟松油剂涂抹或喷洒活立木枝干,可杀死成虫。

第二节　杨树

杨树(*Populus* spp.),属杨柳科杨属的多种落叶乔木。因其具有树体高大、生长快、成材早、周期短、易加工、用途广等特征,不但被广泛作为改善环境和绿化美化"四旁"的生态防护树种,还是重要的经济树种。特别是在当前全球木材供求矛盾日趋突出的情况下,世界各国都把杨树作为培育速生丰产林的主要树种,加大投入,加快发展,以缓解木材供不应求的状况。另外,杨树的木纤维含量高,又被世界各国作为纤维板、胶合板及造纸工业的重要原料。

一、优良品种

杨树种类很多,除天然种外,还有很多新种及变种,我国五大杨树派系约有1 000多个品种,近年来,又培育了许多新品种,现将适应性强、价值大、适合我市栽培的几个品种介绍如下:

(一)毛白杨

毛白杨(*Populus tomentosa* Carr.)别名大叶杨、绵白杨、毛叶杨、响杨、白杨等,是我市营造速生丰产林和防护林以及"四旁"绿化的重要树种,木材物理力学性质良好,是杨树中木材最好的一种。毛白杨可用于建筑、制作家具、农具、造纸、胶合板、火柴梗等工业原料。

1.形态特征 落叶大乔木,高可达40 m,胸径可达1.5 m,树干通直圆满,树冠圆锥形至卵圆形或圆形。树皮灰绿色至灰白色。树皮上具有明显的皮孔,菱形,随年龄的增大而变大,一般可达2.5 cm。枝条分长枝及短枝两种,小枝及萌蘗新枝,密被灰色绒毛,长枝叶先端短渐尖,基部心形或截形,表面光滑,背面密被绒毛。边缘,叶柄基部有毛,近圆形,短枝叶三角状卵形、卵圆形、近圆形,先端渐尖,表面暗绿色,幼时背面密被绒毛,后脱落。花为葇荑花序,花期3月。蒴果成熟期4月上中旬至5月中旬,种子较小,椭圆形,黄白色或微带绿色。

2.生物学特性 毛白杨为温带树种,原产地在河南中部及陕西关中一带,属落叶阔叶乔木,是喜光的强阳性树种,要求长日照并有一定日照强度的天气,短日照或多云雾天气生长不良。最适宜在年平均气温11~15.5 ℃,年降水量500~800 mm,年平均相对湿度 60%~70%,肥沃湿润的壤土或沙壤土上生长,在"四旁"等水、肥条件较好的地方,生长旺盛。

(二)陕林 3 号杨、陕林 4 号杨

1.陕林 3 号杨　该品种是陕西省林科所利用 I－69 杨作母本,美洲黑杨为父本,进行有性杂交,从 17 个杂交组合中,经 9 年研究,选育出的 52 号无性系。

(1)形态特征　树冠阔卵形,侧枝夹角中等,树皮灰色,浅纵裂。枝条绿灰色,芽呈三角圆锥形,上部离生,腋芽长 7~8 mm,宽 3~3.5 mm。长枝叶三角状卵形,叶基微心形。短枝叶三角形,叶基截形。叶片初生淡绿色,成熟叶绿色,叶面无毛。叶缘具内曲圆钝锯齿,齿具缘毛。叶基腺点 2~3 个,叶中脉淡绿色,叶柄扁形,短枝叶长 8~11.5 cm,长枝叶柄长 12~15.5 cm,雄蕊 61~63,小花数 84~86。

(2)生物学特性　生长非常迅速,树干通直圆满,树形美观。实验苗圃 1 年生苗平均高 4.37 m,平均地径 2.65 cm。5 年生平均树高 13.6 m,平均胸径 17.6 cm。抗锈病和黑斑病,感染白粉病比 I－69 号杨轻,对蝉害及其他食叶害虫抗性较强。耐干旱,耐寒。适应性强,根系发达,造林成活率可达 93% 以上。木材品质好,木纤维含量 63.98%,纤维长度 0.725 mm,是造纸的优等原料。

2.陕林 4 号杨　该品种为陕西省林研所利用 I－69 杨作母本,青杨作父本进行有性杂交。从 17 个杂交组合中,经 9 年研究,选育出的 1062 号无性系。

(1)形态特征　树冠卵形,侧枝夹角较小,树皮灰色,浅纵裂。枝条绿灰色,芽呈长圆锥形,与枝干紧贴,腋芽长 1.5~1.9 mm,宽 0.3~0.5 mm。长枝叶阔卵形,叶基圆形。短枝叶棱状卵形,叶基宽楔形。初生微红,成熟叶正面深绿色,背面青灰色。叶面无毛,尖端渐尖。叶缘具钝锯齿,齿具缘毛,齿间具腺点,叶基腺点

2～3 个或无,叶中脉绿色,叶柄圆形,短枝叶长 3.5～5.5 cm,长枝叶柄长 6～8 cm,雄蕊 37～43 枚,小花数 52～63 朵。

(2)生物学特性 生长十分迅速,树冠中等,树干通直,树形美观。实验苗圃 1 年生苗平均高 3.9 m,平均地径 2.5 cm。5 年生平均树高 12.8 m,平均胸径 16 cm。对锈病、黑斑病和溃疡病及蝉害抗性较强,耐旱,耐寒。－30 ℃低温下可安全越冬。遗传性稳定,适应性强,根系发达,造林成活率为 85％～100％。木材品质好,木纤维含量 62.03％,纤维长度 0.756 mm,作为纸浆用材,具有纤维长、得率高的优点。

3. 生物学特性 属长日照植物,喜强光不耐庇荫,是中温性耐旱耐寒树种,适宜在土层深厚,土壤比较肥沃,在年降水量 300～750 mm,相对湿度 50％～70％的立地条件下栽植,在气候比较干旱的地方栽植,要有灌溉条件。

(三)欧美杨 107、欧美杨 108

1. 欧美杨 107 欧美杨 107(*Populus X canadensis* ′Neva′)系中国林科院培育的杨树新品种。该品种干直、冠窄、侧枝细、叶片小而密、抗风能力强、较抗病虫害,尤其对光肩星天牛具有明显抗性。胸径年生长量 3.5～4 cm,树高年增长量 3.2～4 m,5～6 年生胸径可达 30 cm,6～8 年轮伐时每亩木材蓄积量达 30 m³,适合在长江流域及其以北的广大地区种植。

(1)形态特征 该品种树体高大通直,分枝角度小,树冠窄、叶小而密,胸径年均增长 3.5～5 cm,树高平均增长 3.2～4 m。树皮粗,有浅纵裂。侧枝细,叶片成三角形,叶厚深绿色,叶缘具波浪形,叶芽钝三角形,芽长 6 mm 左右,顶部褐色,基部淡绿色,叶芽与径干紧贴,芽间距稍长。幼树树皮青灰色,排状棱线明显。

(2)生物学特性 年降水量 400 mm 左右。适宜在沙壤土中生长,pH 7～8.5。在－30 ℃地区可以安全越冬。适宜种植的范围广,适合我国淮河、黄河、海河流域及辽河以南流域广泛栽植,是我市防护林、用材林的主要树种之一。

2.欧美杨108 欧美杨108(*Populus X canadensis* 'Guarien-to')是我国林业科技工作者历经10多年选育出的杨树新品种,2000年通过国家级技术鉴定,它是目前为止我国最好的杨树品种。其干型、材质、生长量等与107杨相似,但比107杨更抗虫、耐寒。种植5年便可成材,轮伐期6～7年,亩产木材30～40 m³,是纸浆材、板材的优质原料。无性繁殖容易,育苗及造林成活率95%左右;在－35 ℃的低温地区可安全越冬,在年降水量300 mm、土壤pH为7～9的地区生长良好。

(1)形态特征 树干通直,树冠窄,侧枝与主干夹角小于45°。树皮粗裂,皮孔菱形。苗干通直,一年生苗高3～3.5 m;叶片三角形,叶厚,深绿色,叶缘具波浪形。叶芽长6 mm左右,宽而较钝,顶部褐色,基部淡绿色,芽距紧凑;叶芽与茎干棱线明显,茎皮深褐色。

(2)生物学特性 适宜在年降水量300 mm左右,沙壤土上生长,pH为7～9。耐低温,在最低温度－35 ℃地区可以安全越冬。

(四)84K杨

84K杨(银白杨×腺毛杨)是韩国选育的一个白杨派杂种无性系。中国林科院引入后,在西北等"三北"地区引种试验14年,表现良好,2000年8月4日通过林木良种审定委员会审定,是最新一代白杨派,春季没有"飞絮"的"环保型"雄性无性系杨树新品种。为改善生态环境,它将更替毛白杨雌株,成为我国城乡绿化主栽品种。

(1)形态特征 84K杨树体高大挺拔,树形优美,树干光滑,皮青灰色。叶片圆,正面深绿色,背面密被白绒毛,后逐渐脱落。它是雄性无性系,没有"飞絮"不会污染环境。

(2)生物学特性 84K杨插条容易成活,成活率可达90%以上,当年苗木商品率高,除商品苗外,生产的苗木可以作为种条出售,小苗的价值高,苗木利用率高、总产值大。

生长速度快,据试验苗圃调查,1年生苗平均高 3.48～3.69 m,平均地径 2.1～2.2 cm,相当数量的苗子高度超过4 m。水肥条件好的苗圃,1年生苗高可达 4.5 m 以上,幼树生长快;2年生树平均高可达 7.53 m。平均胸径 8.44 cm,最大单株胸径达9.8 cm;幼树生长整齐,树形美观,12年生84K杨树高 15.11 m,胸径 32.78 cm。抗病性较强。84K杨高抗叶锈病,对叶片黑斑病、褐斑病抗性也较强。但对干部溃疡病有轻度感染。根系发达,造林成活率高。84K杨苗木根系非常发达,侧根粗壮、长,而且多。河北杨、新疆杨、毛白杨的根系与其相比,相差很大。由于84K杨根系发达,造林成活率高。抗寒、抗旱、抗风能力较强,适应性广。适合我市试种与推广。

(五)中林美荷杨

中林美荷杨是中国林科院林业研究所"纸浆材新品种选育"课题组从12个杨树新品种杂交育种研究而选出的新品种之一。它将被用于我国杨树更新换代品种,是西部大开发重点推广树种之一。

中林美荷杨具有广泛的用途,是营造超短期速生丰产林,环境整治中不可缺少的树种。在用于制浆造纸、纤维材或饲料林建设中,每年每亩净收入可达1 000元以上,投资净收益率可达90%以上。生长速度快,胸径年均生长量为 4.5～5.0 cm。树高年均生长量为 3.5 m,水肥条件好可达 7 m 以上。2年生中林美荷杨每亩可产制浆造纸用材 12 m³。

抗寒、抗旱和抗病虫害(抗光肩星天牛)能力强,且对土壤环境要求不严格。在最低气温−37 ℃地区可安全过冬,在年均降水量400 mm 的地区生长良好,在 pH 7～8.5 的沙壤土上生长良好。

无性繁殖容易,扦插成活率在95%以上,营林简单,适宜大面积种植。

干型较直,尖削度较大、叶大如扇,长约 30 cm,宽 28 cm。落叶期晚,观赏期长。轮伐期短,经济效益高,材质好,是纸浆材和板材的优质原材料。

(六)中林 2001 杨

中林 2001 杨是中国林科院林业研究所"欧美杨胶合板材及纸浆材新品种选育"课题组从 12 个杨树新品种杂交育种研究而选出的新品种之一。它将用于我国杨树更新换代品种,是西部大开发重点推广树种之一。

该品种具有生长速度快,胸径年均生长量为 4.5～5 cm,树高年均生长量为 4～5m,水肥条件好可达 6 m 以上。2 年生中林 2001 杨每亩可产制浆造纸用材 10 m³。

抗寒、抗旱和抗病虫害(抗光肩星天牛)能力强,且对土壤环境要求不严格。在最低气温－33 ℃地区可安全过冬,在年均降水量 400 mm 的地区生长良好,在 pH 7～8.5 的沙壤土上生长良好。

无性繁殖容易,扦插成活率在 95％以上。营林简单,适宜大面积种植。干型好,尖削度小,叶色深绿,抗风折。落叶期晚,观赏期长。材质好,轮伐期短,经济效益高等特点,是营造超短期速生丰产林,环境整治中不可缺少的树种,适宜我市种植。

(七)中林 46 号杨

中林 46 号杨是由中国林业科学院林研所黄东森研究员等选育成功的优良品种。其母本是美洲黑杨Ⅰ－69 杨,父本是欧亚黑杨。该品种为雌株,树干通直圆满,4 月初放叶,9 月中旬封顶。中林 46 速生,材质优良,纤维变化幅度小,适于做造纸、火柴、胶合板等各种用材;抗水疱型溃疡病、杨树烂皮病、早期落叶病等,对天社蛾、潜叶蛾抗性较强。缺点是易风折。

(八)北抗 1 号杨

北抗 1 号杨(*P. deltoides cl*. Nankang－1)是人工杂交种,其母本为南抗 1 号杨(*P. deltoides cl*. Nankanl),采自陕西省城固县

境内,父本为 D175 杨(*P. deltoides cl*. 175),引自加拿大,花枝采自辽宁建平县境内。1990 年采用切枝离体水培方法,进行人工控制授粉获得的杂交种,通过人工接虫(光肩星天牛),建立品种比较林、区域化试验林,生根能力的测定,选出了速生(幼树胸径生长量平均达 3 cm 以上)、易繁殖、抗天牛并抗寒的品种。

1. 形态特征　叶形为圆号卵形(叶片最大宽度为 15.98 cm,叶片长度为 24 cm),先端渐尖,基部为心脏形,茎干颜色为灰绿色至褐色;叶芽长 5.6 mm,宽 4.5 mm。

2. 生物学特性　幼树生长速度快,胸径年均生长量为 3.5～4.5 cm,年高增长量 3.5～4.5 m。无性繁殖容易,繁殖后代的特性不发生变异;抗虫(抗虫率 100％)、抗寒(耐－30 ℃的低温),材质好,是纸浆材和板材的优质材料。可种植区域为我国"三北"及西南地区。

二、栽培技术

(一)育苗技术

杨树用扦插育苗、埋条育苗、播种育苗、嫁接育苗、埋根育苗和组织培养等方法都可以进行繁殖,但生产中最常用的方法是扦插育苗。

杨树新品种如陕林 3、4 号杨,欧美杨 107、108 等品种萌芽性、根蘖性都很强,易发生不定根和不定芽,营养繁殖十分容易。因此,一般多用枝条扦插繁殖,种条要选用当年生健壮无病虫害的枝条,截成 10～15 cm 长,扦插时,切忌不能倒插,扦插的株行距为0.5 m×1 m,扦插前可用 ABT 生根粉浸泡 8～12 小时,扦插后及时浇水。扦插密度每亩 3 500～4 000 株。

毛白杨的大树条、苗干条和根蘖苗条均可用作扦插的种条。但以根蘖苗条扦插成活率较高。用根蘖苗条作插穗,春季随采随插,插穗一般长 18～20 cm,距上下切口 1.0～1.5 cm 均应留芽。

插穗要进行浸水处理,流水浸条 10～15 天,成活率可达 80% 以上。扦插深度以插穗顶端与地面平齐,能现出 1～2 个芽为宜。扦插密度以根蘖苗条每亩扦插 4 000 株左右为宜。

苗期要及时灌水,经常保持土壤湿润,一般每隔 3～5 天灌水 1 次,初期铲除杂草。从 6 月下旬至 7 月初开始至 8 月下旬这一段时期要肥多水足,并及时松土除草。追肥以氮肥为主,结合施磷钾肥。最后一次追肥应在 8 月以前结束,避免徒长,影响苗干木质化。9 月以后应减少灌水次数,停止追肥和松土除草。

(二)栽培技术

1.造林地选择 平原及渭北黄土高原的沟底、川滩、沟坡下部以及原面"四旁"立地条件较好,土壤较肥沃、土层深厚、通气良好,易于耕作的壤土和沙壤土,地下水位较低,光照又充足,是发展杨树的主要基地。在这些地方栽植杨树生长快,产量也高,又能形成防护林,充分发挥防护效能。重黏土和无结构的土壤不宜栽植杨树。

2.整地方法 平原地区的整地时间一般宜在春季整地,北部的坡台地宜在造林前一年进行穴状集雨坑整地以接纳足够的雨水,确保栽植成活率,集雨坑的规格以 80 cm×60 cm 为宜。

造林前根据立地条件选择适合的整地方式,在干旱、杂草丛生的宜林地最好全面整地,营造农田防护林时,可采用带状整地。在土壤疏松、杂草较少的农耕地或一般沙土地及"四旁"植树时多采用穴状整地。栽植穴要求至少为 50 cm×50 cm×70 cm,回填时将表土埋在根系周围,做到熟土入坑,生土培埂以利于蓄水保墒,提高栽植成活率。

在渭北黄土高原川原地区,采用带状与穴状整地相结合的方法。既能蓄水保墒,减轻树木胁地影响,又能保护树木,减少损伤,促进林木生长。

3.造林季节 杨树在春秋两季均可造林。在干旱寒冷地区春栽效果较好。关中一般在 3 月中旬至下旬杨树萌芽前,应适时偏早栽植,使杨树根在早春前恢复生长,增强抗旱能力。栽植时先将 20～40 cm 深的熟土填回穴内,将苗立于穴中,栽植深度 50～60 cm,再将肥料与土壤拌匀后填入坑内,用脚踏实,做到"三埋两踩一提苗"。

4.造林密度　确定合理的造林密度应根据立地条件、经营目的、管理水平、混交方式以及品种类型等因素。一般来说,水肥条件好,集约化程度高,造林密度可小些;相反,土壤肥力差,培育小径材时,密度可大些。初植密度以 2 m×3 m 或 3 m×4 m 为宜,培育大径材,可间伐为 4 m×6 m 或 6 m×8 m。"四旁"一般栽植 1～3 行,株行距可为 2 m×3 m 或 2 m×4 m;营造农田防护林,一般栽 3～5 行,初植密度以 2 m×2 m 为宜,3～5 年间伐成 2 m×4 m 或 4 m×4 m。造林时以刺槐和毛白杨混交效果好。欧美 107、108,陕林 3、4 号杨,营造片林,计划 5～6 年采伐,在培育檩材时,株行距 2.5 m×5 m 为宜;计划 10～15 年采伐,小径材株行距 4 m×6 m 或 5 m×6 m 为宜;大径材则以 6 m×6 m 或更大些的株行距为好。

三、抚育管理

(一)松土除草

杨树造林后,要连续管理 3 年,第 1 年松土除草 2～3 次,第 1 次在栽后 3～4 个月即 5 月中下旬,第 2 次在 6 月中下旬,第 3 次在 7 月下旬至 8 月上旬,深度一般深 8～12 cm;第 2 年松土除草 1～2 次;第 3 年松土除草 1 次。幼林郁闭后即可停止松土除草。

(二)灌溉和施肥

幼林每株施氮肥 50～100 g,成林每株 100～200 g。可在幼林地行间开沟或在树基环形沟施入,沟深 8～10 cm,施后用土壤覆盖,结合灌水进行效果更好。

(三)修枝

幼林期通过抹芽、修枝等方法可以防止养分分散,有利于幼树的高生长,培育良材。同时,改善主干弯曲,侧枝粗大,分枝部位低的干形,提高木材质量。

1. 抹芽 只能抹去下部的芽子(离地面 30 cm 高范围内),在梢部再疏少量的芽子。切忌抹芽过多。

2. 疏枝 对与主干并生的直立竞争枝要及时疏剪掉。只留几个生长最健壮的主枝。

3. 短截控侧 对主枝不明显或主枝过弱的幼树,应当把下部强枝截短 1/2,以促进主枝的生长。若需重新培育主枝时,应当重剪其侧枝,促使形成徒长枝,以备换头,代替主枝。

四、病虫害防治

(一)锈病

锈病是毛白杨叶部的主要病害,病原菌为担子菌纲,锈病目,无柄锈科(栅锈科)栅锈属的锈菌。主要危害 1～2 年生苗及 3～6 年生幼树的芽、叶片、叶柄和嫩枝。冬芽是最早感病的部位。叶片是感病部位。

防治方法:早春及时检查,发现病芽立即摘除;用 0.3％对氨基苯磺酸及其钠盐、铜盐防治,用 1％等量或多倍式波尔多液前期防治效果较好。其他如 0.3 锈矽酸钠、250～1 000 倍 50％的代森锌、200 倍敌锈钠等都有一定效果;通过杨树派内或派间杂交,选择抗锈品种,为锈病防治提供了可能的途径。

(二)叶斑病类

危害毛白杨的叶斑病较多,主要有黑斑病、褐斑病、灰斑病。前两种发病较早,危害较重。后一种病发病较晚,危害也轻。

1. 黑斑病 主要发生在幼苗或幼树的叶片上,发病初期,叶部病斑为褐色至黑色斑点,大小为 0.2～1.0 mm,后扩大为灰白色,上有少数黑色小点。病重时提早落叶 30～40 天。

2. 褐斑病　发病初期,在叶基部或叶表面沿叶脉处出现黄褐色不规则的或圆形的小斑点。以后逐渐蔓延扩大,连成多角形斑。边缘为褐色或暗褐色。主要危害毛白杨幼苗及成年大树的叶片,或当年生嫩梢。

3. 灰斑病　叶上病斑初为水渍状,近圆形,大小 0.5～1.5 cm,淡褐色,后扩大为不规则形,中央灰白色,边缘为暗褐色。4 月份开始发病,6～7 月为发病盛期,10 月停止蔓延。

防治方法:冬季清除病落叶和病枝梢,集中烧毁;定期喷 65％的代森锌效果最好,喷洒 200～300 倍的波尔多液也有一定效果。

(三)破腹(肚)病

此病为生理性病害,多由冻害引起的。主要发生在树干上,使树皮开裂,裂缝主要在树干基部的西南和南向上,伤口深可达木质部,长度可达数米。因树干的西南或南向所受的日照时间长,温度变化大,在突然冷却时,树干外围冷却发生收缩,会发生冻裂,或加深加长原有的裂缝。据观察用实生苗造林不易发病,而用无性繁殖苗造林发病率高。

防治方法:可用草包扎树干或在树干上涂白灰,或营造混交林,加强林木抚育管理。

(四)透翅蛾

透翅蛾也称黄蜂蛾。幼虫是钻蛀性害虫,喜在树木枝干内蛀食木质髓部,造成树势衰退,枯干致死。

防治方法:严格检疫;及时剪除苗圃内虫瘿,防止虫情扩散;在羽化盛期用性诱剂诱杀雄虫;每亩挂 5～6 个诱捕器,可有效地降低危害;喷施 40％的氧化乐果乳油 800 倍液 2～3 次,喷施间隔期 15 天左右,或用 80％敌敌畏 50 倍液、40％氧化乐果乳油 50 倍液或 20％吡虫啉 200 倍液等用针管注入蛀虫孔内,并用胶泥封堵虫孔,毒杀幼虫。

(五)光肩星天牛

防治方法:成虫产卵盛期刮除虫卵,减少虫口密度;利用天牛天敌的自然控制作用,人工饲养蛀姬蜂、肿腿蜂等有益生物防治天牛;在虫口注入辛硫磷 200~300 倍液,以毒死在洞内的天牛幼虫;成虫发生前,在树干基部 80 cm 以下涂白,预防成虫产卵。

(六)杨毒蛾

杨树主要害虫之一,可将叶片吃光,影响树木生长甚至导致死亡。在北方一些地区常与柳毒蛾伴随发生。猖獗时,短期内能将整个林木叶片吃光。

防治方法:越冬幼虫下树越冬前(9 月初),用麦草在树干基部捆扎 20 cm 宽的草脚,第 2 年 3 月份检查幼虫量并烧毁;4 月上旬在树干上喷施 2.5% 敌杀死、20% 速灭杀丁或 5% 高效氯氰菊酯 2 000~8 000 倍液,阻杀上树幼虫,防治效果可达 85% 以上。大面积片林可在 4 月中下旬用敌马烟剂防治。

第三节　泡桐

泡桐[*Paulownia ortunei*（Seem.）Hemsl.],又名紫花泡桐、白花泡桐、毛泡桐,属玄参科泡桐属落叶乔木,是我市道路、庭院绿化和农桐间作的理想造林树种。

泡桐是我国特有的速生优质用材树种,其木材纹理直,材质轻韧,结构均匀,不翘不裂,易于加工。轻巧变形小,隔潮性好,对保护衣物非常有利;耐腐性强,是良好的家具用材。声学性好,共鸣性强,是良好的乐器用材;不宜燃烧,油漆染色良好,耐酸性强等。在家具用材中,可作木箱、床板、桌子、柜子的装板;在乐器用材中,多用于琵琶、月琴的板面;在建筑上,多用作橼、门、窗等;在航空用材方面,可做航空模型,各种填料,飞机、轮船、油轮等内部衬板等。还可制各种工艺品,如木碗、木碟、半导体盒子等。桐木纤维含量高,材色较浅,是造纸的好原料,也是人造板的好材料。泡桐的叶、花果可作药用和饲料。近年来,利用泡桐叶、花、果、木材、树皮治疗气管炎,均有显著疗效。泡桐的叶和花营养丰富,不仅可作肥料,而且是良好的饲料。

一、形态特征

泡桐树高可达 27 m,胸径可达 2 m。树冠宽阔,树皮灰褐色,平滑,老树纵裂。幼枝、嫩叶被枝状毛和腺毛。叶片长卵形至椭圆状长卵形,长 10~25 cm,先端渐尖,基部心形,全缘,稀浅裂。圆锥状聚伞花序,狭窄,花冠乳白色或淡紫色,腹部褶皱不明显;花萼浅裂,萼裂 1/4~1/3,仅裂片先端毛脱落。果为椭圆形,果皮较厚,达 3~5 mm,花期 3~4 月,蒴果成熟期 9~10 月。

二、生物学特性

泡桐喜温暖气候,在年平均气温 12~22 ℃,年降水量 400~1 200 mm,大气相对湿度 60% 以上,背风向阳处生长良好;绝对最低温度在 -25 ℃时,易受冻害。其耐大气干旱的性能较强,不宜在强风袭击的风口或山脊处栽植。泡桐为强阳性树种,不耐庇荫,阳光充足生长迅速。泡桐对土壤肥力,土层厚度和疏松程度反应非常敏感。只有在土壤疏松,加强水肥管理的条件下,才能充分发挥其速生的特性,土壤酸碱度以 pH 6~7.5 为宜。

泡桐根系发达,主根不明显,侧根能组成强大的根网,集中分布在 20~70 cm 的土层内。泡桐适宜于土层深厚、肥沃、湿润、排水良好的沙质土壤上造林。泡桐顶芽生长势极弱,冬季幼树顶芽容易受冻,来年春季侧芽常代替顶芽发枝生长,造成换头,影响高生长。泡桐生长十分迅速,管理好的,5~8 年就可以成林。泡桐萌芽力、萌蘖力强,可以进行营养繁殖。

三、栽培技术

(一)育苗技术

1.育苗地选择与整地　泡桐苗木喜肥、怕涝、不耐重盐碱。苗圃地应选择地势平坦、排灌方便、土层深厚、土壤肥沃、地下水位在1.5～2.0 m以下的沙壤土或壤土地。同时要考虑风害问题,选择背风向阳的地方,以免造成风折、风倒、苗干弯曲。圃地选好后,秋末冬初进行深耕,耕后不耙,促使土壤风化,增加积雪和冻死越冬害虫。第2年春季解冻后,进行浅耕、细耙、平整土地,结合浅耕每亩施肥2.5～5 kg,撒杀虫剂1.5～2.5 kg。然后根据行距打畦,做成低床,或者做成高垄苗床,垄高15～20 cm,下宽50～60 cm,上宽20～30 cm,每垄埋一行桐根。这种高垄苗床,可以集中肥效,加厚土层,便于排除积水,春季地温较高,促使桐苗提前出土,为较好的育苗形式。

2.选择种根　种根最好是1～2年生苗根,出圃后余留下来的根系或修剪下来的苗根。一般1株3 m高左右的1年生埋根苗,可以提供15～20条较好的根穗。种根的长度和粗度,对埋根成活率和苗木成长,均有一定影响。

种根采集时间,从落叶到发芽前均可进行,一般都在2月下旬至3月中旬,随挖随埋。种根挖出后,应及时按照预定长度剪成插穗。上端平剪,下端斜剪,防止倒埋。另外也可以秋季采根贮藏,待第二年春天再埋。

3.适时埋根　泡桐埋根时期,以2月下旬至3月中旬最好,11～12月土壤结冻以前也可进行。埋根前应对粗度不同的种根分级,分片种植。临时挖取的新根,埋根前晾晒1～2天,以促进发芽,防止烂根。

埋根方法有直埋、斜埋、平埋三种,以直埋最好。做法是先按株行距挖穴,将种根大头向上直立穴内,上端与地面平,然后填土踏实(注意防止根伤),使种根与土壤密接,再于上面封一碗大的土丘,以防冻保墒,如年前埋根,土丘可适当加大。

泡桐叶大、喜光、生长迅速,应根据林种、土壤肥力和管理条件而定其密度大小。如培育 5 m 以上,地径 6~8 cm 以上的大苗,密度以每亩 7 000 株左右为宜,株行距采用 0.8 m×1 m。在肥力较高,管理条件较好,目的培育 6 m 以上的特级苗时,可采用 1 m× 1 m 的株行距,每亩 667 株。

4.苗期管理 泡桐于 2 月底至 3 月中旬埋根后,在 15 cm 深,地温 12~18 ℃的条件下,经过 20 天左右,3 月底至 4 月初开始发芽,5 月中旬前后基本出齐,多数泡桐是先发芽后生根。从出苗到苗高 10 cm 左右,幼苗经历了出苗期和自养期两个阶段,在这一时期内温度对根插穗的发芽生根,具有决定性作用。此期间管理以松土保墒、提高地温为主。发芽前扒去土丘,根上覆 5 cm 厚细土,以提高地温,晒土催芽,只要不特别干旱,不需要灌水;如果土壤过干,可在行边开沟浇水,浇后松土保墒。苗高 10 cm 左右时,对一个根上发出的数个萌蘖及时去弱留强,进行定苗。

5 月上旬到 6 月中旬,为缓慢生长期,苗木地上部分生长缓慢,其生长量仅占总生长量的 10%~15%,应根据天气情况,适时灌水,并在苗木基部培土,促使苗木基部生根,为进入速生期创造条件。

6 月底到 8 月下旬,为埋根苗的旺盛生长期,地上部分高生长占总生长量的 70%~80%。在管理上每 15~20 天追施一次速效性化肥,每亩 10 kg 左右或人粪尿 400~500 kg,结合施肥进行灌水,充分发挥泡桐的速生性。

8 月下旬以后,苗木地上部分生长逐渐结束,各部组织不断充实,不再浇水施肥,以防苗木后期徒长。

在整个苗木生产过程中,应做好病虫害的防治工作,特别是金龟子、地老虎、牧草盲椿象和炭疽病、黑痘病等病虫害,并注意排水防涝。

(二)栽培技术

1.地块选择　根据泡桐的特性,造林时,应选择土壤湿润肥沃、地下水位低、排水良好、无风害的壤土或沙壤土作为造林地。也可在土层深厚、湿润肥沃、有机质丰富的壤土至沙壤土的山地、坡地上造林。

2.整地　"四旁"植树一般是随整地随造林,大都采用穴状整地,规格是深 50～70 cm,宽、长各 70～100 cm,有条件地区,每穴施用基肥 10～20 kg,穴可以大些,深 1 m,宽、长各 1 m。农桐间作的农耕地上经过施肥和全面整地,造林时,可按照穴状整地规格挖穴造林。

3.栽植密度　泡桐造林密度,整片造林为 5 m×5 m,每亩26 株;林粮间作为 5 m×10 m,每亩 13 株;以粮为主的为 4 m×30 m,每亩 6 株。

4.栽植时间　植树造林以秋季落叶后到第 2 年春天发芽前均可进行,一般以早春 2 月下旬到 3 月中旬栽植较好。

5.栽植方法　在栽植泡桐时,不能栽得太深,以埋至离根径深10～15 cm 为好。栽前先用水把栽植坑浇满,待水渗完后,再把树苗垂直放在穴中央,填表土埋根,使根系和土壤密接,最后用土封成小丘。特别要注意保护根系不受损伤,忌用木棍捣砸,以免伤其根系影响成活。

四、抚育管理

(一)修枝间伐

泡桐农桐间作或片林,定植 5～6 年后,树冠扩大。为了促进泡桐或农作物的生长,要及时修枝或间伐。早春萌动前修枝最好,泡桐伤口不易愈合,髓心又大,雨水和病菌容易侵入,常常引起树皮腐烂或心材腐朽,修枝伤口一定要平滑。间伐要考虑造林密度的大小和间伐林的利用,农桐间作通常采取隔株间伐;造林密度为 3 m×3 m、4 m×4 m、4 m×5 m 或 5 m×5 m 的泡桐片林,可采取隔行间伐。这样,可加速留下泡桐树的粗生长,获得大径材。间伐后就地补栽大苗,进行轮番更新。

(二)加强保护

泡桐的树皮很薄,损伤后,很难愈合,随着树干粗生长的加快,伤口逐渐加深,变成沟状裂痕或者畸形发展,对材质影响很大。因此,必须加强保护,严防碰伤或牲畜啃坏。

泡桐在幼年时期,易受冻害和日灼危害。初期树皮腐烂,后期爆裂而难以愈合,严重影响泡桐的正常发育。一般来说,冻害多发生在早春雨雪后,树干夜间结冻而白天化冻时。日灼多发生在 6 月份干旱季节,由于树冠小,遮不住阴,树干的嫩皮有时在午后被强烈的日光烧伤。因此,泡桐在幼年阶段,于初冬和早春,在树干上涂刷涂白剂(生石灰 10 kg,食盐 1 kg,水 18 kg,混合搅拌生成),或捆上草把,是行之有效的预防措施。

五、病虫害防治

(一)丛枝病

丛枝病又叫扫帚病,病原为类菌质体。发病后多在主干或主枝上部,密生丛枝小叶,形如扫帚和鸟窝。对苗木和幼树的生长影响很大,轻者生长缓慢,重者死亡。

防治方法:培育无病苗木。选择无病母树的根作为繁殖材料。种子育苗,不易发生丛枝病;幼树枝初发病时及时修除烧毁;带病根穗用 50 ℃温水浸泡 10 分钟,用石硫合剂残渣埋在病株根部土中,或用 0.3 波美度石硫合剂喷病株能抑制病害发展;对 1～3 年生轻病株,6～7 月上中旬,结合修除病枝注射 1 万单位盐酸四环素,用量为 50～100 mL 药液,注孔应在靠近病位处的节间下部。

(二)泡桐灰天蛾

成虫体和翅均灰白色,混杂霜状白粉。前翅散布灰黑色斑纹,顶角有半圆形斑纹,中部有两个纵形的灰黑色斑纹,呈长菱形极为明显。幼虫绿色或绿色上有褐色斑块,在关中一年 2 代,以蛹越冬,次年 4 月开始羽化,趋光性较强。

防治方法:结合冬耕把蛹翻到地面让鸡、鸟啄食,或风干冻死;人工捕杀幼虫;幼虫初发期喷洒 90% 敌百虫 800 倍液;保护好主要天敌螳螂;设置黑光灯诱杀成虫。

(三)美国白蛾

美国白蛾又名美国灯蛾、秋幕毛虫、秋幕蛾,是世界性检疫害虫。以幼虫取食植物叶片危害,其取食量大,危害严重时能将寄主植物叶片全部吃光,并啃食树皮,从而削弱了树木的抗害、抗逆能力,严重影响林木生长,甚至侵入农田,危害农作物,造成减产减收,甚至绝产,被称为"无烟的火灾"。已被列入我国首批外来入侵物种。

防治方法:加强检疫工作,防止白蛾由疫区传入;在美国白蛾网幕期,人工剪除网幕,并就地销毁,是一项无公害,效果好的防治方法;美国白蛾化蛹时,采取人工挖蛹的措施,可以取得较好防治效果;在各代成虫期,悬挂杀虫灯诱杀成虫;老熟幼虫下树前,在 1.5 m 树干高处,用谷草、稻草草帘等围成下紧上松的草把,诱集老熟幼虫集中化蛹,虫口密度大时每隔 1 周换 1 次,解下草把连同老熟幼虫集中销毁;选择 20% 除虫脲 4 000~5 000 倍液,25% 灭幼脲 3 号 1 500~2 500 倍液植物性杀虫剂烟参碱 500 倍液等;利用天敌周氏啮小蜂防治;当虫株率低于 5% 时,在美国白蛾成虫期,按 50 m 距离和 2.5 m 或 3.5 m 高度,设置性信息素诱捕器,诱杀美国白蛾雄蛾。

第四节 槐

槐（*Sophora japonica* Linn.），又名国槐、槐树、土槐等，属豆科槐属落叶乔木。因其树姿优美，树体高大，材质优良，自古就是我国城乡绿化的常用树种，是良好的用材树种，又被称为陕西关中的"四大金刚"树种之一。

槐材质好，有光泽，富弹性，耐水湿，可供建筑、车辆、农具、家具和雕刻等用。另外槐花可作黄色染料。花与果可药用，有收敛、止血之效，根皮煎水，治烫伤。花期较长，为优良蜜源树种。槐树长成后，树冠大，枝条古朴典雅，如舞龙蛇，树姿优美，耐烟尘，对二氧化硫、氯气、氯化氢抗性较强，是城乡绿化的常用树种。

一、形态特征

槐树高可达 25 m，胸径可达 3 m 左右，树冠圆形，树皮灰褐色，纵裂。幼树枝干平滑、当年生枝绿色，无毛。奇数羽状复叶，总柄长 15～25 cm，基部膨大呈马蹄形，小叶 7～15，卵圆形，全缘，色浓绿而有光泽，叶下面淡绿色。圆锥花序顶生，花黄白色，花期 7～8 月。荚果肉质，于种子之间缢缩，呈串珠状，10 月果熟，经冬不落，种子深棕色至黑色。

二、生物学特性

槐为中等喜光树种，寿命长，萌芽力强，适生于深厚、湿润、肥沃、排水良好的沙质土。在石灰性轻盐碱土（含盐的地方，难成高大良材）上也能正常生长，但在过于干旱、瘠薄、多风的地方，难成高大良材，在低洼积水处生长不良，甚至落叶死亡。槐生长速度中等偏快，但栽植在适宜的立地条件下，也可以达到连年丰产。槐树冠庞大，隐芽极易萌发，耐修剪。槐对二氧化硫、氯气、氯化氢及烟尘的抗性较强。

三、栽培技术

(一)育苗技术

春季播种前需对种子作催芽处理,用 80 ℃水浸泡 5～6 小时,捞出掺沙两倍拌匀,置于室内或藏沟中(沟宽 1 m,深 50 cm,长度不限)摊平,厚 20～25 cm,上面撒些湿沙盖平,避免种子裸露,再覆 1 层塑料薄膜,以便保温保湿,促使种子萌动,并经常翻倒,使上下层种子温湿一致,发芽整齐,待种子 25%～30% 裂口后,即可播种。

选择有灌溉条件的壤土作苗圃地。育苗前 1 年秋或早春整地,深翻 20～25 cm,播种前碎土耙平作床,床宽 1.5 m,长 10 m。播前灌足底水,待土壤湿度适宜时播种。播种时间多在春季(4 月上中旬),秋季也可播种,每亩播种量 10～15 kg,覆土 1.5～2 cm,出苗前保持土壤湿润,在条件好的地方 1 年可出圃,亩产苗 6 000～8 000 株左右。

(二)栽植技术

槐植苗造林,春秋季均可。槐根系大,造林应实行大坑穴整地方式,规格为 60～80 cm 见方,株距 5～8 m,栽时要保持填土细碎、根土密接、踏实土面、灌足底水。当年雨季前灌水 3～5 次,并适当追肥,冬季封冻前要灌水封土,使之安全越冬。

四、抚育管理

(一)松土除草

槐截干后 1 月左右就能从基部萌发出 1～3 个枝条,5 月中旬留作主干的枝条高达 30～40 cm,开始进行第 1 次松土除草,以后每月 1 次,直至 8 月中旬为止。

(二)灌水追肥

6月中下旬气温高,雨量少,土壤干燥,要适当灌1~2次水,7月上旬在雨后结合松土除草,每亩追施尿素5 kg。

(三)合理修枝

修枝抹芽,5月开始,直到8月为止,需3~4次,第1次要选择1个健壮并与所留主干夹角小的枝条留下,以便培养成直立苗壮的主干,其余全部抹去。修枝抹芽要掌握抹早、抹小、抹彻底的原则,这样伤口小,易愈合。

五、病虫害防治

(一)槐蚜

1年发生多代,以成虫和若虫群集在枝条嫩梢、花序及荚果上,吸取汁液,被害嫩梢萎缩下垂,妨碍顶端生长,受害严重的花序不能开花,同时诱发煤污病。每年3月上中旬该虫开始大量繁殖,4月产生有翅蚜,5月初迁飞槐树上危害,5、6月在槐上危害最严重,6月初迁飞至杂草丛中生活,8月迁回槐树上危害一段时间后,以无翅胎生雌蚜在杂草的根际等处越冬,少量以卵越冬。

防治方法:①秋冬喷石硫合剂,消灭越冬卵。②蚜虫发生量大时,可喷40%氧化乐果、50%马拉硫磷乳剂或40%乙酰甲胺磷1 000~1 500倍液,或喷鱼藤精1 000~2 000倍液,10%蚜虱净可湿性粉剂3 000~4 000倍液,2.5%溴氰菊酯乳油3 000倍液。③在蚜虫发生初期或越冬卵大量孵化后卷叶前,用药棉蘸吸40%氧化乐果乳剂8~10倍液,绕树干一圈,外用塑料布包裹绑扎。

(二)朱砂叶螨

1年发生多代,以受精雌螨在土块孔隙、树皮裂缝、枯枝落叶等处越冬,该螨均在叶背危害,被害叶片最初呈现黄白色小斑点,后扩展到全叶,并有密集的细丝网,严重时,整棵树叶片枯黄、脱落。

防治方法:越冬期防治用石硫合剂喷洒刮除粗皮、翘皮,也可用树干束草,诱集越冬螨,来春集中烧毁;发现叶螨危害时,应及早喷药,防治早期危害,是控制后期虫害的关键。可用40%三氯杀螨醇乳油1 000至1 500倍液,也可用50%三氯杀螨砜可湿性粉剂1 500~2 000倍液,40%氧化乐果乳油1 500倍液,20%灭扫利乳油3 000倍液喷雾防治,喷药时要均匀、细致、周到。如发生严重,每隔半月喷1次,连续喷2~3次。

(三)槐尺蠖

4月底至9月幼虫发生期,振动树体或喷水等方式,使害虫受惊吓,吐丝坠落地面;利用黑光灯诱杀成虫;利用胡蜂、大草蛉防治;幼虫发生时使用100亿孢子/g的苏云金杆菌菌粉对水稀释2 000倍喷雾。与敌百虫、菊酯类农药混用效果好;3龄前使用50%灭幼脲Ⅲ号胶悬剂加水稀释1 000~2 500倍喷雾,或用75%辛硫磷乳油、25%的溴氰菊酯乳油、10%的氯氰菊酯乳油1 500~2 000倍液喷雾防治。

(四)槐小卷蛾

受害树羽状复叶萎蔫下垂,常从叶柄基部脱落或枝条枯萎折断,形成秃梢或树冠秃顶,严重影响槐树的生长和观赏。

防治方法:结合冬季修剪,采集槐豆荚并将其与修剪的枝条集中烧毁,可消灭绝大部分越冬幼虫,大大压低翌年虫源基数;每年5月下旬至9月上旬用带槐小卷蛾性诱剂诱芯的盖塑板三角形胶粘式诱捕器进行诱捕;结合夏季修剪除去带虫枝条,集中处理可杀灭部分幼虫;成虫产卵高峰后1~2天喷洒20%菊酯乳油1 000倍液或40%氧化乐果乳油1 000~1 200倍液,消灭初孵幼虫。

(五)锈色粒肩天牛

锈色粒肩天牛是一种破坏性极强的钻蛀性害虫。主要以幼虫危害树木的韧皮部和木质部,轻者造成树势衰弱,重者则枯死。

防治方法:在5~6月成虫发生期,组织人工捕杀;砍伐受害严重的树,并及时处理树干内的越冬幼虫和成虫,消灭虫源;4～10月幼虫活动期,用磷化铝毒丸、毒签,或用棉球蘸(或针管吸)40％氧化乐果乳油20％～30％药液塞(或注)入虫孔,并用黄泥封口,可有效杀死幼虫;成虫发生期,向树干喷洒40％国光必治乳油800倍液、45％丙溴辛硫磷800～1 000倍液。

(六)日本双棘长蠹

日本双棘长蠹又称二齿茎长蠹,是危害较严重的钻蛀性害虫,破坏疏组织,造成枝条干枯,严重时可使整株树木死亡。

防治方法:加强产地检疫、调运检疫和复检工作,防止其向未发生区扩散蔓延;6月中旬第1代成虫羽化前,清理枯枝、病枝和死树,集中烧毁,可有效降低虫口密度;加强柿园综合管理,增强树势,提高抗虫力;4月上旬越冬代成虫危害盛期前、7月上旬第1代成虫羽化出孔期进行化学防治,可选用5％高效氯氰菊酯乳油1 000倍液或8％绿色威雷1 500倍液进行枝干喷雾防治,可有效地控制其危害。

第五节 楸树

楸树(*Catalpa bungei* C. A. Mey),又名金丝楸、梓桐,属紫葳科梓树属落叶乔木。因树体高大,树干通直,故被称为"北方杉木"和关中"四大金刚"树种之一,是我市城乡"四旁"绿化和用材树种。

楸树喜光,喜温暖,在深厚肥沃、湿润疏松的中性、微酸性和钙质壤土中生长迅速,适宜在降水量600～1 200 mm的地方生长。不耐干旱和水湿,主根明显、粗壮,侧根深入土中可达40 cm以下,根蘖力强,在海拔500～1 400 m的地区普遍栽培。

一、形态特征

楸树树高可达 20～30 m,胸径达 2 m,树干通直,树冠长圆形或卵形,树皮灰色,浅纵裂。小枝灰绿色。叶三角形、卵形至卵状椭圆形,长 6～15 cm,顶端尾尖,基部截形或广楔形。总状花序,呈伞房状、顶生,有花 5～20 朵;花两性,花冠粉红色至白色,有紫色斑点。蒴果长 25～55 cm。花期 4～5 月,果期 9～10 月。

二、生物学特性

楸树高大挺拔,干形通直圆满,叶荫浓郁,花大悦目。对二氧化硫、氯气有较强的抗性,吸滞灰尘、粉尘能力较强。花可提取芳香油,叶可作饲料,种子可入药,木材花纹美丽,不翘不裂,耐腐朽,耐水湿,是良好的建筑、家具、装饰及雕刻用材。

三、栽培技术

(一)育苗技术

1.播种育苗 3 月中下旬播种,播种前用 35 ℃温水浸泡 1 昼夜,捞出种子,置于温箱内,温度控制在 25～30 ℃,每天早晚用 30 ℃温水淘 1 次,待 30% 的种子裂咀露白时,进行播种,如果没有温箱,播前用 30 ℃温水浸种 4 小时,捞出晾干,用种子的 3～5 倍湿沙混合均匀,堆在室内进行催芽,在处理期间,定期洒水、翻动,使内外湿度均匀,经 10 天左右,有 30% 种子"露白"时播种。播种方法可采用低床穴播法,每穴播 5 粒种子,每亩播量为 1 kg 左右,株行距 10 cm×30 cm,播种前采用塑料小拱棚或苇帘覆盖床面,幼苗出齐后撤除覆盖物。7 月初进行移苗定株,株行距保留为 30 cm×30 cm。

2.埋根育苗 楸树结实少,根萌蘖性较强,生产上常用此法繁殖。选择健壮、无病虫害的中龄楸树或从苗木上剪下的根,从中采集粗 1 cm 左右的,剪成 15～20 cm 长,上平下斜的小段,即根插穗。挖根最好在春季解冻后,树木未萌芽前进行,随挖、随剪、随插埋。秋季采集的根条,要用湿沙层积贮藏过冬,供来年春季育苗。埋根的方法分斜埋和平埋。斜埋时大头向上,斜放 45°角。根插穗埋入土后,根的下端要与土壤密接,根的上端要与地面相平,埋好后用土压实,然后再覆土 1 cm。在干旱地区,可培成垄,高 15～20 cm,芽开始萌发时扒开土垄,注意不能伤芽。平埋法,先开沟,将根插穗按株行距平放入沟内,覆土 1～1.5 cm,压实。

埋根后出苗前不浇水,防止土壤板结,影响萌芽出土。苗高 10 cm 左右,及时除蘖,每根插穗上留 1 个发育好、长势旺的萌芽条。苗出齐后灌 1 次透水,防止土壤干旱,同时进行行间培土,使其生根。

(二) 栽植技术

1.植苗造林 在春季或秋季用 1～2 年生苗造林。造林时间比其他树种要稍晚一点为好,一般关中 3 月下旬为宜,渭北 4 月上旬为宜,株行距可采用 1.5 m×2 m、2 m×2 m、2 m×3 m、3 m×3 m。"四旁"植树要选用 3 m 以上的大苗,一般株距 4～5 m。造林整地采用大坑穴整地。

2.分蘖苗造林 早春在大树周围约 2 m 处,挖放射形的沟,沟宽 30 cm,深 50 cm 以上,切断侧根,在沟内施肥、填土、灌水,当年就可萌发大量根蘖苗,来年春季掘苗造林或移栽。掘苗时,每株小苗附带老根一段,以利成活。

四、抚育管理

幼林郁闭前每年松土除草 2～3 次,楸树片林可进行林粮间作,以促进林木生长,有灌溉条件的地方在土壤干旱时要浇水 2～3 次。对分枝角度大的竞争枝,粗壮侧枝,要及时短截,掐梢或疏去,促进主梢生长。

五、病虫害防治

(一)斑衣蜡蝉

斑衣蜡蝉民间俗称"花姑娘""椿蹦""花蹦蹦""灰花蛾"等。以成虫、若虫群集在叶背、嫩梢上刺吸,引起被害植株发生煤污病或嫩梢萎缩、畸形等,严重影响植株的生长和发育。

防治方法:在危害严重的椿林内,应改种其他树种或营造混交林;若虫和成虫发生期,用捕虫网进行捕杀;保护和利用寄生性天敌和捕食性天敌,以控制斑衣蜡蝉,如寄生蜂等;在低龄若虫和成虫危害期,交替选用 30% 氰戊马拉松(7.5%氰戊菊酯加 22.5%马拉硫磷)乳油 2 000 倍液、50%敌敌畏乳油 1 000 倍液、2.5%氯氟氰菊酯乳油 2 000 倍液、90%晶体敌百虫 1 000 倍液混加 0.1%洗衣粉、10%氯氰菊酯乳油 2 000~2 500 倍液、50%杀虫单可湿性粉剂 600 倍液喷雾。

(二)楸蠹野螟

楸蠹野螟危害楸树、梓树、黄金树。成虫体长 15 mm,灰白色,头、胸、腹各节边缘略带褐色。翅膀约 36 mm,白色,前翅基有黑褐色锯齿状二重线,内横线黑褐色,中室及外缘端各有黑斑 1 个,下方有近于方形的黑色大斑 1 个,外缘有黑色波纹 2 条;后翅有黑横线 3 条。一年发生 2 代,以老熟幼虫在枝梢内越冬。翌年 3 月下旬开始活动,4 月上旬开始化蛹,蛹期 6~38 天,4 月中旬开始成虫羽化,成虫飞翔力强,有趋光性,5 月上旬为孵化盛期,幼虫始终在嫩梢内蛀食,髓心及大部分木质部被蛀空,外侧形成长圆形蛀瘿,并从蛀孔排出虫粪及蛀屑,约经 1 个月后于 6 月中旬开始化蛹,6 月下旬开始成虫羽化、产卵,7 月上旬开始孵化,后期世代重叠。5 年生以下幼树受害重,大树受害极轻;上部枝条受害重,下部轻。

防治方法:从基部剪除有虫瘿的枝条烧毁。幼虫出现时喷

10％吡虫啉可湿性粉剂 800 倍液；成虫出现时喷敌百虫或敌敌畏、马拉松等 1 000 倍液,毒杀初孵化幼虫和成虫。

(三)根瘤线虫病

根瘤线虫病发生在苗木根部。地上部分生长衰弱,叶片萎蔫；地下部分在主根、侧根和小根上形成大小不一的瘤状体,病根腐烂,导致植株逐渐枯死。以卵、幼虫在土壤中存活和越冬。在土壤温度 20 ℃、湿度在 40％以上时即可侵染主根、侧根和小根,刺激植物根部组织形成瘤状物。病株生理机能严重受阻,表现生长衰弱。5～8 月发病严重。

防治方法:清除和烧毁病株。禁止运输带病苗木。

第六节 臭椿

臭椿[*Ailanthus altissima* (Miller) Swingle],又名椿树,属苦木科臭椿属落叶乔木,生长快、树体高大,材质好,被称为陕西关中的"四大金刚"树种之一。臭椿既是城乡"四旁"重要的绿化树种,也是石灰岩山地、轻盐碱地适宜的造林树种。

臭椿既是黄土高原、石灰岩山地、轻盐碱地重要的造林树种,也是工矿区优良的绿化树种。木材软硬适中,纹理通直,可作建筑、农具和家具用材。木纤维含量占木材总干重的 40％,是上等纸浆材。树姿美观,根深耐旱,抗烟尘,耐盐碱,吸收有害气体能力很强,是黄土高原区造林的先锋树种,又可作为城市、工矿区及大气污染严重地区净化空气、保护环境的优良绿化树种。皮、根、果、叶均可用药。

一、形态特征

臭椿,树高可达 30 m,胸径 1 m 以上。树冠阔卵形,老树树冠上多为平顶形,树皮灰白色、淡灰色或黑灰色,稍平滑或有浅裂纹。

小枝粗壮,新枝黄色或赤褐色,有细毛密生。奇数羽状复叶,复叶长可达 40 cm 以上,小叶互生,13～25 个,卵状披针形,先端渐尖,全缘,基部略为心脏形或楔形,近小叶基处有 1～3 对粗锯齿,其上有腺点,具臭味。雌雄同株,花杂性或雌雄异株,圆锥花序顶生。翅果扁平,纺锤形,长 3～5 cm。花期 5～7 月,种子 9～10 月成熟,10～12 月为采种期。翅果成熟后呈黄褐色或红褐色,经冬不落。

二、生物学特性

臭椿对气候条件要求不严,在年平均气温 7～18 ℃,年降水 400～1 400 mm 的条件下都能生长,能耐 47.8 ℃ 的高温和 －35 ℃ 的低温。微酸性土至石灰土、轻盐碱土都能适应。在深厚肥沃、排水良好的沙壤土上生长最好,重黏土和水湿地生长不良。臭椿为喜光树种,对病虫害抗性强。臭椿为深根性树种,主侧根发达,根系庞大,适应性强,耐干旱瘠薄,能在石缝中生长。萌蘖力强,生长快,能抗烟,防尘。

三、栽培技术

(一)育苗技术

1.播种育苗　种子发芽的适宜温度在 9～15 ℃,春、夏、秋三季都可播种。春播前用 40 ℃ 的温水浸泡 1 昼夜,或用凉水浸泡 3～4 天,也可用温水浸泡后捞出,置于温暖向阳处催芽,每天用水冲 1～2 次。春天一般催芽 10 天左右,待种子有 30% 裂口时再进行播种。每亩播种量为 5～7.5 kg。

2.插根育苗　臭椿根蘖能力很强,也可以用插根法繁殖。春天挖取 1～2 cm 粗的侧根,剪成 15～20 cm 长的插穗,先在苗床开沟,然后将根插穗大头朝上,直放入沟内,埋土踏实,随即灌水,即可成活。

（二）栽植技术

1.造林地选择　除重盐碱土和低湿地外,地下水位低于 1 m 的地方,均可作为造林地。在我市黄土高原丘陵区,可选择梁峁、坡地和侵蚀沟坡、石砾山地栽植,土层厚度要在 30 cm 以上。

2.整地方式　在平原区"四旁"栽植时,常用穴状整地,石质山地、黄土丘陵区可采用穴状、鱼鳞坑、水平阶、水平沟等形式整地。

3.造林季节　一般春秋两季都可进行。春季栽植宜迟不宜早,掌握"春栽菁葵",即待幼苗上部壮芽膨大呈球状时栽植,关中在 4 月上旬。带干栽植要注意深度,干旱地要深栽。

4.造林密度　臭椿喜光,造林密度不宜过大。用材林为主要目的,在平原"四旁"、黄土高原丘陵区,株行距采取 2 m×3 m,每亩栽74～111 株;石质山地可适当密植一些,采取 2 m×2 m 株行距,每亩 167 株。

四、抚育管理

造林后 1～2 年内,对生长不良的幼林春季或秋季平茬一次,促使根系发育,当年高可达 2～3 m,平茬萌芽后,于 4～5 日选留 1 个健壮的萌芽培育成主干。在土壤瘠薄和风口处,要控制树高生长,防止因风折断造成损失。

五、病虫害防治

（一）臭椿皮蛾

臭椿皮蛾别名旋皮夜蛾、椿皮灯蛾,属鳞翅目夜蛾科。主要以幼虫危害臭椿以及臭椿的变种红叶椿、千头椿等树种的叶片,造成缺刻、孔洞或将叶片吃光。一年发生 2 代,已包在薄茧中的蛹在树枝、树干上越冬。次年 4 月中下旬(臭椿展叶时),成虫羽化,有趋光性,交尾后将卵分散产在叶片背面。卵块状,一雌可产卵 100 多粒,卵期 4～5 天。5～6 月份幼虫孵化危害,喜食幼嫩叶片,1～3

龄幼虫群集危害,4 龄后分散在叶背取食,受到震动容易坠落和脱毛。幼虫老熟后,爬到树干咬取枝上嫩皮和吐丝粘连,结成丝质的灰色薄茧化蛹。茧多紧附在 2～3 年生的幼树枝干上,极似书皮的隆起部分,幼虫在化蛹前在茧内常利用腹节间的齿列摩擦茧壳,发出"嚓嚓"的声音,持续 4 天左右。蛹期 15 天左右。7 月第 1 代成虫出现,8 月上旬第 2 代幼虫孵化危害,严重时将叶吃光。9 月中下旬幼虫在枝干上化蛹作茧越冬。

防治方法:①于冬春季在树枝、树干上寻茧灭蛹。②检查树下的虫粪及树上的被害状,发现幼虫人工震动枝条捕杀。③幼虫期可用 20％灭扫利乳油 2 000 倍液、2.5％功夫乳油 2 000 倍液、2.5％敌杀死乳油 2 000 倍液等喷洒防治,还可推广使用一些低毒、无污染农药及生物农药,如阿维菌素、BT 乳剂等。④灯光诱杀成虫。

(二)樗蚕

幼虫在 6 月、9 月到 11 月危害叶子。

防治方法:人工摘茧;黑光灯诱杀;用 90％敌百虫 2 000 倍液喷杀幼虫。

(三)斑衣蜡蝉

斑衣蜡蝉民间俗称"花姑娘""椿蹦""花蹦蹦""灰花蛾"等。主要以成虫、若虫群集在叶背、嫩梢上刺吸,引起被害植株发生煤污病或嫩梢萎缩、畸形等,严重影响植株的生长和发育。

防治方法:在危害严重的椿林内,应改种其他树种或营造混交林;若虫和成虫发生期,用捕虫网进行捕杀;保护和利用寄生性天敌和捕食性天敌,以控制斑衣蜡蝉,如寄生蜂等;在低龄若虫和成虫危害期,交替选用 30％ 氰戊马拉松(7.5％氰戊菊酯加 22.5％马拉硫磷)乳油 2 000 倍液、2.5％氯氟氰菊酯乳油 2 000 倍液、90％晶体敌百虫 1 000 倍液混加 0.1％洗衣粉、10％氯氰菊酯乳油 2 000～2 500 倍液、50％杀虫单可湿性粉剂 600 倍液喷雾。

(四)臭椿沟眶象

幼虫主要蛀食根部和根际处,造成树木衰弱以至死亡。

防治方法:在幼虫为害处注入 40% 久效磷 100 倍液,并用药液与黏土和泥涂抹于被害处。还可试用 50% 久效磷乳油或 40% 氧化乐果乳油 3～5 倍液树干涂环防治;根部埋 3% 的呋喃丹颗粒;在 5 月底和 8 月下旬幼虫孵化初期,在被害处涂煤油、溴氢菊酯混合液(煤油和 2.5% 溴氢菊酯各 1 份),也可用 1 000 倍 50% 辛硫磷灌根进行防治;5 月上中旬及 7 月底至 8 月中旬捕杀成虫,采用 90% 敌百虫晶体、75% 辛硫磷乳油,或 2.5% 溴氰菊酯 1 500 倍液;成虫盛发期,向树上喷 1 000 倍 50% 辛硫磷乳油。

第七节　榆树

榆树(*Ulmus pumila* Linn.),又名家榆、白榆、春榆、榆钱树等,属榆科榆属落叶乔木。因根系发达,生长快,适应性强,被誉为陕西关中的"四大金刚"树种之一,常作为平原、丘陵、河滩地造林或"四旁"绿化树种。

榆树广泛应用于咸阳市"三北"工程、绿色家园建设及"四旁"绿化。龙爪榆基于小枝扭曲下垂,树形十分美观而多用于公园及公共绿地的园林绿化美化,供游人观赏。

一、形态特征

榆树为高大落叶乔木,树高达 25 m、胸径 1 m。在干旱瘠薄地呈灌木状;幼树树皮光滑,灰褐色或浅灰色,大树皮暗灰色,呈不规则深纵裂,粗糙;小枝无毛或有毛,淡黄灰色、淡褐灰色或灰色,有散生皮孔,无膨大的木栓层及凸起的木栓翅;冬芽近球形或卵圆形,芽鳞背面无毛;叶椭圆状卵形或长卵形、披针形,长 2～8 cm,宽 1.2～3.5 cm,先端渐尖,基部偏斜或近对称,一侧楔形至圆形,另一侧圆形至半心脏形,叶面平滑无毛,叶背幼时有短柔毛,边缘具重锯齿或单锯齿,叶柄长 4～10 mm;花 4 月先开放,在上年枝的叶腋呈簇生状,翅果近圆形或倒卵圆形,长 1.2～2 cm,果梗较花被短,长 1～2 mm,果成熟期 5～6 月。

二、生物学特性

榆树属阳性树种,喜光,耐旱,耐寒,耐瘠薄,不择土壤,适应性强。根系发达,抗风力、保土力强。萌芽力强,耐修剪,生长快,寿命长。同时具有耐干冷气候及中度盐碱、不耐水湿、抗污染、滞尘强的习性,是广大城乡"四旁"绿化特别是工矿区粉尘污染较重地段绿化的首选树种。

三、栽培技术

(一)育苗技术

榆树通常采用播种和扦插两种繁育方法。播种育苗,在果成熟时整床作畦,施足底肥,每亩下种量 7.7 kg,发芽率可达 85% 左右;扦插繁育,首先在选好的优良母树上,采一年生健壮枝条,剪成 13～15 cm 的插穗,下口留成"马耳形",用 ABT 生根粉蘸根后,按 20～25 cm 株距,在精细整好的苗床上进行扦插,扦插深度 8～10 cm,并实行灌水覆膜措施,扦插繁育的成活率可达到 85% 以上。

(二)栽植技术

1.精细整地　通常采用坑穴整地方式,规格为 60～80 cm 见方,南北定行,东西定株,呈"品"字形配置。株行距 2 m×3 m～3 m×3 m,亩栽植密度 74～111 株。挖坑时要把熟土与生土分开堆放。

2.科学栽植　栽植前给每个穴中施入 10 kg 农家肥和 1 kg 磷肥,然后按"三埋两踩一提苗"的科学栽植程序,进行规范栽植。

栽后要灌足"定根水"(每穴浇一桶),浇水后用地膜覆盖地坑,防止土壤失水。

四、抚育管理

1. 中耕扩盘 为了确保榆树健旺生长,造林后3年内每年进行一次松土除草及扩盘,宜在5月中下旬进行。

2. 修枝接干 榆树主干低,为了培育高大通直良材,可采用"斩梢抹芽法"进行修枝接干。即在造林来年2~3月新芽萌生前,斩去地上部分的1/3~2/3。5月,当不定芽萌发至10 cm左右时,选留一个靠近切口的粗壮新枝作为主干进行培育,抹去其余萌芽,第2年和第3年再斩去梢部不成熟部分,在上年保留枝的相反方向再选一个新枝进行主干培育,如此,进行连续培育,即可达到所需的主干高度。

五、病虫防治

(一)榆毒蛾

防治方法:在成虫羽化期利用黑光灯诱杀;结合幼树抚育管理,实行人工摘除卵块,对初孵化幼虫进行集中消灭越冬幼虫及越冬虫茧;保护和利用土蜂、马蜂、麻雀等天敌进行防治;于绿尾大蚕蛾卵期放养赤眼蜂可有效防止寄生率达60%~70%;于低龄幼虫期喷洒25%灭幼脲3号悬浮剂1 500~2 000倍液防治;于高龄幼虫期喷洒每毫升含孢子100亿以上苏云金杆菌(BT)乳剂400~600倍液防治;于幼虫盛发期喷洒20%灭扫利乳油2 500~3 000倍液或20%杀灭菊酯乳油2 000倍液进行防治。

(二)天牛

天牛的幼虫蛀食树干和树枝,影响树木的生长发育,使树势衰弱,导致病菌侵入,也易被风折断。受害严重时,整株死亡。

防治方法:40%氧化乐果乳剂300~500倍液喷洒;5~7月天

牛成虫盛发期,剧烈震摇树枝,成虫跌落而捕杀;保护和招引天敌,如啄木鸟、喜鹊等鸟类,肿腿蜂等寄生蜂,壁虎和寄生线虫等;将碾碎的樟脑丸粉末塞入虫孔,每孔用量 1/5～1/4 粒,也可将樟脑丸溶入酒精、汽油或柴油中用脱脂棉蘸后塞入穴中,或注射 0.3～1 mL/孔,再用黏土封上孔口。

(三)榆树叶甲

防治方法:营造混交林防止其发生蔓延;严格控制苗木调运时的传播,消灭夏眠的榆紫叶甲和榆夏叶甲成虫及集中化蛹的榆蓝叶甲、榆黄叶甲幼虫;树干环涂氧化乐果、乐果乳剂原液或 1:1 水溶液;根部埋呋喃丹颗粒剂防治榆蓝、榆黄叶甲的幼虫等。

第八节　苦楝

苦楝(*Melia azedarach* Linn.),属楝科楝属落叶乔木,它不但是理想的城乡道路、环境绿化树种,而且也是河流、湿地及低海拔丘陵地带的优良造林树种。

苦楝广布于我国亚热带地区,黄河以南各省区最常见。近年来,在我省城乡绿化和河流、湿地、盐碱地造林中,也普遍选用。

苦楝树不但树形优美,叶片秀丽,花色淡雅且香味浓郁,加之具有吸附烟尘、抗二氧化硫、氟化氢等有毒有害气体的特殊功能,是城乡、"四旁"绿化美化理想的造林树种。苦楝的叶、花、果、皮皆可入药,具有味苦、性寒,清热祛湿、杀虫、止痒的多种医药效用。西北农林科技大学用苦楝叶研制开发一种高效、低毒、无公害生物农药,将会对我省农林业生产作出新的更大的贡献。

一、形态特征

苦楝为落叶乔木,树高可达 10 余米,树皮灰褐色,纵裂。分枝广展,树形美观。叶为奇数羽状复叶,长 20～40 cm;小叶对生,卵形、椭圆形至披针形;圆锥花序约与叶等长,无毛,花芳香;子房近球形,5～6室,每室有胚珠2颗,核果球形至椭圆形,长1～2 cm,宽8～15 mm,内果皮木质;花期4～5月,果期10～12月。

二、生物学特性

苦楝喜温暖、湿润气候,喜光,不耐庇荫,较耐寒,华北地区幼树易受冻害。在酸性、中性和碱性土壤中均能生长,在含盐量0.45%以下的盐渍地和湿地上也能良好生长。耐干旱、瘠薄,能生长于水边,但以在深厚、肥沃、湿润的土壤中生长较好。苦楝树势强壮,萌芽力强,抗风,生长迅速,花艳、量多,极具观赏性。耐烟尘,抗二氧化硫,有极强的抗病虫能力。

三、栽培技术

(一)育苗技术

苦楝种子为肉质果,成熟后为淡黄色。育苗地应选在背风向阳、土壤肥沃、排水良好的塬地或坡台地上。播种前需做好精细整地、施足底肥、土壤消毒、打垄做畦等工作。播期以3月下旬至4月上旬为宜,播种量20～30 kg/亩,行距25～30 cm,沟深3～5 cm,播种后进行覆土,轻轻填压及浇水,浇水后立即用地膜覆盖,10～15天出苗。楝树每个果核内有种子4～6粒,出苗后呈簇生状,小苗长至10 cm左右时需进行间苗,株距15～20 cm定苗。按照城乡绿化要求,苗木平均高达3 m左右,胸径2.5～3 cm时即可出圃。

(二)栽植技术

1. 造林地选择 苦楝对造林立地条件要求不严,一般在平原"四旁"、房前屋后,城镇绿化、河流湿地均可栽植。

2. 造林密度 苦楝造林的初植密度应视其用途而定,一般用作"四旁"绿化的株行距为3 m×4 m,片植株行距为3 m×3 m。

3.整地方式　一般苦楝造林均实行大坑穴整地方式,其规格为 50～60 cm 见方,每穴内施入农家肥 10 kg、磷肥 0.5 kg,并与表土拌匀后方可进行栽植。

4.科学栽植　栽植时要坚持"三埋两踩一提苗"栽植程序,栽后要灌足"定根水"(每穴浇一桶),浇后用地膜覆盖,防止土壤失水。

四、抚育管理

1.中耕扩盘　造林后 3 年内均需每年进行 1 次松土除草及扩盘,时间可在 5 月中下旬进行。

2.修枝接干　苦楝树干低矮,为了培育高大通直良材,可采用"斩梢抹芽"法进行修枝接干。即在造林第 2 年 2～3 月新芽萌发前,斩去地上部分的 1/3～2/3,5 月,当不定芽萌发至 10 cm 左右时,选留一个靠近切口的粗壮新枝作为主干进行培育,抹去其余萌芽,第 2 年和第 3 年再斩去梢部不成熟部分,在上年保留枝的相反方向再选留一个新枝进行主干培育,如此法连续培育,即可达到所需要的树干高度。

五、病虫害防治

(一)斑点病

用可杀得可湿性粉剂 1 000 倍液或 50% 多菌灵 1 000 倍液及时喷洒。

(二)大袋蛾

幼虫取食树叶、嫩枝皮及幼果。大发生时,几天能将全树叶片食尽,残存秃枝光干,严重影响树木生长,开花结实,使枝条枯萎或整株枯死。

防治方法:冬季人工摘除树冠上袋蛾的袋囊;7 月上旬喷施 90% 敌百虫晶体水溶液或 80% 敌敌畏乳油 1 000～1 500 倍液,

2.5％溴氰菊酯乳油 5 000～10 000 倍液防治大袋蛾低龄幼虫；要充分保护和利用天敌寄蝇。喷洒苏云金杆菌 1 亿～2 亿孢子/mL。

(三)红蜘蛛

用 40％乐果 1 500 倍液实施喷杀防治。

第九节　梧桐

梧桐[*Firmiana platanifolia* (L. f.) Marsili]，又名青桐、桐麻，属梧桐科梧桐属落叶乔木。梧桐为中国原产树种，久经栽培。梧桐生长快，木材轻软，为制木匣和乐器的良材。种子炒熟可食或榨油。茎、叶、花、果和种子均可药用，有清热解毒的功效。树皮的纤维洁白，可用以造纸和编绳等。由于其树干光滑，叶大优美，是一种著名的观赏树种。中国古代传说凤凰"非梧桐不栖"。许多传说中的古琴都是用梧桐木制作而成。目前已经被引种到欧洲、美洲等许多国家作为观赏树种。

一、形态特征

梧桐树高可达 16 m，树皮青绿色，平滑。叶心形，掌状 3～5 裂，直径 15～30 cm，裂片三角形，顶端渐尖，基部心形，两面均无毛或略被短柔毛，基生脉 7 条，叶柄与叶片等长。圆锥花序顶生，长约 20～50 cm，花淡黄绿色。蓇葖果膜质，有柄，成熟前开裂成叶状，长 6～11 cm，宽 1.5～2.5 cm，外面被短茸毛或几无毛，每蓇葖果有种子 2～4 个；种子圆球形，表面有皱纹，直径约 7 mm。花期 6 月，果期 10 月。

二、生物学特性

梧桐树是喜光植物，适生于肥沃、湿润的沙质壤土，喜碱。根肉质,不耐水渍,深根性,植根粗壮;萌芽力弱,一般不宜修剪。生长尚快,寿命较长,能活百年以上。在生长季节受涝 3～5 天即烂根致死。发叶较晚,而秋天落叶早。对多种有毒气体都有较强抗性。耐严寒,耐干旱及瘠薄。夏季树皮不耐烈日。在沙质土壤上生长较好。

三、栽培技术

(一)育苗技术

梧桐树常用播种法繁殖。秋季果熟时采收,晒干脱粒后当年秋播,也可沙藏至翌年春播。条播行距 25 cm,覆土厚约 1.5 cm。每亩播量约 15 kg。沙藏种子发芽较整齐,播后 4～5 周发芽。干藏种子常发芽不齐,可在播前先用温水浸种催芽。正常管理下,当年生苗高可达 50 cm 以上,翌年分栽培养。三年生苗即可出圃。

(二)栽植技术

梧桐一般作观赏树种栽植,晚秋落叶后或春季发芽前栽植均可。栽植株距 4～5 m,树穴大小应该比树木土球大 30～40 cm。栽植前,穴内施腐熟有机肥并与底土拌匀。采用"三埋二踩一提苗"的方法,埋土在根际 15～20 cm,栽植时,要保证苗木端正成行,根系舒展,栽植后埋土踏实,及时浇水保墒。大树移栽,也易于成活。成活后每年进行必要的抚育管理。

四、抚育管理

栽后头两年要经常松土除草,加强肥水管理,注意保护幼树,切勿损伤和修剪枝顶,以免枯梢和破坏树形。

五、病虫害防治

青桐木虱又名梧桐木虱,是青桐的主要害虫。桐木虱以若虫、成虫在梧桐叶背或幼嫩枝干上吸食树液,破坏疏导组织,尤以幼树容易受害,严重时导致整株叶片发黄,顶梢枯萎。若虫分泌的白色棉絮状蜡质物,将叶面气孔堵塞,影响叶部正常呼吸和光合作用,使叶面呈现苍白萎缩症状,起风时,白色蜡丝随风飘扬,形如飞雾,严重污染周围环境,影响市容市貌。

防治方法:①5月中下旬,可喷洒10%蚜虱净粉2 000～2 500倍液、2.5%吡虫啉1 000倍液或1.8%阿维菌素2 500～3 000倍液。②危害期喷清水冲掉絮状物,可消灭许多若虫和成虫。③结合冬剪,除去多余侧枝。树干涂白,消灭过冬卵。④注意保护和利用寄生蜂、瓢虫、草蛉等天敌昆虫。

第十节 皂荚

皂荚(*Gleditsia sinensis* Lam.),又名皂荚树、皂角等,豆科皂荚属落叶乔木或小乔木,产于中国多省区。木材坚硬,为车辆、家具用材;荚果煎汁可代肥皂用以洗涤丝毛织物;嫩芽油盐调食,其子煮熟糖渍可食。荚、子、刺均入药,有祛痰通窍、镇咳利尿、消肿排脓、杀虫治癣之效。

一、形态特征

皂荚树高可达30 m;枝灰色至深褐色;刺粗壮,圆柱形,常分枝,多呈圆锥状。叶为一回羽状复叶,边缘具细锯齿,上面被短柔毛,下面中脉上稍被柔毛;网脉明显,在两面凸起;小叶柄被短柔毛。花杂性,黄白色,组成总状花序;花序腋生或顶生;雄花花瓣长圆形。荚果带状,劲直或扭曲,果肉稍厚,两面鼓起,弯曲作新月形,内无种子;果颈长1～3.5 cm;果瓣革质,褐棕色或红褐色,常被白色粉霜;种子多颗,棕色,光亮。花期3～5月,果期5～12月。

二、生物学特性

皂荚喜光,稍耐阴,生于山坡林中或谷地、路旁,海拔自平地至2 500 m。常栽培于庭院或宅旁。在微酸性、石灰质、轻盐碱土甚至黏土或沙土均能正常生长。属于深根性植物,具较强耐旱性,寿命可达六七百年。

三、栽培技术

(一)育苗技术

选择树干通直,长势较快,发育良好,树龄30年至80年,种子饱满,且没有病虫害的树作为采种母株,每年10月采种。采收的果实放置于光照充足处晾晒,晒干后用木棍敲打,将果皮去除,然后进行风选,种子阴干后,放置于干净的布袋中储藏。皂荚树种皮较厚,播种前要进行处理才能保证出芽率。11月上旬,将种子放入水中浸泡48小时,捞出后于湿砂混合储藏催芽,翌年3月中旬开裂露白喉,可进行播种。

育苗地选择土壤深厚肥沃、灌溉、排水方便的地方,苗床可采用高床,每亩地施用经腐熟发酵的厩肥2 000 kg作基肥。播种采用条播法,条距20 cm,每米播种15粒,播种后立即覆土,厚4 cm,保持土壤湿润。苗出齐后,可用小工具进行松土。高15 cm时可进行定苗,株距12 cm。苗期加强水肥管理和病虫害管理。当年小苗可长到100 cm高。秋末落叶后,可按株距0.5 m,行距0.8 m进行移栽。移栽后要及时进行抹芽修枝,以促进苗干通直生长,利于培育成根系发达,树冠圆满的大苗。

(二)栽植技术

1.造林地选择　喜温暖向阳地区,对土壤要求不严,排水良好即可,山区、平坝、边角隙地均可栽植。

2.栽植时间　选择在每年冬季落叶后的11～12月、来年的

2～4月发芽前栽植。

3. 栽植　可按 7 m 开穴,实行大坑穴整地方式,其规格为 80 cm 见方。栽植前把幼苗挖起,稍加修剪,每穴栽苗 1 株,盖土压实,最后再覆松土,使稍高于地面,浇水定根。

四、抚育管理

皂荚树春季(3月中旬)栽植后要浇好头三水。此后每月浇一次透水,7～8 月为降水丰沛期,可少浇水或者不浇水,大雨后应及时将积水排出。秋末浇足浇透封冻水。翌年早春 3 月浇好解冻水,其余时间按头年方法浇水。栽后 3～4 年,每年要在穴边松土除草,并施草木灰或渣滓肥,促使其迅速生长。

五、病虫害防治

(一)煤污病

用好力克 43%悬浮剂 3 000 倍液进行喷雾,每 7 天喷 1 次,连续喷洒 3～4 次可有效控制病情。

(二)白粉病

生长期在发病前可喷保护剂,发病后宜喷内吸剂;病害盛发时,可喷 15%粉锈宁 1 000 倍液、2%抗霉菌素水剂 200 倍液、10%多抗霉素 1 000～1 500 倍液。也可用白酒(酒精含量 35%)1 000 倍液,每 3～6 天喷 1 次,连续喷 3～6 次,冲洗叶片到无白粉为止;喷高脂膜乳剂 200 倍液对于预防白粉病发生和治疗初期具有良好效果。

(三)皂荚幽木虱

若虫期向嫩叶喷洒 3%高渗苯氧威乳油 3 000 倍液或 12%苦烟乳油 1 000 倍液进行防治。

(四)日本长白盾蚧、桑白盾蚧

在冬季对植株喷洒 3～5 波美度石硫合剂,杀灭越冬蚧体。若虫孵化盛期喷洒95%蚧螨灵乳剂400倍液,20%速克灭乳油1 000倍液进行杀灭。

（五）含羞草雕蛾

用黑光灯诱杀成虫,初龄幼虫期喷洒1.2%烟参碱1 000倍液或10%吡虫啉可湿性粉剂2 000倍液。

（六）皂荚云翅斑螟

用黑光灯诱杀成虫,在幼虫发生初期喷洒3%高渗苯氧威乳油3 000倍液。

（七）宽边黄粉蝶

用黑光灯诱杀成虫,喷洒100亿孢子/mL BT乳剂500倍液杀灭幼虫。

第四章 园林绿化树种

城乡园林绿化是建设生态文明、美丽咸阳的主体,也是现阶段我市组织开展"国家园林城市""国家绿化模范城市"创建活动的主要载体。严格按照"因地制宜、适地适树"原则,科学选择适宜我市城乡绿化的栽植树种,则是加快"国家园林城市""国家绿化模范城市"创建步伐,最终实现建设生态文明、美丽咸阳宏伟目标的有效途径。

第一节 雪松

雪松[*Cedrus deodara*(Roxb.)G. Don],又名喜马拉雅杉,属松科雪松属常绿乔木。目前,已广泛应用于我国的城乡环境绿化、公园、公共绿地和重要地段的绿化节点之中。

雪松树体高大,干形通直,树冠尖塔形,大树亭立,树姿优美端庄,潇洒飘逸,其树形雄伟壮丽。挺拔苍翠之姿与南洋杉、日本金松同为世界著名的三大珍贵观赏树种之一。另外,雪松木材有树脂,纹理直或斜,结构松软,材质易加工,可用作建筑、电杆、枕木、矿柱、家具及木纤维工业原料;不少种类树干可采割松脂;树皮、针叶及树根可综合利用,制成多种化工产品。木材坚实,纹理密致,具香气,耐久用;多数种类为庭院绿化树种。

一、形态特征

树高可达 60 m,胸径 2 m,幼树树皮淡灰色不开裂,老树树皮深灰色,裂成鳞状块片,树冠塔形,大枝不规则轮生,平展,小枝微下垂。叶针状,螺旋状散生,切口多呈三角形,质硬,先端尖,长2~5 cm,幼时有白粉,灰绿色,短枝生长很慢,针叶簇生。花单性,多为雌雄异株,稀雌雄同株,但雌雄花分别着生在不同的枝条上。成熟球果大,直立,桶形,具树脂,生于粗短柄上,果鳞木质,每果鳞含2种子,种子顶端具宽的膜质翅,翅长数倍于种子。子叶 9~10 枚。花期 10~11 月,翌年 10 月球果成熟。

城市绿化中常见的有三种类型:

(一)厚叶雪松

针叶短,平均长 2.8~3.1 cm,厚而尖。枝条平展开张,小枝微下垂或近乎平展。生长较慢,树冠壮丽。用以绿化最好。

(二)垂枝雪松

枝条下垂,针叶最长,平均长 3.3~4.2 cm。树冠尖塔形,生长较快。通过人工整形可使其大枝均下垂,树枝若璎珞状。

(三)翘枝雪松

枝条斜上,小枝微下垂,针叶平均长 3.2~3.8 cm。树冠宽塔形,生长最快。

二、生物学特性

雪松抗寒性较强,大苗可耐－25 ℃的较短期低温,但对温热干旱气候适应能力较差,往往生长不良。雪松喜光,幼树稍耐庇荫,大树要求充足的上方光照,否则生长不良或枯萎。适宜温暖、湿润的气候条件。雪松生长在年降水量为 1 000~1 700 mm 地区为最佳。对土壤要求不严,酸性、微碱性土均适应,但以深厚肥沃的酸性壤土上生长最好。雪松怕水,低洼积水或地下水位过高的地方生长不良,甚至死亡。在城市绿化中,凡低洼积水或地下水位过高处,种植雪松效果不好,甚至造成死亡。另外,雪松抗烟能力差,在嫩叶期,极易受害,遇二氧化硫气体,则迅速枯萎死亡。对除草醚、24D 丁酯等化学除草剂极敏感,轻则幼叶发黄受害,重则死亡,故也可作为化工厂的环境监测树种。

三、栽培技术

在城市绿化中,常用雪松配植在花坛之中,作主体树种。道路分车道交叉口或道路的尽端,常用雪松作为对景树,效果极佳。在公园的草坪边缘或一角,成丛配置,可使草坪显得更为广阔辽远。成行排列种植,整齐划一,给人以轻快潇洒的感受。

(一)育苗技术

雪松种源不足,不但价格昂贵,而且不能保证供应,播种育苗多采用容器育苗,因此目前插条育苗是雪松育苗的主要方法。具体做法如下,将黄土 5 份、细沙 3 份、蛭石 2 份混合成插壤,用 2% 的硫酸亚铁溶液消毒后备用。在苗圃地内按宽 1 m,长 8 m 的大小作成插床,插床由北向南排列,床数多少视枝条数量而定,将床内离地表 30 cm 以内的土壤全部挖除,然后填入准备好的插壤并刨平,插壤厚度 25 cm,在插床周围步道上铺垫砖块,上方架设荫棚,棚高 2 m,周围也用箔子遮住。

3 月上中旬从健壮幼林实生母树上采集 1 年生枝梢作为插穗。插条长 18～20 cm,粗枝可以较短,细枝应较长,剪去侧枝及插穗下半部的针叶,30～50 个一束捆好,洒水放于阴凉处。插前将插条放入浓度为 500 ppm 的萘乙酸钠水溶液快浸 5 秒钟,可以促进生根。按 6 cm×6 cm 的株行距插入苗床,深度为插条长度的一半。先用硬树枝打孔,然后放插条,插后随即用喷壶浇 1 次透水,使插条与插壤密接,然后在插床上搭高度为 50 cm 的钢筋或竹木条拱棚,棚上覆盖塑料薄膜,以便保温保湿。

雪松插条生根时间较长,春插实生母树插穗需 40～50 天形成愈合组织,80～90 天开始生根,4 个月后大量生根。因此,插后管理非常重要,管理不当,插穗就会枯萎。最初两个月,晴天每日早晚要用喷雾器喷水 1 次,使插壤处于湿润状态而又不能有积水,以免插穗腐烂。插床两头的薄膜上午敞开,以利通风降温,傍晚封闭。插穗生根后要减少喷水次数,以免烂根,并要随时拔除床内杂草。9月中旬以后荫棚及薄膜可以除去,但冬季严寒到来以前,应盖薄膜防冻。扦插当年不抽新梢,需要留床继续培育1年,2年生苗高可达30~40 cm或更高,再分床移栽,培育大苗。

(二)栽植

雪松是珍贵的庭院绿化树种,具有极高的观赏价值,目前仅用作四旁绿化树种,美化生活环境。苗木出圃以春季为宜,移栽1年生苗成活率最高。栽植上常采用2~4 m高的大苗带土球栽植,时间以早春或秋季最好,栽植成活率高。小苗裸根移栽,根部应蘸泥浆,大苗必须多带宿土,移植大树,更需经过盘根带土球措施。

移植时,一定要小心操作,千万不要损伤枝条,否则其树形受损失去观赏价值。

移栽完后,风大的地区应设立支柱以防止风吹摇动,并注意灌水,促其成活。另外,雪松的顶芽需要加以保护,不能使顶芽受损伤而影响树姿,如因故折损,可在生长点附近,选择健壮枝条,扶以竹竿,使之直立,促其上长,维持树形。

四、养护管理

(一)灌水与排水

一般是春、夏季节若遇干旱,土壤水分不足时,一定要灌水,特别是高温季节。入冬时节灌一次封冻水。另外雪松怕积水,雨多积水时要注意排水。

(二)施肥

雪松树为庭院观赏树种,施肥管理上不太严格。但在生长季节若出现树叶黄萎时,为缺肥症状,应结合灌水施液肥,以维持生机。

（三）修剪

雪松主轴顶端优势较强，自然树形即为尖塔形，通常不加修剪也能收到较好的效果。为了保持优美的姿势修剪上应注意：

1.保持中心主枝的顶端优势　每年新梢萌动前，要对每株幼苗、幼树的中心主干的顶梢进行扶正，可以沿主干绑缚一根略高于树体的竹、木之类的辅助物，将主干延长枝顺竹木等支撑物引直，再用麻绳缚紧，使顶芽处于全树最高地位，获得最多的养分而继续向上生长。在顶梢附近如果有较粗壮的侧枝与主梢形成竞争现象，必须先对竞争枝进行重短截，削弱其长势，有利于主干顶梢的旺盛生长。

2.保留下部枝条　使其与地面或草坪相接，仅剪去枯死枝条。

五、病虫害防治

雪松在幼苗期间主要虫害有小地老虎、蛴螬等地下害虫，成年后主要病虫害有根腐病、红龟蜡蚧、松褐天牛等，发现后应立即防除。

（一）根腐病

在雪松根部以新根发生为多。多从根尖、剪口和伤口处侵染。地下水位高、积水、栽植过深、土壤黏重和土壤贫瘠处容易发病，移植时伤根过多，极易发病。初期病斑浅褐色，后深褐色至黑褐色，皮层组织水渍状坏死。大树染病后在干基部以上流溢树脂，病部不凹陷；幼树染病后病部内皮层组织水渍状软化腐烂无恶臭，有时出现立枯，地上部分褪绿枯黄，皮层干缩。染病初期症状不明显，严重时针叶脱落，整株死亡。

防治方法：提高栽培技术，管理水平；发病时根部浇灌乙膦铝、瑞毒霉、敌克松等药剂。

（二）红龟蜡蚧

一年发生1代，以雌成虫在枝条上越冬。

防治方法：冬季越冬期间向枝干喷洒 3～5 波美度石硫合剂；冬季和夏季对植株适当修剪，剪除过密枝和病虫枝，利于通风透光，不利于蚧体发育；在 6 月上中旬喷洒石油乳剂等化学药剂防治。

(三)松天牛

一年发生 1 代，以老熟幼虫在蛀道内越冬，4 月中旬羽化，5 月成虫活动达到盛期。

防治方法：5 月份用乐果、辛硫磷、杀螟松等药剂喷涂树干；用注射器注入或用药棉塞入虫孔，防治已蛀入木质部的幼虫，药剂有：杀螟松、敌敌畏、马拉硫磷等；在成虫羽化期人工捕捉或黑光灯诱杀。

(四)小地老虎

防治方法：灭虫，保证圃地无杂草，可消灭部分虫卵和幼虫；鲜草诱杀，用多汁的鲜草或莴笋叶切短，以鲜草、敌百虫按 99.5∶0.5 份拌成鲜草饵，放入圃地幼苗附近，隔一定距离撒一小堆，诱杀幼虫；药剂防治，50％辛硫磷乳油 1 000 倍液喷洒苗地。

(五)蛴螬

防治方法：黑光灯诱杀，在雌成虫大量产卵之前进行；在成虫发生期，喷施 90％敌百虫原药 1 000 倍液。

第二节　云杉

云杉(*Picea asperata* Mast.)，又名白松，为松科云杉属针叶常绿乔木。云杉是我国特有树种，其寿命可达 9 500 年，堪称"世界上最古老"的树。云杉树形美观，四季常青，分布范围很广，可作为我国高海拔、寒冷地区、森林公园及城乡公共绿地绿化美化树种。

云杉木材轻软，结构细密，纹理通直，有弹性，可作飞机、桥梁、电杆、船舶、家具及建筑用材。

云杉枝杆及叶子均可提取芳香油,树皮可提取栲胶。

云杉树姿端庄、树形优美,不但是城市公园、公共绿地的绿化美化树种,而且可培育成盆景装扮饭店、宾馆及会议厅,还可配作圣诞树。

一、形态特征

云杉树干高大通直,高达 45 m,胸径可达 1 m。树皮淡灰褐色或淡褐灰色,裂成不规则鳞片或稍厚的块片脱落,小枝有疏生或密生的短柔毛,主枝向上伸展,侧枝向外伸展,下面及两侧枝叶向上方弯伸,四棱状条形,长 1～2 cm,宽 1～1.5 mm,微弯曲,横切面四棱形,四面有气孔线,上面每边 4～8 条,下面每边 4～6 条;球果圆柱状,上端渐窄,未成熟为绿色,成熟时淡褐色或栗褐色,长5～16 cm,径 2.5～3.5 cm,种翅淡褐色,9～10 月成熟。

二、生物学特性

云杉耐阴、耐寒,较耐旱,喜欢凉爽湿润的气候和肥沃深厚、排水良好的微酸性土壤,生长缓慢,浅根性树种。在全光下,天然更新生长旺盛。

三、栽培技术

(一)苗木培育

1.扦插育苗　扦插育苗又分为硬枝扦插和嫩枝扦插两种。硬枝扦插在 1～5 年生实生苗上剪取健壮枝条作插穗,秋末剪取插穗,梱扎,沙藏越冬,翌年 2～3 月,插入苗床,株行距 20 cm×40 cm,苗床喷雾保湿,30～40 天后生根出苗。嫩枝扦插在 5～6月进行,在优树上选取半木质化较好的嫩枝,剪成长 12～15 cm 的插穗,用 ADP 生根粉浸泡 2 小时以上后在平整好的苗床上进行嫩枝扦插,株行距同上,插后20～25天即可生根出苗。

2.播种育苗　云杉种子较小,忌旱怕涝,应选择地势平坦、排灌方便、肥沃疏松的沙质土壤作圃地,播种期地温以12℃以上为宜,播种时间3月下旬至4月上旬,播种后及幼苗发育期应及时浇水,保持苗床湿润,并适当遮阴,为了培育大苗,可采取小苗带宿土定植法,定植后施足底肥,浇透水,2年后苗高可达40 cm,5～7年生苗可达1～1.2 m。

（二）精细整地

云杉栽植一般采用大坑穴整地方式,栽植株行距3 m×3 m～3 m×4 m,亩初植密度56～74株,整地规格为60～80 cm见方,若栽植坑挖出的土是建筑垃圾或石渣土,一定要实行换土栽植,否则,将会直接影响云杉生长。

（三）科学栽植

云杉作为城市公园、公共绿地、街心公园绿化,苗龄应选择5～7年大苗栽植为宜。一次成活,就可显示出景观效果,栽植前,应给每个栽植穴中施入10 kg有机肥,0.5 kg磷肥,与栽植土搅匀后,将苗木放入坑穴中央,再按"三埋两踩一提苗"的栽植程序进行科学栽植,栽后灌足定根水,覆土,用地膜覆盖树坑,以确保云杉栽植成活率达到95％以上。

四、养护管理

云杉栽后1～3年内,要对栽植坑实行松土除草措施,时间以5月中下旬为宜,避免荒草与树苗争肥,确保苗木健壮生长。

五、病虫害防治

（一）叶枯病、茎枯病

发病初期喷洒波尔多液（即用500 g硫酸铜、500 g石灰加50 kg水配成）;茎枯病发病初期用65％代森锌可湿性粉剂600倍液喷洒。

(二)云杉八齿小蠹

利用步行虫、寄生蜂、啄木鸟等天敌捕杀；5 月底至 7 月初成虫危害盛期用 2.5％敌杀死 200 倍液或 30％氯氰菊酯 500 倍液喷洒枝干。

第三节　白皮松

白皮松(*Pinus bungeana* Zucc. ex Endl.)，又名蟠龙松、蛇皮松、虎皮松、白骨松等，属松科松属常绿乔木。树体高大，树皮白色，树形多姿，是本市风景区、旅游区、庭院和公共绿地的优良树种。

白皮松为我国特产树种。树形高大，树皮白色有光泽，斑驳奇特针叶青绿，枝条疏生而斜展，形成伞状，整个树形多姿，苍翠挺拔，别有特色，是风景园林或庭院绿化的优良树种。材质脆弱，但纹理美观，可作家具、工具，球果可药用，种子可食用。诗人张著《白松》诗："叶坠银钗细，花飞香粉干。寺门烟雨里，混作白龙看。"不啻为白皮松姿态写真也。

一、形态特征

白皮松树高可达 30 m，树冠阔圆锥形或卵形，主干明显。幼树树皮灰绿色，平滑，大树树皮灰白色，呈不规则的鳞片剥落。1 年生枝灰绿色，无毛，叶 3 针一束，粗硬，长 5～10 cm。球果卵圆形，长 5～7 cm，熟时淡黄色，花期 4～5 月，成熟期翌年 10～11 月。

二、生物学特性

白皮松为温带树种，性喜阳光，幼年稍耐阴。对土壤气候适应性强,在气候凉爽的酸性山石土上,土层深厚、肥沃、排水良好的钙质土和黄土上均生长良好。对二氧化硫及烟尘等大气污染抗性较强。根深、抗风、耐旱、耐贫瘠。生长较为缓慢,寿命可达数百年。

三、栽培技术

(一)苗木繁育

白皮松主要采用播种法繁育。9～10月采集球果,晒干后取出种子。种子发芽势弱,需催芽,上冻前混湿沙2倍拌匀置于阴处,其上覆盖。翌年2月倾倒于背风向阳处,经常上下翻动,当有40%之种壳裂开时,即可播种,适当早播可减少松苗立枯病,一般以土壤解冻后10天内最适宜。播种时用高床,播后覆土,厚1～1.5 cm,其上再覆湿锯屑及塑料薄膜或"土面增温剂"使之保湿增温,促其发芽。

幼苗带壳出土,应防鸟害。当年生苗在北方应予覆土防寒,2年生苗,裸根移植,5年生苗带土做第2次移植。初栽时应带土栽植,如胸径大于12 cm时,则根部应用木板加固,然后移植。

(二)栽植

白皮松以其树皮斑块如白龙,封建时代只许于帝王陵寝及寺院内栽植。北京法源寺、碧云寺,山东曲阜颜庙、苏州园林、南京中山陵园、玄武湖公园中均有栽植。古代园林中常与假山、岩洞相配植,使苍松奇峰相映成趣。白皮松适于庭园中堂前亭侧栽植,或与石山、碑墓相间配置,墓道两侧列植亦可。园中高地土山上成群栽植,葱茏苍翠,颇为壮观。

白皮松栽植可分为城市绿化栽植与荒山造林两种,一般以城市绿化为主。

城市绿化一般在公园、庭院和街道作为观赏和行道树,均采用带土大苗栽植,移植时根际带土坨,并用草绳缠绕,土坨大小根据胸径、树高、根系大小而定,以保护好主侧根及须根为标准。栽后浇足水,待水渗干后,在土表面覆土保墒。

四、养护管理

白皮松栽植后 3 年内应加强幼林养护工作,每年应进行松土除草 2 次以上,有条件的管理工作可更细些。

栽植后注意灌溉,在低洼地注意排水。枝干生长较慢,一般任其生长,不必整形,冬季积雪过重,易遭折损时,必须妥善维护。

五、病虫害防治

(一)松落针病

因树种和病原不同而略有差异,一般初为很小的黄斑点或段斑,至晚秋变黄脱落。先在落叶上出现纤细黑色或褐色横线,将针叶分为若干段,在二横线间产生长 0.2 ~0.5 mm 的黑色或褐色长椭圆形或圆形小点,即病菌的分生孢子器。此后产生较大黑色或灰色椭圆形的突起粒点,长 0.3~2.0 mm,有油漆光泽,中间有一条纵裂缝,即子囊果。因病原种类不同,有的针叶上横线纹较多,有的少或缺失,产生子实体的数量和大小也不同。此外有的病叶枯死而不脱落,并在其上产生子实体;有的针叶仅上部感病枯死,也产生子实体,下部仍保持绿色。幼树和大树均可受害,造成针叶枯黄早落,影响生长,严重时濒于死亡。

防治方法:营造不同组成的林分,如松桦、松栎、桤木等混交林;加强林分经营管理,及时防治病虫害,伐除生长衰弱或濒死木、被压木,修除重病株的下层枝,清扫林内落叶;在春夏子囊孢子散发高峰期之前喷洒 1∶1∶100 波尔多液、50%退菌特 500~800 倍液、70%敌克松 500~800 倍液、65%代森锌 500 倍液、45%代森铵 200~300 倍液;郁闭幼林或重病成林施放 621 烟剂、百菌清烟剂或硫黄烟剂。

(二)居松大蚜、松长足大蚜

主要危害油松、黑松、白皮松等针叶树。严重发生时,松针尖端发红发干,针叶上也有黄红色斑,枯针、落针明显。以卵越冬,翌春 4 月孵化,孵化率可达 90％以上,孵化时间随气温的变化而变化,早春气温越高,孵化越早。一年发生数十代,世代重叠现象严重。

防治方法:在越冬卵孵化盛期是全年防治的第 1 个有利时机,此时防治可起到事半功倍的作用。

常用的药剂有:1.2％百虫杀(烟参碱乳剂)800～1 000 倍液,10％蚜虱净(吡虫林)3 000～4 000 倍液,1.8％爱福丁 3 000～4 000倍液,50％灭蚜松 1 200～1 500 倍液,50％辟蚜雾可湿性粉剂2 000～3 000 倍液,2.5％溴氰菊酯 3 000 倍液,10％氯氰菊酯4 500～5 000 倍液,20％灭扫利 3 000 倍液,2.5％功夫菊酯 3 000倍液,40％胺氯菊酯乳油 1 500～2 000 倍液。

第四节　华山松

华山松(*Pinus armandii* Franch.),又称五针松,为松科松属常绿乔木,因模式标本采于华山,故名华山松。树高大挺拔,树皮灰绿,冠形优美,姿态奇特,故常作为风景树植于景区的假山流水旁边,不但能呈现出苍翠青绿的湖光山水美景,更富有浓浓的诗情画意,是理想的旅游景区绿化树种。

华山松主产于我国山西南部中条山、河南西部嵩山、陕西南部秦岭、甘肃南部的白龙江、四川、湖北西部、贵州中部及西北部、云南及西藏的雅鲁藏布江等地,江西庐山、浙江杭州等风景名胜区均有栽培。垂直分布海拔 1 000～3 300 m,系高山风景区的优良针叶常绿树种。华山松树形美观,姿态奇特,叶 5 针一束,是公园、庭院、景区绿化的优良风景树。华山松叶、花、果及种子均可入药,具有医治关节痛、腰腿痛、跌打肿痛、咳嗽、便秘、胃病、中耳炎、鼻炎、湿疹、感冒、高血压及神经衰弱等功能。华山松叶、花、果、皮还可提取松香、松节油。树皮含单宁 12%～23%，可提炼栲胶。种子含油量 42.8%，出油率 22.24%。沉积的天然松渣，还可提炼柴油、凡士林、人造石油等。华山松又是很好的建筑木材和工业原料。其材质轻软，纹理细致，易于加工，且耐水、耐腐，有"水浸千年松"的声誉，也是名副其实的栋梁之材。华山松可作家具、雕刻、胶合板、枕木、电杆、车船和桥梁用材。

一、形态特征

华山松为常绿乔木，树体高大雄伟，树高达 35 m，胸径 1 m；幼树树皮灰绿色或淡灰色，光滑；针叶，5 针一束，长 8～15 cm，径 1～1.5 mm，边缘有细锯齿，横切面三角形；雄球花黄色，卵状圆柱形，长约 1.4 cm，基部围有近 10 枚卵状匙形鳞片，多集中于新枝下部成穗状，排列较疏松；花期 4～5 月，球果圆锥状长卵圆形，长 10～20 cm，径 3～5 cm，幼果绿色，成熟时褐黄色，果梗长 2～3 cm；种子黄褐色，暗褐色或黑色，倒卵圆形，长 1～1.5 cm，径 6～8 mm，无翅，球果第 2 年 9～10 月成熟。

二、生物学特性

华山松属阳性树种，喜温凉湿润气候，自然分布于年平均气温 15 ℃以下，年降水量 600～1 500 mm，年平均相对湿度大于 70% 的地方。耐寒性强，可耐－31 ℃的绝对低温，不耐炎热，高温季节生长不良。喜土层深厚、湿润、疏松及排水良好的中性或微酸性土壤，不耐盐碱，耐瘠薄能力不如油松、白皮松。

三、栽培技术

(一)育苗

常采用容器育苗。具有带土杯、不伤根、造林成活率高的优点,适于半湿润、半干旱地区困难立地造林,同时,可做到四季造林。

1.圃地选择　育苗地宜选在地势平坦、背风向阳、排灌条件良好、交通方便的地方。

2.容器选择及营养土配制　容器应采用塑料薄膜容器,规格 6 cm×14 cm,营养土按 60%黄土＋30%火烧土＋10%菌根土,外加 3%过磷酸钙的比例配制,其中菌根土待营养土消毒 10 日后再加入,以免菌根菌被消毒药剂所杀伤。土壤消毒每 1 m^2 营养土加入敌克松 0.2 kg、甲敌粉 0.2 kg。菌根土可用松林下表层土,松类育苗不能缺少菌根菌,如缺少菌根,苗木针叶即发黄,出现生长不良。

3.装袋及摆放　圃地应开好排水沟,以防暴雨后雨水冲击。苗床宽 1.2 m,留 40 cm 宽步道,在营养袋内按规定标准装满基质,并整齐排放在苗床上。

4.适时播种　容器育苗播种前,要对种子进行消毒和催芽处理。种子消毒用 50%多菌灵 800 倍液;催芽用 50 ℃温水浸种,自然冷却后用清水浸泡 24 小时,取出晾干,每袋播入 2～3 粒种子,播种深度约 1 cm,播种时间宜在清明前后,播后用塑料薄膜或草帘覆盖,保温保湿。出苗率可达 95%以上。

5.苗期管理

(1)除草　本着除早、除小、除了的原则,做到容器、床面和步道无杂草,除草时要防止伤害苗根。

(2)浇水　在种子发芽阶段,要特别注意保持容器内基质湿润,防止因缺水造成已发芽的种子回缩死亡;由于营养袋内土壤少、抗旱力弱,若遇干旱应及时补充水分,以满足苗木生长对水分的需求。浇水要浇透,宜在早、晚进行。

(3)施肥　出苗 20 天后,施用磷酸二氢钾,按 0.2% 的浓度喷施叶面肥,前期不宜直接施用颗粒性肥料,否则会烧根;速生期可按 N:P:K 为 3:2:1 配制混合肥料,稀释成 0.6% 的浓度浇灌,追肥宜在傍晚进行。苗木木质化期,只施磷钾肥,不再施氮肥。

(4)间苗补苗　幼苗长到 5 cm 左右开始间苗,每个容器内只保留 1 株苗,其余拔除,容器内若缺苗应及时补苗,尽可能选择在阴雨天进行,间苗、补苗后要即时浇水。

(5)遮阴　6～8 月高温季节用 50% 遮阳网遮荫,防止气温过高,引起病虫害发生。

(6)防治苗木立枯病　可用 1:1:100 波尔多液或 5% 多菌灵 1 000 倍液喷洒。

(二)精细整地

荒山荒沟造林通常采用鱼鳞坑整地方式,规格为 80 cm×60 cm×40 cm,沿等高线进行,呈“品”字形配置,株行距 2 m×3 m,亩栽植 110 株,若是景区成片或单行栽植可采取坑穴整地方式,规格为 60～80 cm 见方,株行距 3 m×3 m～3 m×4 m,亩栽植 56～74 株,挖坑时生熟土分开堆放。

(三)科学栽植

华山松荒山荒沟造林,应统一采用容器苗栽植,栽植时应将容器袋取下;若是景区造林要尽可能地采用大苗带土球栽植,栽后要灌足“定根水”,并用地膜覆盖树坑,以提高造林成活率。

四、养护管理

华山松栽植后 1～2 年内,每年都需进行 1 次松土除草,时间在 5 月中下旬为好,一是可防止草荒与幼树争水争肥,二是可减少或防止病虫害及火灾发生。

五、病虫害防治

(一)松瘤病

受松蚜虫的危害,引起枝叶变色,大量分泌蜜露、玷污叶面所致。可用 5% 川保 3 号粉剂、2.5% 溴氰菊酯 5 000～10 000 倍液或杀虫优油剂 1 号 150～500 倍超低量喷雾防治。

(二)叶枯病

可喷洒 65% 可湿性福美铁或福美锌 300 倍液进行防治。

(三)华山松大小蠹

可用 50% 敌敌畏乳剂 1 000～1 500 倍液喷杀。

第五节　圆柏

圆柏[*Sabina chinensis*(Linn.)Ant.],又名桧柏、刺柏等,属柏科圆柏属常绿乔木。圆柏树姿雄伟美观,可修剪成各种造型,是庭院点缀风景、美化环境的主要观赏树种。

圆柏适于庭园、墓地及寺院中栽植,或列植于甬道两旁。或以人工剪扎成为各种形态,以资观赏。在公园或庭园中于园路转角处,或丛植或列植,颇为幽美。北京中山公园中,多为老桧,古木参天,盎然可爱,相传为辽时遗物。

圆柏为常见的庭院观赏树种。树姿雄伟而美观,树形可任意修剪成各种造型,倍感古趣盎然。有多种栽培类型,其变种及栽培品种姿态色泽,非常可爱。圆柏是庭院设计点缀风景和美化环境的主要观赏树种之一,也可选为造林树种。心材黄褐色,边材黄白色,有香气,坚韧致密,耐腐朽,供建筑、文具、文艺品等用材;树干及枝叶可提取柏木脑及柏木油;枝叶可入药。

一、形态特征

圆柏树高可达 20 m,胸径达 2 m。幼树树冠尖塔形,老树呈广圆形,枝条斜上开展或平展,小枝近圆形或微呈四菱形。树皮灰褐色,纵裂成条状剥落。叶刺形或鳞形,刺形叶轮生,长 6～12 mm,先端钝尖,基部下延,表面有 2 条苍白色气孔带,背面绿色,微有光泽,具纵沟;壮龄树具鳞形叶对生,菱状卵形,长 2.5～5 mm,先端钝或微尖,背面绿色,近中部具椭圆形或近圆形的腺体。雌雄异株,稀同株。球果近圆形,直径 6～8 mm,暗褐色,被白粉,微具光泽,有突起,翌年成熟,含种子 2～3 粒。花期 3～4 月。

二、生物学特性

圆柏为温带树种。喜光,幼树较耐庇荫,喜温凉,稍干燥的气候及湿润土壤,耐寒冷。在中性土、钙质及微酸性土都能生长。但以深厚、肥沃、湿润、排水良好的中性土壤生长最佳。耐干旱、贫瘠,忌水湿,深根性,耐修剪,易整形、寿命长。

三、栽培技术

(一)苗木繁育

1.播种繁育　播种多在春季,也可以在秋季,在特殊情况下可以在雨季。春播发芽比较迅速,出苗均匀,生长整齐,产苗量高。秋播多在 11 月下旬。播种前,用 30～40 ℃温水浸种 12 小时,捞出置蒲包或篮筐内,放在背风向阳的地方。每天用清水淘洗 1 次。并经常翻倒,当种子有一半裂口,即可播种。

播种采用床播,床长 10 m,宽 1 m,可顺床条播,播幅 5～10 cm,覆土 1～1.5 cm,每亩播种量 10 kg 左右。当种子群体将表土顶开时,应及时洒水增墒,用小手铲破除板结的表土层,以利幼苗出土。

2.扦插繁育

(1)种条的处理,插条要在 10 月中旬(顶梢基本木质化)以后剪取,应选择无病虫害、生长健壮的母树。所选条子要求皮部嫩脆,位于树冠中上部近主干 1～2 年生的穗条。随采随插,成活率高。

(2)扦插方法,扦插地块要选择地势平坦,土壤疏松,有灌溉条件的地方做床,床宽 1 m,长 6～9 m。插条切口要求平滑,长度30～45 cm。圆柏春秋两季均可扦插。扦插方法为:顺床开挖 1 条深 20 cm 沟,把插条插进去,埋实后继续开沟,株行距为 10 cm×30 cm。扦插后要及时灌水,使土壤与插条密接;搭荫棚,并经常保持地面湿润。在苗木生长过程中,5 月前后要注意灌水,6 月开始追肥。

(二)栽植

圆柏主要用于城镇和庭院绿化。春、秋、"雨"三季都可栽植,但主要取决于土壤水分条件。苗龄 3 年以上,栽植时要带土起苗,特别注意保护苗木根系,防止风吹日晒,最好随挖随栽。

四、养护管理

圆柏适应性强,管理粗放,忌水湿,耐修剪。苗木栽植后,除了充足的肥水,保证成活外,主要是修剪造型。供绿篱用的,应每年修剪一次,以促其生长,迅速成型。圆柏耐修剪,可根据园林需要将其修剪成塔、球、烛、狮、虎、鹤等形状。在生长中常有少数强枝向外或向上生长特别迅速,应于 4～8 月进行摘心,使之平衡发展,维持自然姿态。

五、病虫害防治

(一)圆柏锈病

圆柏生长过程中容易发生各种锈病,应于 4～5 月全树喷施波尔多液进行保护,以免传染。并注意与梨、苹果、石楠等隔离栽植,以防病菌繁殖。

防治方法:加强栽培管理;剪除菌源,冬季剪除菌瘿和重病枝,集中烧毁;果树喷药阻断转主循环。两种锈菌的传播范围一般在 2.5~5 km,对于离圆柏近的苹果树和梨园,应在苹果树发芽后到幼果期,梨树萌芽期至展叶后 25 天内,即在担孢子传播、侵染的盛期喷药保护。用石灰倍量式 160~200 倍波尔多液或 25%的粉锈宁可湿性粉剂 1 500 倍液喷 1~2 次,均有较好防效;10 月中旬至 11 月底,喷施 0.3%五氯酚钠以杀除传到桧柏上的锈孢子,如用 0.3%五氯酚钠混合 1 波美度石硫合剂则效果更好。3 月上中旬,喷施 3~5 波美度石硫合剂 1~2 次,或 25%粉锈宁可湿性粉剂 1 000倍液,可有效抑制冬孢子萌发产生担孢子。

(二)双条杉天牛

主要危害侧柏等柏科植物,幼虫取食于皮、木之间,切断水分、养分的输送,引起针叶黄化,长势衰退,重则引起风折、雪折,严重时很快造成整株或整枝树木死亡。直接影响杉、柏的速生丰产和优质良材的形成。

防治方法:成虫期,在虫口密度高、郁闭度大的林区,可用敌敌畏烟剂熏杀;初孵幼虫期,可用 6%可湿性六六六、50%甲基氧化乐果乳剂、20%益果乳剂、20%蔬果磷乳剂、25% 杀虫脒水剂的100 倍液。

(三)柏肤小蠹

防治方法:人工设置饵木,选择直径在 2 cm 以上的木段进行诱集,及时将诱集木段置入较细的密闭纱网内处理;6 月下旬成虫危害时,喷 2.5%溴氰菊酯或 20%杀灭菊酯 1 500~6 000 倍液;保护和释放天敌昆虫管氏肿腿蜂。

第六节　水杉

水杉(*Metasequoia glyptostroboides* Hu & W. C. Cheng),

为杉科水杉属高大落叶乔木。水杉是我国珍贵的孑遗植物之一，为国家一级重点保护野生植物，被世界生物界誉为"活化石"，并被视为我国的"国宝"。

水杉树形优美，亭亭玉立，叶形秀丽，是不可多得的景观树种。除此之外，水杉木材心、边材区别明显，纹理美观，材质轻而软，易于加工油漆、适宜作建筑、家具用材，同时，木材管脆长达 1.66 ± 0.59 mm，纤维素含量为 $42.7\%\sim44.1\%$，也是理想的造纸用材。

一、形态特征

水杉树高 $40\sim50$ m，胸径达 2 m 以上。叶对生，线形，扁平，柔软，淡绿色，在小枝上列成羽状，冬季同时脱落。雌雄同株，雄球花单生叶腋，呈总状或圆锥状着生；雌球花单生或对生，种鳞交互对生；球果有长柄，下垂，近圆形或长圆形，长 $1.5\sim1.6$ cm，微现四棱，种鳞木质，种子倒卵形，长约 6 mm，扁平，周围有窄翅，9 月底成熟。

二、生物性特性

水杉喜光、喜水。生长良好地区的年平均气温为 $12\sim20$ ℃，年降水量 $1\,000\sim1\,500$ mm。在年降水量 $500\sim600$ mm 的华北、西北地区，也能正常生长。水杉对土壤要求比较严格，喜土层深厚、疏松、肥沃的土壤，尤喜湿润、对土壤水分非常敏感，但地下水位过高，长期积水的低湿地生长不良。有一定的抗盐碱能力，在含盐量 0.2% 的轻盐碱地上能正常生长。水杉对空气中的二氧化硫等有害气体抗性强，也具有较强吸滞粉尘能力，是城乡绿化美化的理想造林树种。

三、栽培技术

(一)苗木繁育

水杉通常采用播种和扦插育苗种方式。以扦插育苗较好。

1.播种育苗 播种育苗的种子必须是从优良母树上采集的优质种子。育苗地应选在土层深厚、肥沃、土地平整、有灌溉条件的地区。并精细作床,施足底肥,发芽适宜温度为18～25 ℃,条播行距20～25 cm,每亩播种量0.75～1.5 kg。播后浇足水,有条件的地方还可采用小拱棚的方式,以利控制苗木发芽生根和生长的温度。一年生苗高可达40 cm左右,最高可达70～100 cm。

2.扦插育苗 扦插育苗是加速水杉繁育、提高苗木质量的有效途径。一般在春季利用优良母树上采集的1年生健壮枝剪成10～14 cm长的插穗,实行硬枝扦插,亩扦插2万～3万株,坚持精心作床,施足底肥,认真扦插,插后灌水等各项科学措施,扦插成活率可达80％以上。夏初也可用带叶枝条进行嫩枝扦插,具有气温高,生根快成活率高的优势。但由于气温高,插后要加强水肥管理,方能达到事半功倍的效果。

(二)科学栽植

水杉栽植春、秋两季均可,但以春季栽植最佳。由于水杉生长迅速,树干高大,顶端优势极强,造林整地应采取大坑穴整地方式,规格为80～100 cm见方,有利根系生长,造林密度不宜过大,通常采用2 m×3 m～3 m×3 m,亩植74～110株,若是单行栽植,株距可定为3～4 m,造林苗木以2年生苗为宜。即苗高1.5～2 m,地径2～3 cm,栽植前应给每穴施入有机肥10 kg、磷肥0.5 kg,然后再按照"三埋两踩一提苗"的栽植程序进行科学栽植,栽后灌足定根水,并用地膜覆盖树坑,以确保栽植成活率达到90％以上。

四、养护管理

水杉对水分要求迫切。造林后一定要检查树木发芽情况,如发现造林地出现土壤干旱、气温偏高现象,要立即对栽植坑实行补水。以确保水杉树生根发芽期间的水分供给。

五、病虫害防治

水杉的病虫危害较少。主要病害有赤枯病。在 9～10 月危害叶子,使叶片呈现黄褐色或红褐色,严重时造成树木落叶。病害一旦发现,即可每周用 100 倍的 1∶1 波尔多液喷洒 1 次,共喷 3～4 次。水杉虫害主要有大袋蛾,危害叶子和嫩枝。可用 90% 的敌百虫或 50% 马拉松乳剂 500 倍液喷洒即可。

第七节 法桐

法桐(*Platanus acerifolia* Willd.),又称二球悬铃木,为悬铃木科悬铃木属落叶乔木。树体高大,形态秀丽,枝叶茂密,遮阴效果好,耐重修剪,是良好的城市道路绿化树种,曾被我国许多大中城市选作"市树",素有"行道树之王"之称。法桐树体高大,枝叶茂密遮阴效果好,可把经过良种改良培育的法桐作为城市行道树的优良树种。

一、形态特征

法桐树高达 15～20 m,树皮光滑,呈乳白色,每年片状脱落;叶大、阔卵形或掌形,宽 10～22 cm,长 10～21 cm,幼时被灰黄色绒毛,后脱落,叶柄长 3～10 cm;花小;花期 5 月,单性同株,呈球形头状花序,雄花 4,比花瓣长,雌花约 6 个心皮,离生,花柱长 0.2～0.3 cm;果枝为球形果序,通常 2 个,下垂,直径约 2 cm,果期 9～10 月。

二、生物学特性

法桐喜光,喜温暖湿润气候,较耐寒,在 −20 ℃ 能正常生长。对土壤要求不严,但以土层深厚的壤质土为好。石渣土及石灰性土壤上生长不良。叶子具有吸收有毒气体和滞尘的作用。对二氧化硫、氯气、烟等有毒气体有较强的抗性。

三、栽培技术

(一)育苗技术

法桐苗木培育主要有硬枝和嫩枝扦插两种方式。但以嫩枝扦插效果较佳。

1.硬枝扦插　硬枝扦插分为皮部生根型和愈合组织生根型。皮部生根型插穗本来就有根原始体,扦插后可很快长出根系,比较容易扦插成活。但是,对那些根原始体较少的树种,如毛白杨,扦插后就较难成活,而需要采取嫁接(枝接、芽接)、ABT 生根粉或生长素、腐殖酸钠等植物生长促进剂实行药剂处理方法促进生根成活。愈合组织生根型树种扦插也难于生根。其原因就是茎插穗的皮层内缺乏现成的根原始体。必须首先形成愈合组织,然后才能在其内部或附近分化出根原始体,再由根原始体生出不定根。这一过程较长,当插穗还没有完成上述程序之前,插穗内部的水分、养分早已消耗殆尽,而导致插穗死亡。一般硬枝扦插的成活率仅为60%～70%。

2.嫩枝扦插　由于法桐嫩枝中生长素较多,半木质化枝条的含氮量高,可溶性糖和氨基酸含量也高,组织细嫩,酶活性强,有利于形成新的愈合组织和生根。因此,扦插成活率较高。一般嫩枝扦插成活率可达 80%～90%。1 年生嫩枝扦插苗高可达 1～1.5 m。

(二)栽植技术

法桐栽植一般采用大坑穴整地方式,作为城市行道树株距6～8 m,整地规格为 80～100 cm 见方。若栽植坑挖出的土是建筑垃圾或石渣土,一定要实行客土栽植,否则将会直接影响树木生长。法桐作为城市行道树栽植,苗龄应选择 3～5 年生的大苗栽植为宜。栽植前,应给每个栽植穴施入 10 kg 有机肥 0.5 kg 磷肥,与栽植土搅匀后,将苗木放入坑穴中央,再按照"三埋两踩一提苗"的栽植程序进行科学栽植,栽后灌足定根水(每穴 2 桶)、覆土,用地膜覆盖树坑,以确保法桐栽植成活率达到 95% 以上。

四、养护管理

法桐栽后要根据天气和土壤墒情适时灌水,确保苗木成活与生长。栽后 1～3 年内都要对栽植坑实施松土除草措施,促进苗木健壮生长。同时结合城建设施,对法桐进行合理修枝,修除过密枝、徒长枝、交叉枝、病虫枝,使树冠保持通风透光,促进树体快速生长。

五、病虫害防治

法桐树主要病害是白粉病和霉斑病,主要虫害有大袋蛾。

(一)白粉病

防治方法:在冬季修枝后普遍喷 1 次 5 波美度石硫合剂;春季展叶期喷施代森锌预防;发病后用 25% 的粉锈宁 1 000～1 500 倍液或 70% 甲基托布津 800～1 200 倍液喷雾防治,每半个月喷 1 次。

(二)大袋蛾

幼虫取食树叶、嫩枝皮及幼果。大发生时,几天能将全树叶片食尽,残存秃枝光干,严重影响树木生长,开花结实,使枝条枯萎或整株枯死。

防治方法:冬季人工摘除树冠上袋蛾的袋囊;7 月上旬喷施 90% 敌百虫晶体水溶液或 80% 敌敌畏乳油 1 000～1 500 倍液,2.5% 溴氰菊酯乳油 5 000～10 000 倍液防治大袋蛾低龄幼虫;要充分保护和利用天敌寄蝇,喷洒苏云金杆菌 1 亿～2 亿孢子/mL。

（三）美国白蛾

美国白蛾又名美国灯蛾、秋幕毛虫、秋幕蛾，是世界性检疫害虫。以幼虫取食植物叶片危害，其取食量大，危害严重时能将寄主植物叶片全部吃光，并啃食树皮，从而削弱了树木的抗害、抗逆能力，严重影响林木生长，甚至侵入农田，危害农作物，造成减产减收，甚至绝产，被称为"无烟的火灾"。已被列入我国首批外来入侵物种。

防治方法：加强检疫工作，防止白蛾由疫区传入；在美国白蛾网幕期，人工剪除网幕，并就地销毁，是一项无公害，效果好的防治方法；美国白蛾化蛹时，采取人工挖蛹的措施，可以取得较好的防治效果；在各代成虫期，悬挂杀虫灯诱杀成虫；老熟幼虫下树前，在1.5 m 树干高处，用谷草、稻草草帘等围成下紧上松的草把，诱集老熟幼虫集中化蛹，虫口密度大时每隔 1 周换 1 次，解下草把连同老熟幼虫集中销毁；选择 20％除虫脲 4 000～5 000 倍液，25％灭幼脲 3 号 1 500～2 500 倍液植物性杀虫剂烟参碱 500 倍液等；利用天敌周氏啮小蜂防治；当虫株率低于 5％时，在美国白蛾成虫期，按 50 m 距离和 2.5 m 或 3.5 m 高度，设置性信息素诱捕器，诱杀美国白蛾雄蛾。

（四）天牛

天牛的幼虫蛀食树干和树枝，影响树木的生长发育，使树势衰弱，导致病菌侵入，也易被风折断。受害严重时，整株死亡。

防治方法：40％氧化乐果乳剂 300～500 倍液喷洒；5～7 月天牛成虫盛发期，剧烈震摇树枝，成虫跌落而捕杀；保护和招引天敌，如啄木鸟、喜鹊等鸟类，肿腿蜂等寄生蜂，壁虎和寄生线虫等；将碾碎的樟脑丸粉末塞入虫孔，每孔用量 1/5～1/4 粒，也可将樟脑丸溶入酒精、汽油或柴油中用脱脂棉蘸后塞入穴中，或注射 0.3～1 mL/孔，再用黏土封上孔口。

第八节　银杏

银杏(*Gin kgo biloba* Linn.)，又名白果树、公孙树、鸭掌树等，属银杏科银杏属的落叶乔木。银杏树为我国特有，系单种科孑遗植物，有不少生长在古寺庙内的千年银杏至今仍生机勃勃，枝繁叶茂，不愧为"植物活化石"的美称。野生银杏树又是国家二级重点保护植物，因其姿态古雅，生机益然，寿命长等特征，曾被人们誉为"常生不老的寿星树"和"东方的圣者"。同时，银杏树还具有材质优良、果实营养丰富，又是良好的蜜源植物等特性，故咸阳市把银杏树作为园林绿化、果树资源开发于一体的多用途树种。

银杏树是我国特产，数百年乃至上千年生的古银杏，在我国屡见不鲜。银杏姿态古雅，生机益然。《长物志》曰："新绿时最可爱，吴中刹宇及旧家(名园)，大有合抱着。"在山东莒县浮来山就有一棵古银杏，相传为春秋战国时代遗物。江西庐山黄龙寺的三宝树之一的古银杏经历了一千多个春秋。这些古银杏，至今生机勃勃，不愧为"活化石"的美称。

银杏以其摩天挺拔、枝密叶茂、叶形美观、季相变化明显的特点博得了人们的喜爱。当万物萌动的春天，它吐芽泛绿，在绿色郁葱的夏季，它扬花溢芳，到五谷成熟的金秋，雌株硕果累累。银杏木材淡黄褐色，轻软耐腐力强，不翘不裂，可作为高级家具、文具、建筑、雕刻等材料；种子营养丰富，可供食用，因含氢氰酸有小毒，不可多食；叶及外种皮有杀虫之效；种子入药可治疗哮喘咳嗽；叶含黄酮苷，可治疗心血管疾病；花为良好的蜜源。银杏是集园林观赏、果树及用材为一体的多用途树种。我国有在祠墓及寺院中栽植的习惯，常与侧柏、圆柏等共植。在园林中与枫叶搭配，则深秋黄叶与红叶交织如锦，可构成十分动人的美景。在公园、厂区的草坪中孤植1株，则浓荫覆盖，十分壮观。城市街道用于行道树，宜选择雄株。在江苏、浙江一带,常将银杏作为果树栽培。

一、形态特征

银杏树高可达 40 m,胸径最大可达 5 m,树冠广卵形,壮龄树冠圆锥形。树皮灰褐色,深纵裂。1 年生长枝淡黄褐色,2 年生以上变为灰色,短枝黑灰色,长枝上的叶顶端常 2 裂,短枝上的叶顶端波状,常不裂,顶部宽 5～8 cm,具长柄,叶脉二叉脉。雌雄异株。花期 3～4 月,种子椭圆形或近球形,长 2.5～3.5 cm,熟时橘黄色,被白粉,中种皮白色,骨质,具 2～3 棱,内种皮褐色,膜质。9～10 月种子成熟。

二、生物学特性

银杏为亚热带和温带树种,喜阳光,不耐庇荫,光照不足影响其开花结实。对气候适应性强,东北至华南都能生长,最适宜生长在温度 8～20 ℃,年降水量 600～1 500 mm 的地区。银杏对土壤适应性也强,耐旱性较强,对大气污染也有一定的抗性,但不耐水涝,尤喜深厚湿润、肥沃、排水良好的沙壤土,在酸性、石灰性土壤上也能生长,以中性或微酸性土壤最适宜。银杏为深根性树种,根系发达,不畏狂风,隐芽寿命很长,更新容易,寿命长可达千年。

三、栽培技术

(一)繁育技术

银杏用播种、扦插、嫁接、分蘖均可进行繁育,但以播种和嫁接应用最多。

1.播种育苗 9 月下旬至 10 月上旬将果实采收后,贮放于阴凉处,经数日,外种皮腐烂,稍揉搓,淘洗,即得到洁净的白果(种子)。到秋、冬之交,土壤结冻前,作畦播种,播后不宜过多的灌水。若春播必须混沙贮藏。一般用点播法播种,行距 25～30 cm,穴距

8～10 cm,每穴点播3、4粒种子,胚芽向南,覆土3～4 cm,每亩播种40～45 kg。为培育壮苗,应注意以下几个环节:

(1)精细选种　选大粒种子作育苗用种。

(2)高温催芽　在播种前的30～40天,将带外种皮的干藏种子用40 ℃左右的清水浸泡5～7天,每两天换1次水,待种子吸足水后,即放入温室中催芽。温室催芽的种子比常规种子播种出苗提早10天左右。

(3)切断胚根　高温催芽的种子发芽后,当胚根伸长到约1 cm左右时,自根颈以下0.2～0.3 cm处切断胚根,点播于播种沟内。随着侧根的生长,吸收营养,根逐渐分生,形成发达的侧根系。

(4)施足基肥　在苗木生长期,喷洒0.5%的磷酸二氢钾,苗木高生长量可增加15%～17%。高温和强光对苗木的生长都有抑制作用,苗期应掌握40%透光度,但遮阴强度不可过大,否则光合作用降低,也会影响其生长速度。

2.嫁接繁殖　营建经济林,须经过嫁接培育。嫁接可提早结果,提高产量。一般于春季砧木根系活动旺盛,树液向上流动,而接穗尚未萌芽时进行。接穗多选自30年生,长势强而较丰产的母树,采用2～4年生的接穗。削接穗的方法有两种,一种在接穗的下方平滑处,削成舌状斜面,长5～7 cm;另一种在接穗的阴面削第1刀,在距切口5～7 cm处由上向下斜削,削去末端切口直径的2～3 mm,其深度到形成层,成一小楔形。砧木需用8～10年生,高2 m左右,直径7～8 cm。接时在砧木180～200 cm处锯去上段,用刀削平,剪去侧枝。除大砧嫁接外,银杏还可用小苗进行绿枝嫁接。砧木为1、2年生当年移植苗。7月中旬至8月上旬从新梢半木质化处剪断,将接穗从芽下部两侧用利刀削成长1.5～2.0 cm的对称楔形,再从芽上部1 cm处剪下。在砧木剪口处用刀切1竖口,长度与接穗削面一致,迅速将削好的接穗插入切口内,对准砧、穗形成层。然后用塑料条除露出接穗芽眼外,将接口和接穗全部绑严,绑紧。采用小苗嫁接,较传统的嫁接法提前 2～3 年成苗。

(二)栽植技术

银杏为落叶树种,不管是庭院绿化栽植,还是营建经济林,都必须在树木落叶后至萌芽之前进行。关中地区以 3 月中旬至 4 月上旬为宜。注意选择向阳不积水的地方,深挖定植穴,穴深 60～80 cm,长、宽 90～100 cm,分层施足有机肥,苗木随挖随栽,并带宿土移栽,根颈低于地面,压实泥土,用清粪水作定根水 1 次灌透,促进成活。

四、养护管理

用于庭院绿化的银杏树,养护管理的主要内容除了必要的灌水、排水和施肥之外,还要修剪造型,以形成和保持古雅的姿态。银杏有中心干,苗木栽后,不需修剪,可任其自然生长。随主干的延长,其周围逐渐产生分枝,则形成圆锥状的主干形。成年后,主干不再长高,则树冠逐渐向四周扩大,形成自然圆头形。仅以园林美观为主,不必进行精细修剪,只注意将树干上的竞争枝、密生枝、衰弱枝、病虫枝疏除,下垂枝短剪,使阳光通透、树形美观即可。以果用为目的的,需加强综合管理,以丰产丰收。

(一)施肥

采果后,新梢和新叶萌发前,果实膨大期,即每年 3 月、6 月、10 月、12 月各施肥 1 次。10 月、12 月 2 次要重施,方法是在树冠下挖放射状沟,大树每株施人粪尿 100～200 kg 或腐熟厩肥 300 kg。3 月和 6 月施肥以沟施或撒施尿素或复合肥料 1.5～2.5 kg。

(二)授粉

银杏是雌雄异株,风媒花,授粉不足,常造成产量低而不稳。在雄株不足 1/20 的园内,可在雌株顶部高接 1、2 枝雄株,或进行人工授粉,以提高产量。

(三)修剪

银杏嫁接苗结果 4～5 年后,如分枝过多过密,要适当修剪,以免妨碍生长。长枝上萌发的短枝条,结果多年后,渐趋衰老应修剪更新。对发育差、产量少的树,可以换头复壮。通过修剪,使枝条分布均匀,疏密适中,以利开花结果。

五、病虫害防治

(一)苗木茎腐病

多发生在 1～2 年生实生苗上,苗木受害后,在苗木根颈处皮上出现一圈紫红色,随后转为皮干枯,最后全株死亡。

防治方法:选择排水好的苗圃地,提高播种量,播时施足基肥,4 月下旬搭棚遮阴,避免太阳强烈照射。发现病株后立即除掉,用 50％的多菌灵 800～1 000 倍液喷雾,间隔 7～10 天喷 1 次,连续 2 次。

(二)叶枯病

发生在 7～8 月,受害植株开始在叶片的边缘由部分黄色变成褐色坏死,由局部扩展到整个边缘,出现褐色或红褐色的叶缘病斑。以后病斑逐渐向叶基延伸,使整个叶片变成褐色或灰褐色。

防治方法:2～3 月施足基肥,4～7 月勤追肥;或在 5 月底以前施多效锌肥或硼、锰、锌等微量元素混合液,提高植株抗病能力。发病初期,用 25％～50％的多菌灵粉剂 500～800 倍液喷雾;发病盛期用 50％的退菌特 800～1 000 倍喷雾,间隔 15～20 天喷 1 次,连喷 2～3 次即可。

(三)金龟子

金龟子主要危害嫩枝、叶,常常造成枝叶残缺不全、生长缓慢,甚至死亡,严重危害幼树的生长、发育。

防治方法:利用成虫的趋光性,于晚间用黑光灯或频振式杀虫灯诱杀成虫;在成虫发生期,将糖、醋、白酒、水按 1∶3∶2∶20 比例配成液体,加入少许农药液,装入罐头瓶中(液面达瓶的 2/3 为宜),挂在种植地,进行诱杀;当虫害发生时,直接喷用氯氟氰菊酯或溴氰菊酯或甲氰菊酯或联苯菊酯或百树菊酯或氯氰菊酯等高效低毒的菊酯类农药加甲维盐或毒死蜱喷雾防治,效果很好。

(四)大蚕蛾

大蚕蛾主要危害幼虫取食叶片,4～6 月银杏叶片幼嫩,其幼虫大量取食叶片。

防治方法:在 4～5 月幼虫刚羽化成群集性时,用 50% 敌敌畏 1 500 倍液喷雾,或用 90% 晶体敌百虫 1 500 倍液喷雾。如 4～5 月以后,用药量加大,用 50% 敌敌畏 500～600 倍液喷雾,效果较好。

(五)超小卷叶蛾

危害时间 4 月中旬至 6 月中旬,以幼虫危害严重,刚羽化的幼虫,经 1～2 天后蛀入嫩梢内危害,造成被害枝梢枯死,幼果脱落,损失极大。

防治方法:在幼虫刚孵化未蛀入枝梢前或幼虫从枝梢内爬出卷叶时喷杀。以敌百虫(90%)∶敌敌畏(80%)∶水＝1∶1∶(800～1 000)进行喷雾,也可用 1 500～2 000 倍敌杀死溶液喷杀。

(六)家白蚁

受害症状是开始出现枝叶枯黄,顶端干枯,植株挂果极少,危害严重的植株,造成树干空心,全树枯死。有家白蚁的树,可在树皮上观察到工蚁和兵蚁外出觅食留下的细小土粒筑成的蚁路。

防治方法:将主干钻通深入蚁巢施药,钻孔部位在羽化孔下方离地面 15 cm 处,35 度倾斜钻入。深度大于主干半径。清除钻孔内木屑,用胶囊喷粉器向孔内喷白蚁药(常规配方＋10% 灭蚁灵),每洞喷 20～25 g,喷后用废纸或泥土堵塞孔口。

(七)白星花金龟

在深秋及初冬深翻土地,集中消灭粪土交界处的幼虫和蛹,减少白星花金龟的越冬虫源;采用糖醋液诱杀成虫,将红糖、醋、白酒与水按照 4：3：1：2 的比例配成糖醋液,对白星花金龟有较好的诱杀作用。

(八)蜗牛

幼蜗牛多为腐食性,以摄食腐败植物为主;成蜗牛一般以绿色植物为主,食各种植物的根、茎、叶、花、果实等,尤其喜食植物的幼芽和多汁植物。

防治方法:在 5～6 月份蜗牛繁殖高峰期之前,放养鸡鸭取食成蜗或人工拾蜗以消灭成蜗;用多聚甲醛 300 g,蔗糖 50 g,5％砷酸钙 300 g 和米糠 400 g(先在锅内炒香),拌成和黄豆大小的颗粒;每亩用 6％密达杀螺粒剂 0.5～0.6 kg 或 3％灭蜗灵颗粒剂 1.5～3 kg,拌干细土 10～15 kg 均匀撒施于田间。

第九节　栾树

栾树(*Koelrenteria paniculata* Laxm.),又名灯笼花、摇钱树,属无患子科栾树属落叶乔木。栾树是花果皆美的的观赏树种,对城市的烟尘及二氧化硫也有较强的抗性,宜作城乡的行道树、园林树和旅游风景区的景观树。在一些坡度较缓的荒山荒沟也可用作防护林或水土保持林。

栾树树形端正,冠多伞形。枝叶繁茂秀丽,春季嫩叶多为红色,入秋叶色变黄,十分美丽,夏季开花,满树金黄,甚为壮观,入秋蒴果似盏盏灯笼,果皮红色,绚丽悦目,在微风吹动下似铜铃哗哗作响,故又名"摇钱树",是花果皆美的的观赏树种。种子可制成佛珠,故寺院中尤为常见。对城市烟尘及二氧化硫有较强的抗性,抗风雪的能力强,宜在城市、矿区作庭荫树、行道树及园景树。也可用作防护林、水土保持及荒山绿化树种。其木材较脆，易加工，可作板料、器具等。叶可提制栲胶，花可作黄色染料，种子可榨油，供工业用。

一、形态特征

栾树高达 15 m，树冠近球形，树皮细纵裂，1 回羽状复叶，有时 2 回或不完全 2 回羽状复叶，叶卵形或卵状披针形，长 5～10 cm，顶端尖或渐尖，具粗锯齿或缺裂，背面沿脉有毛。蒴果三角状长卵形，长 4～6 cm，熟时红色，顶端尖。种子球形黑色。花期6～7 月。果期9～10 月。

二、生物学特性

栾树为温带、亚热带树种，喜温暖湿润气候。喜光，稍耐半阴，喜生长于石灰岩土壤，能耐盐渍性土，耐寒耐旱耐瘠薄，能耐短期水涝。深根性，萌蘖力强，生长中速，幼时较缓，以后渐快。

三、栽培技术

(一)育苗技术

栾树一般采用播种繁育。栾树种子的种皮坚硬，不易透水，如不经过催芽处理第二年春播，常不发芽或发芽率很低。因此，最好当年秋季播种，让种子在土壤中完成催芽过程，可省去种子贮藏、催芽等工序，来春幼苗出土早而整齐，生长健壮。但秋季播种，种子放置田间时间过长，播种地管理工作较麻烦。因此，生产上也采用层积催芽法。选干燥、通风、阳光直射不到的室内(冬季，北方地区干旱少雨，也可露地坑藏)，将种子和三倍湿润的沙分层或混沙堆放(沙湿润程度以用手捏可成团，摊手即散为度)，堆放高度50～60 cm，在每平方米左右层积床中放一束秸秆或竹笼以通气。室温控制在 1～10 ℃，勤检查，防止种子过湿、发热、霉烂。经100～120

天部分种子露白时即可播种。种子经层积催芽后，出苗期短而整齐，效果较好。

栾树一般采用大田育苗。播种地要求土壤疏松透气，保水和排水性能良好，具一定的肥力，无地下害虫和病菌。春季播种前，最好在秋冬进行土壤翻耕，以促进土壤风化，蓄水保墒，消灭杂草和病虫；整地要平整、精细，对干旱少雨地区播种前宜灌好底水。栾树种子的发芽率较低，用种量宜大，一般每平方米需 50～100 g。采用宽幅条播，既利于幼苗通风透光，又便于管理。种子播种后，覆一层 1～2 cm 厚的疏松细碎土，以防种子干燥失水或受鸟兽危害。然后，用草、秸秆等材料覆盖，以提高地温，保持土壤水分，防止杂草滋长和土壤板结。待幼苗大部分出土后，及时分批撤除覆盖物。

苗木出土期，在覆盖物撤除以后，要及时搭棚遮阴。遮阴时间、遮阴度应视当时当地的气温和气候条件而定，以保证其幼苗不受日灼危害为宜。进入秋季要逐步延长光照时间和光照强度，直至接受全光，以提高幼苗的木质化程度。另外，当幼苗长到 5～10 cm 高时要间苗，每平方米留 12 株左右。间苗要求间小留大、去劣留优、间密留稀、全苗等距，并在阴雨天进行为好。结合间苗，对缺株补苗，以保证幼苗分布均匀。

（二）栽植技术

栾树属深根性树种，宜多次移植以形成良好、发达的根系。播种苗于当年秋季落叶后即可崛起入沟假植，翌春分栽。栾树树干不易长直，第一次移植时要平茬截干，并加强肥水管理。春季从基部萌蘖出枝条，选留通直、健壮者培养成主干，则主干生长快速、通直。第一次截干达不到要求的，第二年春季可再行截干处理。以后每隔 3 年左右移植一次，移植时要适当剪短主根和粗侧根，以促发新根。栾树幼树生长缓慢，前两次移植宜适当密植，利于培养通直的主干，节省土地。此后应适当稀疏，培养完好的树冠。

四、养护管理

(一)施肥

栾树栽培管理较简单。早春萌芽前进行裸根移栽、定植,栽植穴内施 1～1.5 kg 基肥,栽后浇透水,保持土壤湿润,成活后一般不需特殊管理。

(二)整形修剪

栾树树冠近圆球形,树形端正,具有自然整枝性能,不多加修剪,一般采用自然式树形。因用途不同,其整形要求也不同。如作行道树,要求苗木主干通直,第一分枝高度为 2.5～3.5 m,树冠完整丰满,枝条分布均匀、开展。若作庭荫树要求树冠庞大、密集,第一分枝高度比行道树低。在培养过程中,应围绕上述要求采取相应的修剪措施。时间一般可在冬季或移植时进行。以后于每年秋季将枯枝、病虫枝及干枯果穗剪除即可。

五、病虫害防治

(一)叶斑病

可在叶片尚未展开时,喷洒 65％代森锌 500 倍液,每 2 周喷 1 次,共喷 3 次。

(二)溃疡病

修除病枝至健康部分即可。

(三)蚜虫

树干基部刷白,防止蚜虫产卵;结合修剪,剪除被害枝梢、残花,集中烧毁,降低越冬虫口;用 50％马拉松乳剂 1 000 倍液,或 50％杀螟松乳剂 1 000 倍液,或 50％抗蚜威可湿性粉剂 3 000 倍液,或 2.5％溴氰菊酯乳剂 3 000 倍液,或 2.5％灭扫利乳剂 3 000 倍液,或 40％吡虫啉水溶剂 1 500～2 000 倍液等,喷洒植株 1～2 次;保护和利用天敌,如瓢虫、草蛉、食蚜蝇和寄生蜂等,对蚜虫有很强的抑制作用。

(四)介壳虫

冬季可喷施 1 次 10 倍的松脂合剂或 40～50 倍的机油乳剂消灭越冬代雌虫,或冬、春季发芽前,喷 3～5 波美度石硫合剂或 3%～5%柴油乳剂消灭越冬代若虫;在若虫孵化盛期,用 40%氧化乐果乳油、40%速扑杀乳油或 40.7%乐斯本乳油与 80%敌敌畏乳油按 1∶1 比例混合成的杀虫剂 1 000～1 500 倍液,连续喷药 3 次,交替使用。

(五)日本双棘长蠹

日本双棘长蠹又称二齿茎长蠹,是危害较严重的钻蛀性害虫,破坏疏导组织,造成枝条干枯,严重时可使整株树木死亡。

防治方法:加强产地检疫、调运检疫和复检工作,防止其向未发生区扩散蔓延;6 月中旬第 1 代成虫羽化前,清理枯枝、病枝和死树,集中烧毁,可有效降低虫口密度;加强柿园综合管理,增强树势,提高抗虫力;4 月上旬越冬代成虫危害盛期前、7 月上旬第 1 代成虫羽化出孔期进行化学防治,可选用 5%高效氯氰菊酯乳油 1 000倍液或 8%绿色威雷 1 500 倍液进行枝干喷雾防治,可有效地控制其危害。

(六)天牛

天牛的幼虫蛀食树干和树枝,影响树木的生长发育,使树势衰弱,导致病菌侵入,也易被风折断。受害严重时,整株死亡。

防治方法:40%氧化乐果乳剂 300～500 倍液喷洒;5～7 月天牛成虫盛发期,剧烈震摇树枝,成虫跌落而捕杀;保护和招引天敌,如啄木鸟、喜鹊等鸟类,肿腿蜂等寄生蜂,壁虎和寄生线虫等;将碾碎的樟脑丸粉末塞入虫孔,每孔用量 1/5～1/4 粒,也可将樟脑丸溶入酒精、汽油或柴油中用脱脂棉蘸后塞入穴中,或注射 0.3～1 mL/孔,再用黏土封上孔口。

第十节 七叶树

七叶树(*Aesculus chinensis* Bunge),又名梭椤树,为七叶树科七叶树属落叶乔木。七叶树树形优美、花木秀丽,果形奇特,是世界著名的观赏树种之一。现多用于城乡道路、庭院绿化。七叶树树干通直,冠大荫浓,初夏繁花满树,硕大的白色花序状如一盏华丽的烛台,十分壮观,为"世界著名观赏树种"。七叶树全身都是宝。叶芽可制茶饮,皮、根可制肥皂,叶、花可作染料,种子可提取淀粉、榨油,也可食用,木材可造纸、雕刻、制作家具及工艺品。七叶树与我国佛教文化有着很深的渊源,在很多古刹名寺如杭州灵隐寺、北京卧佛寺、大觉寺中都有千年以上的七叶树。

一、形态特征

七叶树高达 25 m,树皮深褐色或灰褐色,小枝圆柱形,黄褐色,冬芽有树脂;掌状复叶,具 5～7 小叶,叶柄长 10～12 cm,有灰色微柔毛;小叶纸质,长圆披针形至长圆倒披针形;花序近圆柱状,长 20～25 cm,花序总轴有微柔毛,小花序常由 5～10 朵花组成,雄花与两性花同株,花期 4～5 月;子房在雄花中不发育,在两性花中发育良好;果实球形或倒卵圆形,直径 3～4 cm,黄褐色,具很密的斑点,种子 1～2 粒,球形,直径 2～3.5 cm,果成熟期 10 月。

二、生物学特性

七叶树喜光,也耐半阴和湿润气候,不耐严寒,喜肥沃深厚土壤,是城乡道路、公园及庭院绿化美化的理想树种。

三、栽培技术

(一)育苗技术

七叶树以播种育苗为主。9月下旬至10月上旬在优良母树上采集优质种子,随采随播,以防种子霉变。播种育苗是在已整好的苗床上开沟条播,株距10 cm,行距20~30 cm。播种时将种脐向下,播后覆土盖草,翌春即可发芽出土。幼苗出齐后,及时搭棚遮阴,松土除草,适当喷施追肥1~2次,并根据旱情对幼苗采取适时灌水措施,保持苗床湿润。1年生苗高可达1~1.5 m。

(二)栽植技术

七叶树一般采用坑穴整地方式,规格多为60 cm见方,若为道路栽植两边各一行,株距5~6 m,若是庭院、公园零星栽植,株距以5 m为宜;挖坑时要将生熟土分开堆放。栽植时,给每个栽植穴施入10 kg有机肥和0.5 kg磷肥,与表土充分搅匀,再将带土球或裸根苗放置坑穴中央,按照"三埋两踩一提苗"的栽植程序实行规范栽植,栽后灌足"定根水",最后用地膜覆盖树坑,以保持土壤湿润,促进生根成活。在一些整地地段若出现建筑垃圾,应采取客土栽植的方法,实行换土栽植。确保栽植成活率达到95%以上。

四、养护管理

七叶树幼树生长较慢,一般在栽后1~3年内每年松土除草和灌水施肥1次,以保证幼树的健壮生长。后期为提高苗木越冬的抗低温、抗干旱的能力,9月中旬以后应停止施肥。为有利于来年苗木移植,可在11~12月,在离根部20~30 cm处成45°角用起苗铲快速将主根截断,这样,既可控制苗木对水分的吸收,又可促进苗木木质化,并多生长吸收根。1年生苗木在春季进行移栽,以后每隔1年栽1次。幼苗喜湿润,喜肥。小苗移植的株行距可视苗木在圃地留床的时间而定,留床时间长的株行距可大一些,一般为1.5 m×1.5 m。小苗移植和大苗移栽前都应施足基肥,移植时间一般为冬季落叶后至翌年春季(3月前)苗木未发芽时进行。移植时均应带土球,土球的大小一般为树(苗)木胸径的7～10倍。为防止树皮灼裂,可以将树干用草绳围住。成年树木每年冬季落叶后应在树木四周开沟施肥,最好施用有机肥,以利于翌年多发枝、多开花。

五、病虫防治

七叶树主要病害有叶斑病、白粉病和炭疽病三种。病发后可用70%甲基托布津可湿性粉剂1 000倍液喷洒。

(一)日灼

夏季于树干上发生,可在深秋或初夏在树干上刷白以防日灼,也可以用枯草或稻草覆盖于树干基部等,均可预防日灼损伤的发生。

(二)刺蛾

挖除树基四周土壤中的虫茧,减少虫源;幼虫盛发期喷洒80%敌敌畏乳油1 200倍液或50%辛硫磷乳油1 000倍液、50%马拉硫磷乳油1 000倍液、25%亚胺硫磷乳油1 000倍液、25%爱卡士乳油1 500倍液、5%来福灵乳油3 000倍液。

(三)天牛

天牛的幼虫蛀食树干和树枝,影响树木的生长发育,使树势衰弱,导致病菌侵入,也易被风折断。受害严重时,整株死亡。

防治方法:40%氧化乐果乳剂300～500倍液喷洒;5～7月天牛成虫盛发期,剧烈震摇树枝,成虫跌落而捕杀;保护和招引天敌,如啄木鸟、喜鹊等鸟类,肿腿蜂等寄生蜂,壁虎和寄生线虫等;将碾碎的樟脑丸粉末塞入虫孔,每孔用量1/5～1/4粒,也可将樟脑丸溶入酒精、汽油或柴油中用脱脂棉蘸后塞入穴中,或注射0.3～

1 mL/孔,再用黏土封上孔口。

第十一节　元宝槭

元宝槭(*Acer truncatum* Bunge),又名元宝枫,属槭树科槭树属落叶乔木。因其具有树姿优美,叶形秀丽,秋叶变红的特征,被称为"北方的红叶树"。它不但可作为城乡、庭院、道路绿化的园林景观树种,也可作为荒山荒沟造林的防护、用材树种。元宝槭树姿优美,叶形秀丽,秋季叶渐变为黄色或红色,为我国北方著名红叶树种之一。可作庭荫树、行道树或风景林中的伴生树,与其他秋色叶树或常绿树配植,彼此衬托掩映,层林尽染,可增加秋景色彩之美。耐烟尘及有害气体,可用于城市和工矿区绿化。木材细致,供家具、车辆、建筑、胶合板乐器等用。种子可榨油供食用或化工用。

一、形态特征

元宝槭树高 8~10 m,树皮灰褐色或深褐色,深纵裂。小枝无毛,当年生枝绿色,多年生枝灰褐色,具圆形皮孔。叶纸质,长 5~10 cm,宽 8~12 cm,常 5 裂,稀 7 裂,基部截形稀近于心脏形。花黄绿色,杂性,雄花与两性花同株,常成无毛的伞房花序,长 5 cm,直径 8 cm;花瓣 5,淡黄色或淡白色,长圆倒卵形,长 5~7 mm。翅果嫩时淡绿色,成熟时淡黄色或淡褐色,常成下垂的伞房果序;小坚果压扁状,长 1.3~1.8 cm,宽 1~1.2 cm;翅长圆形,两侧平行,宽 8 mm,常与小坚果等长,稀稍长,张开成锐角或钝角。花期 4 月,果期 8 月。

二、生物学特性

元宝槭喜温暖、湿润和半阴气候条件,也能忍受一定的低温,在 −25 ℃低温条件下能正常生长,在高纬度地区(北纬 60°附近)

引种后有冻害。常生于阴坡湿润山谷,也能忍受较干旱的气候条件,在低山较干旱的阳坡也能生长,但不耐涝。

喜深厚疏松肥沃土壤,在酸性和微酸性土壤上也可生长。干旱瘠薄条件下,造林后虽能成活,但生长较缓慢。以土壤质地而论,元宝槭适于在沙壤土上生长,黄黏土上生长较差,年平均高生长相差可达 1 倍。

根系比较发达,抗风力强。萌芽力中等,较粗的大枝萌芽力较差。春季树木萌动后,树液流动旺盛,树液中含有糖分。

三、栽培技术

(一)育苗技术

元宝槭通常采用播种繁育,技术简便。苗圃地以地势平缓,背风向阳,土层深厚疏松、排水良好的沙壤土为宜。秋季进行深翻、碎土、耙平,每亩施有机肥 4 000～5 000 kg,然后作小畦低床。播种多在春季,也可秋、冬季随采随播。春季播种时,种子要用温水浸泡 1 天,或用湿沙层积催芽后播种,出苗整齐,迅速。播种时,顺床开沟条播,沟距 30 cm,均匀撒入种子,覆土 2～3 cm,亩播种量15～20 kg。播后稍加镇压,覆草保持床面湿润。播种后半月左右开始出苗,出苗后 3～4 天长出真叶,4～5 天后撤去覆草。出苗盛期约 3 天,1 周内可以出齐。出苗后 20 天左右开始间苗,5 月中下旬定苗,苗距为 6～10 cm。5～8 月灌水 5～7 次。6～7 月苗木生长旺期,可追化肥 2～3 次。当年苗高可达 50～60 cm,主根长25～33 cm,侧根 8～15 条。翌春 3 月上中旬进行扩圃移植,移植苗的抚育管理同一般苗木。两年生高达 1.2～1.5 m,可出圃。为行道树培育大苗时,苗龄应再大些,应相应加大移植区的株行距,并注意抹芽修枝,使之形成良好干形和枝下保持一定高度。

(二)栽植技术

整地方式应根据立地条件确定。坡度小时可用带状整地,带宽 40 cm;土层薄、坡度陡应采用鱼鳞坑整地,坑的长、宽、深为 60 cm×50 cm×40 cm。

春、秋两季均可栽植,以晚秋栽植成活率较高。干旱、多风地区,不宜采用截干造林。元宝槭易发枝,干形较差,栽植不宜太稀,成片造林株行距可用 1～2 m。元宝槭作行道树栽植,株距可用 4～6 m。

山地造林还可与油松、华山松、桦木、杨树、刺槐、紫穗槐等进行混交,有利于减轻病虫害。元宝槭纯林内光肩星天牛危害率可达 30%,而在与油松的混交林中受害率仅 10% 左右。

四、养护管理

元宝槭喜温暖、湿润及半阴环境,且喜肥沃、排水良好的土壤,有一定的耐旱能力,但不耐涝。因此,雨季注意排水,积水会导致烂根;生长季节保持土壤湿润,入秋保持干燥,以利叶片转红。元宝槭一般于休眠期移栽,4 年生以上大苗移栽时需带土坨。栽植时栽植穴内施 10～15 kg 腐熟堆肥或厩肥,栽后浇足定根水,以后每隔 1～2 年追施有机肥 1 次。休眠期适当定冠修剪,待植株长到 3 m 以上则不必再行修剪。

五、病虫害防治

(一)褐斑病、白粉病

用 50% 多菌灵可湿性粉剂 800～1 000 倍液喷洒,每半月 1 次,连续 2～3 次。

(二)刺蛾

挖除树基四周土壤中的虫茧,减少虫源;幼虫盛发期喷洒 50% 辛硫磷乳油 1 000 倍液、50% 马拉硫磷乳油 1 000 倍液、25% 亚胺硫磷乳油 1 000 倍液、25% 爱卡士乳油 1 500 倍液、5% 来福灵乳油 3 000 倍液。

(三)天牛

天牛的幼虫蛀食树干和树枝,影响树木的生长发育,使树势衰弱,导致病菌侵入,也易被风折断。受害严重时,整株死亡。

防治方法:40%氧化乐果乳剂 300～500 倍液喷洒;5～7 月天牛成虫盛发期,剧烈震摇树枝,成虫跌落而捕杀;保护和招引天敌,如啄木鸟、喜鹊等鸟类,肿腿蜂等寄生蜂,壁虎和寄生线虫等;将碾碎的樟脑丸粉末塞入虫孔,每孔用量 1/5～1/4 粒,也可将樟脑丸溶入酒精、汽油或柴油中用脱脂棉蘸后塞入穴中,或注射 0.3～1 mL/孔,再用黏土封上孔口。

第十二节　白蜡树

白蜡(*Fraxinus chinensis* Roxb.),又名水白蜡、青榔木、白荆树,属木樨科白蜡树属落叶乔木。白蜡树是白蜡虫、白蜡两用的传统优良寄主树,是当前城乡道路绿化和护岸护堤的主要树种。

白蜡是寄生在寄主植物上的白蜡虫分泌的白色蜡质物,亦称"虫蜡"。外国统称"中国蜡",国内习惯叫"川蜡",具有密闭、防潮、防锈、防腐、着光、润滑和生肌止痛等特性。广泛应用在军工、轻工、机械、化工、手工、纺织及医药等工业上。白蜡是我国著名特产,传统的出口商品之一。此外,白蜡可以培养蜡杆、蜡条,也是良好的体育器具、农用家具用材。白蜡树是北方农村重要的家庭副业之一,也是护堤固沙、行道绿化树种。

一、形态特征

白蜡树高可达 15 m 左右。树皮黄褐色,小枝光滑无毛。奇数羽状复叶对生,小叶 5～9 枚,通常 7 枚,椭圆形或羽状椭圆形,先端渐尖,叶缘具疏锯齿,叶背沿脉有短柔毛,无柄或具短柄。圆锥花序侧生或顶生,雌雄异株,单性花无花瓣,翅果倒披针形,熟时黄褐色。内有种子1～2粒。

二、生物学特性

白蜡树喜光、喜温暖湿润气候,稍耐阴,颇耐寒,适应性广,根系发达,对气候和立地条件要求不严,生长在水田坎上的白蜡树根深可达50 cm,侧根可水平伸展6～7 m。在沙页岩钙质紫色土、石灰岩土、花岗岩黄棕壤或黄壤、红壤、冲积土、水稻土等碱性、中性和酸性土上均能正常生长。在温暖湿润的低湿坪坝、溪河岸边、田埂地边、道路两旁、房前屋后以及丘陵地区生长良好。垂直分布在海拔2 000～3 000 m间可正常生长,一般多分布在海拔1 000 m以下的深谷、坡地、坪坝或溪河两岸。

白蜡树枝干萌蘖性强,耐修剪,反复砍枝、采蜡萌发力经久不衰,水平根分蘖力也很强。白蜡树生长快、寿命长,壮龄期10～50年,经营管理的好,寿命可长达200多年。

三、栽培技术

(一)苗木繁育

白蜡树既可用种子繁育,又可以扦插、压条。生产上以扦插繁育为主。

1.扦插繁育　选头年没有放养过蜡虫,或已开花结实的优良健壮树作采条母树。于2～3月,剪取生长健壮、无病虫害、粗细一致的枝条,截成长15～20 cm的插穗,上端剪平,下端削成马耳形,并在马耳形背面轻刮两三刀,长3～5 cm,深至形成层,可促进生根。随采随插,一时插不完可捆成小捆插入水中或用湿草包裹,保持湿润。插床宜选在土壤湿润,排水良好的沙壤土。扦插时,先用引橛(或小木棍)打1小孔,然后把插穗的马耳形一端插入孔中,再将插穗周围的土压实即可。株行距15～30 cm。插后立即灌水,保持苗床湿润。如管理得好,1月左右即可生根发芽,注意随时抹去萌条下部的萌芽,保证顶芽正常生长。苗高 60～100 cm 时,即可出圃造林。

2.高空压育苗　白蜡树萌发力极强,高空压条育苗成活率高,方法简便易行。四川乐山地区蜡农采用"高包育苗"(俗称蚂蚁包育苗)。即每年 2 月于健壮母树上选择粗 1.5～3 cm,长 2 m 的枝条,在确定截干处用刀轻刮数刀,长约 5 cm,深至形成层,再用涂抹有泥糊的稻草包扎紧实抹平即成(泥糊以牛粪 60%、细沙 40% 用水调制而成)。翌年春季截取枝条直接定植。方法简单易行,不占园地,生长快,投产早。

(二)造林

1.营建蜡园　白蜡树适应范围广,作为放养蜡虫,生产白蜡的蜡园,园地应选择在年平均气温 16～18.7 ℃,年降水量 1 000 mm 以上,夏季具有较高的气温,海拔在 1 000 m 以下的河谷平原、低山丘陵为宜。株行距 4 m×5 m;以放养雌虫繁殖种虫的,株行距 2 m×3 m;地边、田坎种植的,株行距 3 m×5 m;穴状整地,穴大 60 cm×60 cm,秋后至早春定植,以早春较好。

2.绿化造林　造林地宜选择在土层深厚、湿润的土壤或沙壤土上。作庭园绿化,行道树栽植时,穴大 60 cm×80 cm,填上农田好土,并施入适量腐熟厩肥,搅拌均匀,即可栽培。造林时期春、秋两季均可进行。

四、养护管理

(一)中耕、除草和施肥

蜡园每年应中耕除草 2 次,第 1 次在放虫前(3～4 月),要把杂草除尽,并适当施肥,促进生长;第 2 次在秋季采蜡以后,除草、松土和培土。如能施些堆肥、厩肥更好。

(二)定干和修枝

定植后第 2 年春定干,剪去梢头,促进侧枝生长。定干高度,地边上的高 2 m,田坎上的高 2.5 m,蜡园的高 2 m 左右。侧枝发出后,选留 3～5 个分布均匀的枝条作为主枝,其余剪去。5 年左右可以放养蜡虫。成年树每年整形 2 次,第 1 次在放虫前,第 2 次在采蜡或采下种虫后。繁殖种虫的要轻修,取蜡的树宜重修剪,无论是育种虫或取蜡后,都要停止放养 1 年。因此,在经营虫、蜡生产时,为了连年作业,须将蜡树划分为两部分,以便轮流交替放育。放虫取蜡的树,一般在采蜡时要连枝取下,对 1 年生健壮枝条,应尽量采取剥蜡办法予以保留,使第 2 年能产生大量新枝,到第 3 年,在放虫 10 天前,要完成修整工作。应修整的枝、叶主要有扫枝、横生枝、长枝(超出树干的徒长枝)、内膛短细枝、背下枝、蜡干上的短枝和萌生枝、病虫枝以及枯枝、黄叶。修剪中应当多留正枝、壮枝和嫩枝,少留侧枝、瘦枝,不留老枝。对放养雌虫,繁殖种虫的树,修剪要轻,一般只修去平桩和生产枝上着生的丛生萌发枝,以防止害虫滋生,减少雌虫定干时的损失。

五、病虫害防治

白蜡树病虫害较少,对城市环境适应性强,具有耐盐碱、抗涝、抗有害气体和病虫害的特点。在白蜡苗木病虫害防治工作中,应从冬耕、土壤消毒、精选良种、种子消毒、合理施肥、适时早播和经营管理等方面入手,预防病虫害的发生。

(一)白蜡流胶病

1. 症状　主要发生在树的主干上。早春树液开始流动时,此病发生较多,表现为从病部流出半透明黄色树胶。浇完返青水后流胶现象更为严重,发病初期病部稍肿胀,呈暗褐色,表面湿润,发病部凹陷裂开,溢出淡黄色半透明树胶,流出的树胶与空气接触后,变为红褐色,呈胶冻状。干燥后变为红褐色至茶褐色的坚硬胶块。树体流胶致使树木生长衰弱,叶片变黄,变小,严重时枝干或全株枯死。

2.病因　白蜡树流胶病一般分为生理性流胶,如冻害、日灼、机械损伤造成的伤口、蛀干害虫造成的伤口等;还有侵染性流胶、细菌、真菌引起的流胶,如白蜡干腐病、腐烂病等。

3.防治方法　加强管理,增强树势。增施有机肥、疏松土壤、适时灌溉与排涝,及时浇返青水、封冻水、合理修剪,冬季防寒、夏季防日灼,树干涂白,避免机械损伤,使树体健壮增强抗病能力;及早防治白蜡害虫,如白蜡吉丁虫、蚜虫、天牛等。早春白蜡树萌动前喷石硫合剂,每 10 天喷 1 次,连续喷 2 次,以杀死越冬病菌。发病期用 50％多菌灵 800～1 000 倍液或 70％甲基托布津 800～1 000倍液与任意一种杀虫剂,如 20％灭扫利乳油 1 000 倍液或 5％氯氰菊酯乳油 1 500 倍液混配,进行树干涂药,防治白蜡树流胶病。

(二)白蜡蠹蚧

用 50％杀螟松 1 000 倍液喷杀初龄幼虫。

(三)云斑天牛

云斑天牛主要危害枝干,为害严重的地区受害株率达 95％。受害树有的主枝死亡,有的主干因受害而整株死亡。

防治方法:成虫发生盛期,傍晚持灯诱杀,或早晨人工捕捉;卵孵化盛期,在产卵刻槽处涂抹 50％辛硫磷乳油 5～10 倍药液,以杀死初孵化出的幼虫;在幼虫蛀干危害期,从虫孔注入 50％敌敌畏乳油 100 倍液,而后用泥将洞口封闭或用铁丝先将虫道内虫粪勾出,再用磷化铝毒签塞入云斑天牛侵入孔,用泥封死;冬季或产卵前,用石灰 5 kg、硫黄 0.5 kg、食盐 0.25 kg、水 20 kg 拌匀后,涂刷树干基部,以防成虫产卵,也可杀灭幼虫。

第十三节　垂柳

垂柳(*Salix babylonica* Linn.),又名倒栽柳、垂丝柳,属杨柳

科柳属落叶乔木。垂柳细枝下垂,随风飘舞,姿态潇洒,婀娜多姿,是理想的城市道路和庭院绿化的园林树种,具有抗尘、抗烟、抗有毒气体的能力,也可营造河堤防护林、农田防护林、水土保持林及水源涵养林。

垂柳细致下垂,随风飘舞,姿态婆娑潇洒。栽植于河堤边、道路旁,亭亭玉立,垂下万缕青绦,给人以美的享受。若与桃树间植,则桃红柳绿,婀娜多姿,实为江南园林春景特色。垂柳是城市和庭院绿化的优良树种,抗尘、抗烟、抗毒、抗污染力强,容易繁殖。可营造农田防护林、水土保持林,水源涵养林。木材可作家具、造纸,柳条可编筐篓,叶可入药。

垂柳适宜栽植于水滨、池畔、桥头、河岸、堤防,并与桃树等花木交替栽植,碧波绿丝,桃红柳绿,相映成趣,令诗人诗兴大发。街道公路之沿河流者,成列栽植垂柳,则淡烟疏树,绿荫垂条,垂柳丝倒垂水面,姿态妩媚,别有一番情趣。

一、形态特征

垂柳树高可达 $10\sim18$ m,胸径可达 $60\sim80$ cm。树冠倒卵形,小枝细长,无毛,通常下垂,也有直立枝条,褐色,淡褐色或淡黄褐色。叶披针形或线状披针形,长 $8\sim16$ cm,宽 $0.5\sim1.2$ cm。葇荑花序;雄花序长 $2\sim4$ cm,雌花序长 $1\sim2$ cm。蒴果内有种子 $2\sim4$ 粒,成熟种子细小,绿色,外披白色柳絮。

二、生物学特性

喜光不耐庇荫。喜温暖湿润气候。耐水性很强,能忍受长期深水淹没,就是长时期的水淹浸漫也不会死亡。枝干形成不定根的能力很强,在水中 10 天左右便可长出不定根。垂柳宜生长在中性偏酸的土壤上,碱性土上虽可生长,但生长不良。喜土壤通气条件良好,宜生长在氧气含量较高的流水地。垂柳吸收二氧化硫能力强,可以净化空气。

三、栽培技术

(一)苗木繁育

1.扦插繁育　垂柳以插条繁育为主。插条要注意选择从姿态优美、抗性较强的母株上剪取。插穗春秋两季均可采集。插条宜用 1 年生扦插苗干为宜,生长健壮发育良好的优树上的壮条也可应用。插穗粗 0.8～1.5 cm,截成长 15～20 cm 的插穗。秋冬采条要窖藏越冬,春季采条可浸水 3 天后扦插。春季扦插在发芽前,即 3 月中旬。扦插时把经催根处理的插穗,用铁锨插缝,小心把插穗插入,不要碰坏幼根,踏实,灌足水。株行距(10～20) cm×(40～50) cm。庭院绿化用的大苗,一般行距 0.8～1 m,株距 30～50 cm,2～3 年甚至 4 年出圃栽植。苗期及时松土、除草、浇水、施肥。在生长旺期的 6 月份施矿质肥料,氮、磷、钾配合使用,效果明显。1 年生苗高可达 1 m 以上,即可栽植。

2.播种繁育　垂柳种子又轻又小,生命力很弱,一般采用随采随播方法。

(1)播种筒碌播法　把计算好播量的种子装入播种筒,碌动播种,播幅宽及行距均按要求做在碌筒上。后用细沙覆盖 2～3 mm,用木碌镇压 1 次。用细眼洒水壶洒水,也可用细水漫灌,切防冲出种子。出苗前保持床面湿润,必要时覆盖遮阴。每亩播种量 0.5～1 kg。

(2)落水播种法　播种前先灌足水,待水渗完时将种子播于床面,然后用筛过的"三合土"(细土、细沙和腐熟的厩肥各 1 份,再加少量的五四〇六细菌肥料)覆盖,使种子若隐若现即可。

(3)摆枝落种法　把即将飞絮的果穗枝,截成 80～100 cm 长的枝条,按 10～15 cm 的距离,摆在床面上,第 2 天即可飞絮落种,便可撤除树枝,进行常规管理。

3.苗期管理　要保持床面湿润,每日或隔日浇水 1 次,水要细,防止冲出种子或因水大、水急把种子聚集低处,造成出苗不均匀。当幼苗高 3 cm 时,进行第 1 次间苗,苗高 8～10 cm 时第 2 次间苗,一般间苗 3～4 次定苗。每平方米留苗 180～200 株,每亩可出苗 7 万株。为不使幼苗发病,每隔 1 周喷波尔多液 1 次。当年苗高可达 1 m 以上。如需培养大苗可移植或间苗稀疏透光,加强水肥管理。

(二)栽植

垂柳栽植应根据园林绿化设计要求,选用大苗带宿土栽植,即 2～3 年生苗木,高 2.5～3 m,地径 3.5 cm 以上。时间从秋季落叶至春季萌芽前都可栽植。单行栽植株距 4～6 m。

四、养护管理

垂柳属浅根性树种,易遭风害,移植大树,较为困难,在养护工作中予以注意,无须其他特殊管理。

自然生长为倒卵形或广倒卵形,没有一定的主枝数目,排列也无规则。在人工整形时,应根据其在园林中的所处地位,选择相应的树形。在建筑物附近植垂柳,目的是要以自然弯曲的枝干,随风摇摆的细枝,缓和建筑物平直生硬的几何直线条,进一步突出建筑物应表现的艺术性。垂柳的风姿神采,可以为建筑物的艺术美起锦上添花的作用。在湖边水岸的垂柳,则要求树干略为倾斜,分枝点较低,而倒垂柳丝能轻拂水面,创造出一种生机勃勃、生意盎然的青春活力,使游人心旷神怡,流连忘返。路旁行道树,要发挥其遮阴效果,主干宜挺拔,分枝点要高。

五、病虫害防治

(一)杨柳烂皮病

杨柳烂皮病又名烂皮病。主要危害干部及枝梢,幼树发病最重。受干旱、霜冻、火灾或其他伤害时,病害最易流行。发病初期在树皮上出现褐色水渍斑,逐渐组织腐烂变软,当病斑环绕树干一周时,造成树木死亡。

防治方法:加强抚育管理,排涝抗旱,增强树木抗病力;清除病树、烧掉树枝,减少病菌传播;绿化观赏林木不要强度修剪,剪口上应涂波尔多液和 5 波美度石硫合剂;行道树于早春 4 月涂抹白色涂剂,防止夏季日灼和其他病虫害;对发病处用钉或刀将病皮打孔或割伤,再刷药水,药剂有 1:(10~12)的碱水,或 1:4:200 氯化汞、10%蒽油或 1:1.5 的波尔多液等。

(二)天牛

天牛的幼虫蛀食树干和树枝,影响树木的生长发育,使树势衰弱,导致病菌侵入,也易被风折断。受害严重时,整株死亡。

防治方法:40%氧化乐果乳剂 300~500 倍液喷洒;5~7 月天牛成虫盛发期,剧烈震摇树枝,成虫跌落而捕杀;保护和招引天敌,如啄木鸟、喜鹊等鸟类,肿腿蜂等寄生蜂,壁虎和寄生线虫等;将碾碎的樟脑丸粉末塞入虫孔,每孔用量 1/5~1/4 粒,也可将樟脑丸溶入酒精、汽油或柴油中用脱脂棉蘸后塞入穴中,或注射 0.3~1 mL/孔,再用黏土封上孔口。

(三)柳毒蛾

幼虫食害树叶,影响树木生长。

防治方法:用 1 亿~2 亿孢子/g 的苏云金杆菌或青虫菌菌液,防治幼虫;灯光诱杀成虫,人工摘卵灭蛹。

第十四节 合欢

合欢(*Albizia julibrissin* Durazz.),又名绒线花树、马缨花、夜合欢树等,属豆科合欢属的落叶乔木。合欢是城乡美丽的庭园观赏树种,对氯化氢、二氧化氮、二氧化硫有较强的抗性,是咸阳市今后园林绿化的重要树种。

　　树姿优美如伞状,叶形纤细如羽,昼展夜合。夏季绒花盛开满树,有色有香,形成轻柔舒畅的景观,秀丽雅致,且花期长,宜作庭院遮阴树、行道树,点缀于房前、草坪、山坡、林缘或片植为风景区。对氯化氢、二氧化氮抗性强,对二氧化硫有一定抗性。适于工矿、街道绿化。根、皮、花可入药。

　　合欢树姿态自然,小叶细碎,明开夜合。夏季花时,多数雄蕊花丝外伸,状似绒缨,绿叶红球,花叶清奇,绿荫如伞,相得益彰。树冠不甚圆整,宜植于山坡间、溪流口、湖塘边、游路的弯道处,取其树态偏斜,自然潇洒的效果。公园桥头点缀两株,草坪之中散植一丛,则绿荫匝地,清幽秀丽。用作行道树,夏日红花绿叶,满街生色。杭州花港观鱼公园的丛植合欢,不仅自成一景,而且与周围树丛、草坪和起伏地形,相映成趣,构成自然活泼、宁静安详的园林景观。

一、形态特征

　　合欢树高可达 16 m,树冠广伞形,树皮灰绿褐色,平滑,枝条开展,2 回羽状复叶,羽片 4～12 对,小叶 10～30 对,小叶镰状距圆形,长 0.6～1.3 cm,中脉紧靠上部叶缘,全缘无柄,头状花序呈伞房状排列,腋生或顶生;花丝粉红色,细长如绒樱。花期 6～7 月,果长 9～17 cm,果期 9～10 月。

二、生物学特性

　　合欢性喜阳光,叶片在阳光下张开,接受日照,夜间或遇阴雨酷暑则叶片闭合,耐侧阴。合欢对气候适应性很强,耐干旱,年降水量 200～300 mm,相对湿度低的内陆地带也能生长,耐寒。对土壤要求也不严,干旱瘠薄沙质土都可种植,耐盐碱,但不耐涝。喜生长在排水良好、肥沃、湿润的土壤上。合欢根深材韧,抗风力强,根系发达具根瘤,能固定大气中游离氮,改良土壤,提高土壤肥力。

三、栽培技术

(一)苗木繁育

合欢一般用种子繁育。播前约 10 天用 30～40 ℃的温水浸种,每日换水,种子吸水膨胀,然后用湿沙层积催芽,待有 25% 的种子露白时播种。应选地势平坦,排水良好,便于灌溉的沙壤土上育苗,前 1 年秋深翻,翌春结合施基肥再浅翻 1 次,并用硫酸亚铁及西维因粉消毒土壤。关中及干旱地区可作低床,床宽 1.2 m,长 6～10 m。关中 4 月中旬,每亩播种 4～5 kg,开沟条播,沟深 3～4 cm,行距 30 cm,播后覆土 2～3 cm,稍加镇压,使种子与土壤密接。床面覆盖一薄层稻草,出苗前根据土壤干湿情况用洒水壶洒水,保持床面湿润。播后约 20 天幼苗出土,可分两次除去覆草,苗木生长期应及时松土除草。苗高 7～8 cm 时间苗,株距 8～10 cm,每亩留苗 2 万株左右。幼苗初期生长缓慢,7～8 月生长逐渐加快,可结合灌水追施人粪尿或尿素。雨季要注意排水。当年生苗高可达 1～2 m,地径 1.1 cm,即可用于栽植。若培育大苗,需要继续移植培育。幼苗主干常易倾斜,育苗时应适当密植,再间苗,或对 1 年生幼苗截干处理,促使发出粗壮通直主干。

(二)栽植

合欢是非常美丽的观赏树种,既可在平原地区作庭院绿化或行道树栽植,也可用于荒山造林。栽植时间从秋季落叶后,到春季发芽前均可,容易出现春旱的地区以秋季栽植较好。如果庭院绿化或作行道树时,根据设计,可用 3～4 年生以上的大苗栽植,定植时尽可能带些宿土,以利成活。若荒山造林,株行距 2 m×2 m 或 1 m×2 m,每亩 167～333 株。密植可使幼林提早郁闭,有利天然整枝,促进高生长。

四、养护管理

(一)肥水管理

根据园林绿化的要求,合欢 3～4 年生的大苗才可用于栽植。栽植时穴内以堆肥作底肥。合欢根系浅,但有根瘤菌产生,以后不必每年施肥。每年入冬前需浇封冻水 1 次,生长季节雨季前也要每月浇水 1～2 次。

(二)整形修剪

园林中的合欢,无论是作行道树,还是作孤植、群植,树形采用自然开心形,均较适宜。合欢侧枝粗大,主干低矮,为培养成高大通直树形,必须注意修枝。作为行道树栽培,更应使主干有一定高度,以便利于道上车辆通行,一般不宜低于 5～6 m。

合欢在放任生长下,常因顶部数芽在冬季自行死亡,由其下部几个健壮的芽渐渐形成优势,取代顶芽,在翌春继续向上生长,形成新的主干。每年如此反复生长,形成一个高大的主干,主干上的侧枝,则自然成形,从而使植株整体形成一个伞形树冠。

对刚定植的苗木,每年落叶后要适当做定冠修剪,在人工整形修剪时,务求顺其自然特性,适当短截主枝,逐步疏剪侧枝,连续 3～4 年后则不必修剪。随其在绿地中发挥其功能作用,确定其所需树形,因地制宜,随树作形,不可千篇一律。

五、病虫害防治

(一)枝干腐烂病

主要在生长季节发生,导致茎干腐烂。

防治方法:合欢根系浅,栽植不要过深,干旱季节适时浇水保持土壤湿润,即可有效防止病害发生,一旦发生腐烂病,可用 50％多菌灵 1 000 倍液喷治。

(二)天幕毛虫

幼虫取食嫩芽及叶片,有时能将叶片全部吃光,严重影响树木生长。防治方法:可采用人工捕杀丝幕内的幼虫。也可喷敌百虫800 倍液,或敌杀死乳剂 2 000 倍液,或施放烟雾剂毒杀幼虫。

(三)合欢巢蛾

用 40% 乐果乳油 1 000 倍液喷杀有效。

第十五节　黄杨

黄杨[*Buxus sinica* (Rehd. et Wils.) Cheng],亦称黄杨木,为黄杨科黄杨属常绿灌木或小乔木,常用作城乡、庭院、道路及绿篱或修成黄杨球,是理想城乡绿化美化树种。

黄杨四季常青,生长旺盛,是理想的庭院绿篱、公园点缀、环境绿化美化树种。耐修剪,寿命长,枝条柔软,便于造型,很适宜制作各种盆景和造型,有极高的观赏价值。根、叶可入药,具有祛风除湿、行气活血之功效,可用于治疗风湿、胃痛及跌打损伤等。木材坚韧致密,可供雕刻和制作木梳等。

一、形态特征

黄杨树高 1~6 m;枝圆柱形,灰白色,小枝四棱形,被短柔毛;叶革质,阔椭圆形或长圆形,长 1.5~3.5 cm,宽 0.8~2 cm,叶面光亮,叶柄长 1~2 mm,上被毛;花序腋生,头状,花密集,雄花 10朵,无花梗,雌花萼片长 3 mm,花期 3 月;子房较花柱稍长,无毛,倒心形;蒴果近球形,长 6~8 mm,果成熟期 5~6 月。

黄杨品种繁多,一般北方常用品种有大叶黄杨、小叶黄杨及锦叶黄杨等,大叶黄杨、小叶黄杨多用作绿篱和培养"黄杨球",锦叶黄杨多用作城市公园、公共绿地成片绿化。

二、生物学特性

黄杨喜光,较耐阴,耐旱。天然生长于高山峻岭、悬崖陡壁及山地多石的地方。对土壤要求不严,以疏松肥沃的沙质壤土为佳,有较强的耐碱性,萌蘖力极强,耐修剪,易成型。同时,黄杨根系发达,易成活,可四季换盆移栽。常用作庭院道路绿篱或"黄杨球"。黄杨是优良的城乡绿化美化树种。

三、栽培技术

(一)苗木繁育

黄杨苗繁育多采用扦插育苗方式,而扦插育苗又分为硬枝扦插和嫩枝扦插两种方法。

1. 硬枝扦插　硬枝扦插就是先年秋季在 1 年生健壮枝条上剪取插穗(长 12~15 cm),捆成捆沙藏越冬;翌年 3 月土壤解冻后插入提前整好的苗床内,株行距 15 cm×30 cm,苗床要经常保持湿润,25~30 天即可生根发芽。幼苗生长期要加强水肥管理,保证苗木的水分供给,硬枝扦插成活率可达 85%~90%,年高生长可达35~50 cm。

2. 嫩枝扦插　一般当年 5~6 月进行,在母树上选取木质化较好的嫩枝剪成 12~15 cm 的插穗,用 ABT 生根粉浸泡生根部位 2 小时后,在平整好的苗床上进行嫩枝扦插,株行距 5 cm,插后 20~25 天即可生根出苗。嫩枝扦插成活率可达 85%左右,高生长可达30~40 cm。

(二)精细整地

黄杨栽植一般采用开沟整地和大坑穴整地两种方式,培育绿篱可实行开沟整地方式,株距 15~20 cm,整地规格为宽 10 cm,深30 cm,长视其工程规划需要而定。定植黄杨球可实行大坑穴整地方式,规格为 60~80 cm 见方,株距 8~10 cm,生土熟土分开堆放。

（三）科学栽植

黄杨栽植前，应先给每亩地施入 1 000～1 500 kg 有机肥，50 kg 磷肥，以确保幼苗生长的养分供给，然后再按照"三埋两踩一提苗"的栽植程序实行科学栽植，栽后要灌足定根水，有条件的地方还应采取地膜覆盖树坑，以保证苗木成活与生长。

四、养护管理

（一）松土除草

黄杨栽后 1～3 年每年要进行 1 次松土除草，时间以 5～6 月为宜，以防止杂草与苗木争水争肥，有利幼苗生长。

（二）适时浇水

黄杨栽后第 2 年要视旱情适时浇 1～2 次救命水，以保证苗木成活。

五、病虫害防治

（一）介壳虫

冬季可喷施 1 次 10 倍的松脂合剂或 40～50 倍的机油乳剂消灭越冬代雌虫，或冬、春季发芽前，喷 3～5 波美度石硫合剂或 3％～5％柴油乳剂消灭越冬代若虫；在若虫孵化盛期，用 40％氧化乐果乳油、40％速扑杀乳油或 40.7％乐斯本乳油与 80％敌敌畏乳油按 1：1 比例混合成的杀虫剂 1 000～1 500 倍液，连续喷药 3 次，交替使用。

（二）黄杨尺蠖

可用 80％敌百虫可湿性粉剂或 40％氧化乐果 1 000～2 000 倍液喷杀。

（三）白粉病

生长期在发病前可喷保护剂，发病后宜喷内吸剂；病害盛发时,可喷15％粉锈宁1 000倍液、2％抗霉菌素水剂200倍液、10％多抗霉素1 000～1 500倍液。也可用白酒(酒精含量35％)1 000倍液,每3～6天喷1次,连续喷3～6次,冲洗叶片到无白粉为止;喷高脂膜乳剂200倍液对于预防白粉病的发生和初期治疗具有良好效果。

(四)双斑锦天牛

成虫羽化初期至产卵期可用较高浓高50％甲胺磷1 000倍液喷雾,树干及树下草丛必须喷湿;幼虫为害期用805敌敌畏乳油800倍液浇灌根蔸,每蔸浇1～2 kg药液,防效均在90％以上;成虫羽化活动期,捕捉成虫。

第十六节　女贞

女贞(*Ligustrum lucidum* W. T. Aiton),又名冬青、大叶女贞、小叶女贞等,为木樨科女贞属常绿乔木或灌木树种。女贞树冠优美,树叶清秀,终年常绿,苍翠可爱,对有毒气体有较强的抗性,对空气中的氟化物还有一定的吸收能力,可广泛应用于城乡环境绿化,庭院、公园和公共绿地美化。

女贞抗寒力强,临冬常绿,负霜葱翠,在严寒的冬季,展现坚贞不屈的风姿,是优良的绿化观赏树种。其材质细密,供雕刻、车工、家具用材。女贞果实含淀粉可酿酒,可治疗烫伤等;叶可治疗口腔炎、咽喉炎;树皮研磨也可治疗烫伤;根茎泡酒,治风湿;枝叶还可放养白蜡虫。

女贞叶有光泽,冬季青翠,耐修剪,耐工业烟尘危害,是理想的工厂绿化树种之一。它既可用作行道树,也可植为树丛,配于草坪一角。其用作绿篱,成本低,效果好。

女贞还是居住区和古老庭院的常用绿化树种。晋代苏彦在《女贞颂》中就有"或树之于云堂,或植之于阶庭"的说法。在公园、风景区,则可成片种植,使之成林,十分壮观。

一、形态特征

女贞树高可达 15 m,树皮光滑,枝、叶无毛。叶革质,卵形,宽卵形至卵状披针形,长 6～12 cm,宽 3～7 cm,顶端渐尖或锐尖,基部圆形或宽楔形。花序长 10～20 cm,小花白色,近无梗,花冠裂片与花冠筒近等长。果椭圆形,微弯,长约 1 cm,蓝黑色。花期5～7 月,果期 11～12 月,在树上可保留到翌年春季。

二、生物学特性

女贞为亚热带树种,喜温暖湿润气候,不耐干旱和瘠薄,不耐寒冷,喜光稍耐阴。对土壤要求不严,以沙质壤土或黏质壤土栽培为宜,在肥沃的微酸性土壤上生长迅速,在红、黄壤土上也能生长。对大气污染的抗性较强,对二氧化硫、氯气、氟化氢及铅蒸气均有较强的抗性,也能忍受较高的粉尘、烟尘污染,适应于厂矿、城市绿化。

女贞根系发达、萌蘖性强;萌芽力强,生长快,枝条密,耐修剪,是北方城市绿化的重要常绿树种。

三、栽培技术

(一)苗木繁育

1.播种繁育　3 月上旬至 4 月中旬播种。圃地土壤要求不严,只要疏松肥沃即可。女贞播种用的种子最好是随采随播,若用隔年种子,播前必须进行层积催芽处理。将去皮的种子用温水浸种 1～2 天,条播或撒播。条播行距为 20 cm,覆土 1.5～2 cm,每亩播种量为 7 kg 左右。女贞出苗时间较长,约需 1 个月,播种后最好在畦面覆草保墒。小苗出土后及时松土除草,苗高 5 cm 时进行间苗。小苗怕涝,要注意排水,但过分干旱时也要灌水。

2.扦插繁育　可在 11 月剪取发育充实的枝条在温床上带叶扦插，插穗粗 0.4 cm，株距 10 cm。插后约 2 个月生根，当年苗高达 70～90 cm。也可在生长季节嫩枝扦插。

（二）栽植

女贞为常绿树种，栽植宜在进入休眠时带宿土移栽，苗子越大，土球就应该越大。根据绿化设计，先挖大坑，并施足有机肥，苗木栽后踏实，并灌足水。同时地上部分适当修枝剪叶，减少蒸腾，以提高成活率。

四、养护管理

冬季寒冷的地区，栽后要注意越冬保护，以防冻害和风干。栽后每年的 4 月、10 月各松土 1 次。结合追肥 1～2 次。有条件地区还可在树上放养白蜡虫。树干经白蜡虫寄生后，则白絮盈干，叶片黄萎，园林观赏时注意不宜放养白蜡虫。

女贞树自然生长往往为倒卵树形，且具有假二叉分枝习性。如果作行道树，必须培养通直的主干，从小改变其假二叉分枝习性，且有一定的枝下高度，培养合轴主干形树形，以便车辆及行人通过。若作庭荫树，采用自然式树形为宜，于休眠季将过密枝、伤残枝、枯死枝、病虫枝及扰乱树形的枝条疏除即可。要注意的是女贞为常绿树，修剪量一定要小，以免削弱树势。

五、病虫害防治

（一）白蜡蚧

白蜡蚧俗称白蜡虫，是城市"五小害虫"之首，介壳虫的一种。白蜡蚧的寄主植物主要是女贞、小叶女贞、白蜡等少数树种，以成虫、若虫在寄主枝条上刺吸为害，造成树势衰弱，生长缓慢，甚至枝条枯死。

防治方法：严格苗木检疫，发现有白蜡蚧的植株坚决不能进行调运,应该立即进行销毁或掩埋;及时发现,及时处理,对已经定植的植株要经常性的进行检查,如发现有白蜡蚧危害,应立即进行处理,彻底剪除虫枝,及早消灭,防止蔓延;若虫孵化期喷施狂杀蚧或 45％灭蚧可湿性粉剂 100 倍液防治。

(二)云斑天牛

云斑天牛主要危害枝干,为害严重的地区受害株率达 95％。受害树有的主枝死亡,有的主干因受害而整株死亡。

防治方法:成虫发生盛期,傍晚持灯诱杀,或早晨人工捕捉;卵孵化盛期,在产卵刻槽处涂抹 50％辛硫磷乳油 5～10 倍药液,以杀死初孵化出的幼虫;在幼虫蛀干危害期,从虫孔注入 50％敌敌畏乳油 100 倍液,而后用泥将洞口封闭或用铁丝先将虫道内虫粪勾出,再用磷化铝毒签塞入云斑天牛侵入孔,用泥封死;冬季或产卵前,用石灰 5 kg、硫黄 0.5 kg、食盐 0.25 kg、水 20 kg 拌匀后,涂刷树干基部,以防成虫产卵,也可杀灭幼虫。

(三)金龟子

金龟子主要危害嫩枝、叶,常常造成枝叶残缺不全、生长缓慢,甚至死亡,严重危害幼树的生长、发育。

防治方法:利用成虫的趋光性,于晚间用黑光灯或频振式杀虫灯诱杀成虫;在成虫发生期,将糖、醋、白酒、水按 1∶3∶2∶20 比例配成液体,加入少许农药液,装入罐头瓶中(液面达瓶的 2/3 为宜),挂在种植地,进行诱杀;当虫害发生时,直接喷用氯氟氰菊酯或溴氰菊酯或甲氰菊酯或联苯菊酯或百树菊酯或氯氰菊酯等高效低毒的菊酯类农药加甲维盐或毒死蜱喷雾防治,效果很好。

第十七节　红叶李

红叶李[*Prunus Cerasifera Ehrhar* f. *atropurpurea*(Jacq.)Rehd.],又名紫叶李,为蔷薇科李属落叶小乔木。因叶常年紫红

色,故极有观赏价值,孤植群植均宜,特别是混在绿树丛中,能形成一道靓丽的风景线。可作为城乡绿化美化的点缀树种。

一、形态特征

红叶李树高可达 8 m,多分枝;枝细长,开展,暗灰色,有时有棘刺;叶片椭圆形、卵形或倒卵形,紫红色,长 3～6 cm,宽 2～3 cm,基部楔形或近圆形,叶柄长 6～12 mm;花 1 朵,花梗长 1～2.2 cm,花径 2～2.5 cm,萼筒钟状,花瓣白色,长圆形或匙形,雄蕊25～30 枚,雌蕊 1 枚,花期 4 月;核果近球形或椭圆形,直径 1～3 cm,黄色、红色或黑色,果期 8 月。

二、生物学特性

红叶李喜年降水量 600～1 000 mm 的暖温带至中亚热带气候,较喜光,幼树稍耐庇荫,抗寒性较强,大苗可耐－25 ℃的短期低温,对土壤要求不严,酸性土、微碱性均能适应,在深厚、肥沃、疏松土壤上生长良好。耐干旱,但不耐水湿,浅根性,抗风力差。对二氧化硫抗性较弱。

三、栽培技术

(一)育苗技术

红叶李多采用扦插育苗方式繁育。扦插育苗可分为硬枝扦插和嫩枝扦插两种方法。其扦插育苗程序及做法如下:

1.选好扦插育苗地　红叶李扦插育苗地应选在背风向阳、土层深厚、具有灌溉设施及排水方便的地方。

2.实行平床整地　床宽 1～1.2 m,床长 20～30 m,床面上盖一层 1～2 cm 的湿沙及有机肥与土壤均匀混合的营养土。

3.严格选取插穗　嫩枝扦插,即在春季末至早秋植株生长旺盛时,在优良母树上选取当年健壮枝条,并将其剪成 10～15 cm 的小段作为插穗,每个插穗需保留 3 个以上饱满芽。上面剪口在最上一个芽的上方约 1 cm 处平剪,下面剪口在最下面一具芽下方约0.5 cm 处斜剪(即剪成马耳形),以利扦插生根和成活。若进行硬枝扦插,即在早春气温回升后,在选择的优良母树上剪取 1 年生健壮枝条作插穗,插穗剪取方法与嫩枝相同。

4.插穗处理　为了提高扦插成活率,扦插前将选好的插穗捆成 50～100 个一捆,用 ABT 生根粉 50 ppm 溶液浸泡处理插穗生根部分 10～12 小时或用萘乙酸 50 ppm 溶液浸泡处理 2 小时,拿出晾干即可扦插。

5.准确把握扦插时间　红叶李扦插生根的最适宜温度为20～30 ℃,低于 20 ℃插穗生根困难,高于 30 ℃易受病菌侵染导致插穗腐烂。扦插最适宜的空气相对湿度为 75%～85%。一般嫩枝扦插应掌握在秋季正常落叶达到 50% 以上时为最佳扦插时间。

6.科学规范扦插　无论采用嫩枝还是硬枝扦插,扦插株行距为 15 cm×30 cm,扦插前需给苗床灌足水,并用地膜覆盖,使土壤保温保湿,插时不用揭地膜,直接通过地膜插入土壤,扦插深度为穗长的 3/4,插后地面露出 1～2 个芽,插后再浇 1 次水,以利插条与土壤密接,促进生根。另外,插后必须把阳光遮去 50%～80%,以免造成对幼苗的日灼。一年生红叶李扦插苗高可达 1～1.5 m。

(二)栽植技术

红叶李栽植通常采用坑穴整地方式,规格为 60～80 cm 见方。若是成片栽植,株行距为 3 m×4 m～4 m×5 m,若为单行栽植,株距以 4～5 m 为宜。挖坑时,生土熟土分开堆放。

红叶李栽植前,先要给每穴施入 10 kg 有机肥、0.5 kg 磷肥,与表土拌匀后,将树苗放至坑穴中央,再按照"三埋两踩一提苗"的栽植程序进行科学栽植,栽后要灌足定根水,有条件的地方应实行地膜覆盖树坑,以保持土壤湿润,促使成活。一般情况下,红叶李栽植成活率达 95% 以上。

四、养护管理

红叶李栽后 1～2 年内需加强松土除草,适时灌水,修枝整形及病虫害防治等项管理,每年松土除草 1 次,时间以 5 月下旬为宜;视干旱情况在 6～7 月灌水 1 次防旱;7～8 月剪去枯立枝、徒长枝及病虫枝,促进树体生长。

五、病虫害防治

(一)黑斑病

黑斑病可用 50％多菌灵可湿性粉剂 800 倍液或 70％甲基硫菌灵超微可湿性粉剂 1 000 倍液进行防治。

(二)金龟子、刺蛾、夜蛾

在 5 月下旬至 6 月上旬,金龟子盛发期,选用 40％氧化乐果 1 000 倍液或 90％敌百虫原液 800 倍液防治效果较好;在 6 月下旬至 8 月下旬发生期,可选用 80％敌敌畏乳油 1 000 倍液或 4.5％高效氯氰脂乳油 1 500 倍液进行喷杀。

(三)桃红颈天牛

桃红颈天牛主要危害木质部,造成枝干中空,树势衰弱,严重时可使植株枯死。

防治方法:幼虫孵化期,人工刮除老树皮,集中烧毁。成虫羽化期,人工捕捉。成虫产卵期,经常检查树干,发现有方形产卵伤痕,及时刮除或以木槌击死卵粒;对有新鲜虫粪排出的蛀孔,可用小棉球蘸敌敌畏煤油合剂(煤油 1 000 g 加入 80％敌敌畏乳油 50 g)塞入虫孔内,然后再用泥土封闭虫孔,或注射 80％敌敌畏原液少许,洞口敷以泥土,可熏杀幼虫;保护和利用天敌昆虫。

第十八节　棕榈

棕榈[*Trachycarpus fortunei*（Hook. f.）H. Wendl.]，属棕榈科棕榈属常绿乔木。棕榈树干通直挺拔，树冠伞形，叶姿优雅，是重要的园林观赏和取棕皮树种。

在棕榈的主栽区，培植棕榈树的主要目的是为了割取棕片。在咸阳市棕榈主要被用作园林绿化树种。棕榈树干挺拔，树冠伞形，迎风招展，叶姿优雅。适于对植、列植于庭前、路边、入口处，或孤植、群植于池边、林缘、草地边角、窗前，翠影婆娑，颇具南国风光特色。耐烟尘，对多种有毒气体抗性很强，具有吸收能力，在工矿区可大面积种植。另外还可盆栽，布置会场及庭院。棕皮用途较广，叶鞘纤维可制绳索、填充物，柄、根、果均可入药。

一、形态特征

棕榈树高可达 15 m，干圆柱形，直立不分枝，直径 20 cm。叶簇生于树干顶端，掌状有皱褶而分裂为 30～60 cm 狭长裂片，各裂片具中脉，先端呈 2 尖头。叶圆扇形，叶柄坚硬，长 50～100 cm。树干常具褐色纤维状的叶鞘（俗称棕片），包围茎秆，包痕在树干呈节状。花单性或杂性，雌雄同株或异株，花序腋生，呈分支的肉穗花序，有明显的大花苞，萼片和花瓣三片，雌花为黄色粟米状，雄蕊 6 枚；雌花发育的核果球状或略呈肾形，成熟时由绿色变灰褐色或黑褐色。花期 4～5 月，10～11 月果熟。

二、生物学特性

棕榈为热带及亚热带树种，温带亦可栽植，喜温暖湿润、雨量充足的气候条件，年平均温度 15～17 ℃，1 月平均温度在 0 ℃以上，7 月平均温度在 30 ℃以下，年降水量 800～1 500 mm，相对湿度在 70%。棕榈树具有喜温暖湿润,不耐严寒的特性。棕榈是阴性树种,耐阴,尤以幼年更为突出。棕榈喜湿润疏松、排水良好的黑沙土、黄沙土,适中性或石灰性土壤(pH 7~8)。棕榈为浅根性,且无主根,容易被风吹倒。但抗火能力强。

三、栽培技术

(一)育苗技术

棕榈主要采用播种繁育。选择树龄 15 年左右的优良母树,于 10~11 月待种皮具白粉,并起皱纹时,即可采种,采时用刀连果枝砍下,脱粒后晾干,堆藏或与湿沙混藏。以冬播为最好。棕榈幼苗期耐阴喜湿,苗圃地应选择在小溪边,日照短的高坡或阴坡为宜。并选择地势平坦、排水良好、土层深厚、土质肥沃的黄沙土。每亩施足底肥或人粪尿 50 kg。采用条播,条幅 6~10 cm,条距 10~12 cm,撒播后苗密度高,保墒性好,幼苗生长良好。播后保持土壤湿润,做到"见干见湿,勤浇少浇"。幼苗大部分出土时盖草,以不影响幼苗生长为宜。1 年生苗只除草、浇水、施肥,不宜松土。

(二)栽植技术

棕榈在园林绿化中常群植或列植,距离以 2 m 为宜。栽植时间以 4 月或雨季最好,并尽量选择无风处栽植。栽植时不可过深,太深干心易腐烂。棕榈耐庇荫,在大树下栽植,能正常发育。

四、养护管理

棕榈喜欢湿润的气候,早春、入冬及生长季节干旱时应及时灌水,多雨季节注意排水。

气候较寒冷的地方,入冬时应进行保护,以防冻害和风害。新叶发生,旧叶下垂时,应及时剪去。由于棕榈根浅树冠大易遭风害倾倒,应于邻株之间系以横木联结。

另外,每年中耕除草 1~2 次,可 7 月间进行;中耕 2 次的,第

1次在4～5月,第2次在6～7月。每年春冬两季,可施以豆粕或厩肥等肥料,环状施入根旁的土内。培土、施肥也可结合中耕除草进行,也可施适量化肥。

五、病虫害防治

(一)棕榈干腐病

棕榈干腐病,又名枯萎病、烂心病、腐烂病,是棕榈常见病害。棕榈树既是观赏树种又是经济树种,因干腐病的发生,常造成枯萎死亡。病害多从叶柄基部开始发生,首先产生黄褐色病斑,并沿叶柄向上扩展到叶片,病叶逐渐凋萎枯死。病斑延及树干产生紫褐色病斑,导致维管束变色坏死,树干腐烂;叶片枯萎,植株趋于死亡。若在棕榈干梢部位,其幼嫩组织腐烂,则更为严重。在枯死的叶柄基部和烂叶上,常见到许多白色菌丝体。当地上部分枯死后,地下根系也很快随之腐烂,全部枯死。每年5月中旬开始发病,6月逐渐增多,7～8月为发病盛期,至10月底,病害逐渐停止蔓延。该病对小树和大树均有危害。棕榈树遭受冻伤或剥棕太多,树势衰弱易发病。

防治方法:及时清除腐死株和重病株,以减少侵染源。适时、适量剥棕,不可秋季剥棕太晚、春季剥棕太早或剥棕过多。春季,一般以清明前后剥棕为宜。可用50%多菌灵500倍液喷雾,或刮除病斑后涂药,均有一定防治效果。喷药时间,从3月下旬或4月上旬开始,每10～15天1次,连续喷3次。

(二)棕榈白盾蚧

棕榈白盾蚧主要在叶及叶柄处寄生,雌成虫介壳长1.5～2 mm,白色或半透明,略呈圆形、扁平。雄蚧壳长约1.5 mm,乳白色,细长,背面有3条纵线。

防治方法:注意通风;及早发现虫体,并用毛刷刷去虫体;大面积发生时,可化学防治。一般在若虫孵化盛期,喷洒药剂 1～3 次。每次间隔约 10 天。常用药剂有:40% 乐果乳油 1 000 倍液,40% 速扑杀乳剂 1 000 倍液。

第十九节　白玉兰

白玉兰(*Michelia alba* DC.),又名木兰、玉兰,为木兰科木兰属落叶乔木。白玉兰是我国著名花木,也是公园、庭院中的名贵观赏树。

白玉兰树姿美观,花白如玉,根、叶、花均可入药,具有清热利尿、止咳化痰、化湿行气和治疗慢性气管炎等多种功效,花瓣与面粉、白糖拌和,可制作美食点心,具有极高的观赏、药用、食用价值。

一、形态特征

白玉兰属落叶乔木,树高 15～17 m,胸径约 30 cm,树枝广展,树冠呈"伞形";树皮灰色;枝叶有芳香,叶薄革质,叶片互生,长椭圆形或披针状椭圆形,长 10～27 cm,宽 4～9 cm,叶柄长 1.5～2 cm;花白色,极香;花被 10 片,披针形,花先叶开放,顶生,朵大,直径 12～15 cm,花成辐射对称,花期 3～4 月,花蓇葖熟时鲜红色,通常不结实。

二、生物学特性

白玉兰喜光,不耐干旱,也不耐水涝,根部受水淹 2～3 小时即枯死。适宜生长于温暖湿润气候和肥沃疏松的土壤,对二氧化硫、氯气等有毒气体抗性差。

三、栽培技术

(一)育苗技术

白玉兰的繁殖可采用嫁接、压条、扦插、播种等方法,但最常用的是嫁接和压条两种。播种主要用于培养砧木。嫁接以实生苗作砧木,进行劈接、腹接或芽接。扦插可于6月初新梢之侧芽饱满时进行。

(二)栽植技术

白玉兰宜在阳光充足的环境中生长,光照充足可使枝繁叶茂、花多更芳香。白玉兰的栽培地应选在背风向阳、光照充足的地方。采用大坑穴整地方式,规格为60～80 cm见方,若是成片栽植,可采取南北定行、东西定株的方式,以利通风透光,栽植株行距4 m×5 m～5 m×5 m。白玉兰栽植苗应选择生长健壮、无病虫害、无机械损伤、符合国家规定的Ⅰ、Ⅱ级苗木。栽植前给每个栽植坑施入10 kg有机肥、0.5 kg磷肥,再按照"三埋两踩一提苗"的栽植程序进行科学栽植,栽后灌足定根水,用地膜覆盖栽植坑,以利保持土壤水分,保证栽植成活。

四、养护管理

(一)松土除草

白玉兰栽后1～3年需进行1次松土除草,时间以5～6月为宜,以防止杂草与苗木生长争水争肥。

(二)适时灌水

一般栽后6～8月为高温季节,要视气候及土壤情况,适时对幼苗实施灌水措施,以防苗木受旱枯死。

(三)整形修剪

白玉兰枝条的愈伤能力差,一般不对树冠进行修剪,只需结合树形培养,剪去过密枝、徒长枝、交叉枝、病虫枝、干枯枝,使树姿优美。

五、病虫害防治

(一)黄化病、根腐病和炭疽病

发现病害时,向叶子喷洒 50%的多菌灵 500～800 倍液的水溶液,或用 70%的托布津 800～1 000 倍液进行防治。

(二)蚜虫

树干基部刷白,防止蚜虫产卵;结合修剪,剪除被害枝梢、残花,集中烧毁,降低越冬虫口;用 50%马拉松乳剂 1 000 倍液,或 50%杀螟松乳剂 1 000 倍液,或 50%抗蚜威可湿性粉剂 3 000 倍液,或 2.5%溴氰菊酯乳剂 3 000 倍液,或 2.5%灭扫利乳剂 3 000 倍液,或 40%吡虫啉水溶剂 1 500～2 000 倍液等,喷洒植株 1～2 次;保护和利用天敌,如瓢虫、草蛉、食蚜蝇和寄生蜂等,对蚜虫有很强的抑制作用。

(三)介壳虫

冬季可喷施 1 次 10 倍的松脂合剂或 40～50 倍的机油乳剂消灭越冬代雌虫,或冬、春季发芽前,喷 3～5 波美度石硫合剂或 3%～5%柴油乳剂消灭越冬代若虫;在若虫孵化盛期,用 40%氧化乐果乳油、40%速扑杀乳油或 40.7%乐斯本乳油与 80%敌敌畏乳油按 1∶1 比例混合成的杀虫剂 1 000～1 500 倍液,连续喷药 3 次,交替使用。

第二十节　构树

构树(*Broussonetia papyrifera* L'Heritier ex Ventenat),又名构桃树等,为桑科构属落叶乔木,是城乡庭院"四旁"常见的绿化树种。

构树生长快,繁殖容易,对空气中二氧化硫、氯气等有毒气体有较强的抗性,是城乡绿化的重要树种。树叶中蛋白质含量高达20%～30%,氨基酸、维生素、碳水化合物及微量元素十分丰富,可加工成为高级畜禽饲料。构树的乳液、根皮、树皮、叶、果实及种子均可入药,具有补肾、明目、利尿、清热、祛湿、凉血、解毒等多种功效。

一、形态特征

构树树高 10～20 m;树皮暗灰色,小枝密生柔毛,树冠开阔,叶螺旋状排列,广卵形至长椭圆状卵形,长 6～18 cm,宽 5～9 cm,先端渐尖,基部心形;花雌雄异株;雄花序为葇荑花序,雌花序球形头状,子房卵圆形,柱头线形,被毛。花期 4～5 月,聚花果直径1.5～3 cm,成熟时橙红色,肉质;果期 6～7 月。

二、生物学特性

构树喜光,适应性、抗逆性特强。耐干旱瘠薄,野生于石灰岩山地、河滩地和湿地,人工栽培于城乡庭院及“四旁”。构树具有速生、根系浅,萌蘖力强的特点,无论平原、丘陵或山地都能生长。另外,构树耐烟尘,抗大气污染力强,也是理想的城市绿化树种。

三、栽培技术

(一)育苗技术

构树苗木繁育多采用播种育苗方式。其方法如下:

1.采种　每年 10 月采集优良母树上的果实,装在桶内捣烂、漂洗,除去渣液,晾干后备用。

2.育苗地选择　选择背风向阳、土层深厚、土壤肥沃、排水良好的地方作为圃地。

3.深耕作床　结合深耕、耙糖,每亩施入 1 000～1 200 kg 有机肥、50 kg 磷肥,并修成宽 1～1.2 m,长 20～30 m 的苗床,浇足底水,以备播种。

4.适时播种 一般在 3 月中下旬,播种前要将备好种子用清水浸泡 2～3 小时,捞出晾干后用倍于种子的湿细沙混合均匀,堆放于室内进行催芽,当种子有 30% 裂口时,即可进行播种。多采用条播法,行距 25 cm,每亩播种量 25 kg。播种时,将处理好的种子和湿沙均匀撒在条沟内,然后覆土,其厚度以不见种子为宜,播后盖草以防鸟虫和保湿。

5.苗期管理 构树种粒小,幼苗出土后很弱。一定要加强苗期水、肥管理,促进苗木高、径生长及木质化,以确保构树播种育苗当年苗高达到 80～100 cm。

为了克服雌株浆果成熟时大量脱落,影响环境卫生,也可利用雄株作插穗进行扦插育苗。

(二)栽植技术

构树造林通常采用坑穴整地方式,规格为 60 cm 见方,株行距 1.5 m×2 m,亩栽植 220 株。若是以营造水土保持林或培育中药材为主,造林株行距可定为 1 m×2 m,亩栽植 330 株。挖坑时需将生、熟土分开堆放。

构树栽植时,先给每个栽植坑内施入 10 kg 有机肥和 1 kg 磷肥,然后再按"三埋两踩一提苗"的栽植程序,进行规范栽植,栽后灌足"定根水",并用地膜覆盖树坑,以确保构树造林成活率达到 90% 以上。

四、养护管理

(一)松土除草

构树栽后 1～3 年内,每年均需进行 1 次松土除草,时间以 5 月下旬为宜,以防因草荒引起与幼树争水争肥的矛盾,保证幼树健壮生长。

（二）及时定干

若是以培育中药材为目的，栽后第 2 年还要及时在主干50 cm 处定干，实行灌丛形经营方式，促其侧枝萌发，3～5 年即可进入产皮产叶盛期。

五、病虫害防治

（一）烟煤病

烟煤病可用石硫合剂每隔 15 天喷 1 次，连续喷 2～3 次。

（二）透翅蛾

透翅蛾也称黄蜂蛾。幼虫是钻蛀性害虫，喜在树木枝干内蛀食木质髓部，造成树势衰退，枯干致死。

防治方法：严格检疫；及时剪除苗圃内虫瘿，防止虫情扩散；在羽化盛期用性诱剂诱杀雄虫；每亩挂 5～6 个诱捕器，可有效地降低危害；喷施 40％的氧化乐果乳油 800 倍液 2～3 次，喷施间隔期 15 天左右，或用 40％氧化乐果乳油 50 倍液、20％吡虫啉 200 倍液等用针管注入蛀虫孔内，并用胶泥封堵虫孔，毒杀幼虫。

第二十一节　中华柳

中华柳（*Salix cathayana* Diels），属杨柳科杨柳属，为我国特有树种，也是湿地的指示植物，对湿地保护有着至关重要的意义。

中华柳是易繁殖、生长快、耐水湿、耐盐碱且树形美观的湿地绿化树种，可作为河堤、滩涂、湿地和城乡绿化、美化的树种。中华柳的叶、花、茎均可入药，且具有清热、解毒、平肝、利尿、止痛、透疹之功效，也可用于防治感冒和发烧。

一、形态特征

中华柳为杨柳科杨柳属灌木或小乔木，树体馒头形，树高

0.5～3 m,多分枝,小枝褐色或灰褐色。叶长椭圆形、椭圆披针形,长 1.5～5.2 cm,宽 6～15 mm,两端钝或急尖,上面深绿色,叶柄长 2～5 cm,略有柔毛。雄花序长 2～3.5 cm,密花,花梗有柔毛,长 5～15 mm,雌花序狭圆柱形,长 2～3 cm,密花,花期 5 月,子房无柄,无毛,椭圆形,蒴果近球形,果成熟期 6～7 月。

二、生物学特性

中华柳极耐水湿、耐盐碱,也能生长在干旱地方。垂直分布在 1 800～3 000 m 的山谷及山坡灌丛之中。

三、栽培技术

(一)育苗技术

中华柳苗木繁育通常采用扦插和播种育苗两种形式,最常用扦插育苗。

1. 扦插育苗　扦插育苗以垄作为最常见。单行或双行扦插均可,单行扦插株距 15～20 cm;双行扦插行距 20 cm,株距 20～25 cm,扦插时,对插穗分级后,按等级分别扦插,插穗小头朝上,插后与地面平齐或略高出地面,踩实并立即灌水,以保证扦插成活。出苗期保持土壤湿润,干旱时适时灌水,幼苗期要追肥和中耕除草,出苗后及时抹芽,保留一个健壮芽培育主干,1 年生中华柳扦插苗苗高可达 1～1.5 m。

2. 播种育苗　中华柳种子 4～5 月成熟,当蒴果由绿变成浅蓝色时、少数蒴果出现尖端裂口吐絮时,及时采收。采集后种子极易丧失发芽力,不宜长期保存,要做到随采随播。中华柳播种育苗采用苗床播种。播前苗床浇足底水,同时将种子用清水浸泡 2 小时左右,使之吸水膨胀,然后与湿沙拌匀进行播种,播后用细土覆盖,以埋没种子为宜。播后如温度、湿度合适,2～3 天即可出苗,出苗后要加强圃地水分管理,保持床面湿润,同时,也要注意遮阴,防止日灼。中华柳1年生播种苗苗高可达0.8～1.0 m。

(二)栽植技术

中华柳栽植一般均采用坑穴整地方式,南北定行,东西定株。栽植株行距2 m×3 m～3 m×3 m,亩初植密度为74～111 株,整地规格为40～50 cm见方,呈"品"字形配置,生土、熟土分开堆放。

栽植前,应给每穴施入10 kg有机肥、0.5 kg磷肥,与表土搅匀后,将苗放入坑穴中央,再按照"三埋两踩一提苗"的栽植程序科学栽植,栽后灌足定根水,覆土,有条件的地方,还应实行地膜覆盖措施,以确保中华柳栽植成活率达到90%以上。

四、养护管理

中华柳需1～2年内对栽植地松土除草,防止造成与苗木争水争肥或发生荒火,以确保幼林正常生长。适时灌水,视干旱情况在6～7月灌水防旱。

五、病虫害防治

中华柳极易受天牛危害。防治方法:对春、夏越冬幼虫防治,即将久效磷注入虫孔中,然后用黄泥封口;对夏、秋成虫防治,可采用40%久效磷2 000倍液、或50%辛硫磷1 000倍液或90%杜邦万灵粉3 000倍液喷洒叶子和树干;结合中华柳品种改良,培育抗虫品种。

第二十二节　柽柳

柽柳(*Tamarix chinensis* Lour.),又名红柳,为柽柳科柽柳属落叶灌木或小乔木。柽柳既是湿地的指示植物,又因枝条细柔、树姿优美,常被选作庭院观赏栽植。

柽柳枝条细柔,姿态婆娑,开花如红蓼,颇为美观,极适宜在庭院、公园和公共绿地栽植。枝条柔韧耐磨,多用来编筐和制作农具柄把,其叶花均可入药,有解表透疹之功效,主要用于痘疹透发不畅或疹毒内陷、感冒、咳嗽、风湿骨痛。

一、形态特征

柽柳为落叶灌木或小乔木,树高 3～6 m,老枝直立,呈暗紫红色。嫩枝繁密纤细,悬垂;叶鲜绿色,夏秋季开花,每年开花 2～3 次,总状花序侧生在木质化的枝条上,长 3～6 cm,宽 5～7 mm,花大而少,花梗纤细,萼较短;花盘 5 裂,花柱有 3 个,呈棍棒状,花期 4～9 月。

二、生物学特性

柽柳适生于河流冲积平原、海滨、滩头、潮湿盐碱地。喜光、耐寒、耐高温、耐水湿、耐盐碱,能在含盐量 1‰ 的重盐碱地上正常生长,深根,主侧根都很发达,主根可深入地下 10 余米,萌蘖力强,生长较快,年新梢生长量 50～80 cm,4～5 年生树高达 2.5～3 m,寿命长,树龄可达上百年。

三、栽培技术

(一)苗木繁育

1.播种育苗 柽柳播种育苗地应选在土壤肥沃、疏松透气的沙壤土为好。先平整好地面,均匀撒一层有机肥,整理苗床,畦宽 1 m 左右。因柽柳成熟期不一致,有的在 5～6 月,有的在秋季成熟,种子成熟后,果开裂,吐絮,随风飞扬,一定要及时采收,随采随播。种子放置 2 个月左右即丧失发芽能力。柽柳种子细小,一般需混沙撒播,播前先灌水,浇透床面,然后将种子均匀撒于床面上,再用细土或细沙薄薄覆盖。播后 3 天大部分种子开始发芽出土,10 天左右即出齐。苗期要及时浇水,每 3 天浇 1 次小水,保持土壤湿润,不易板结,1年生实生苗苗高可达 50～70 cm,即可用于造林。

2.扦插育苗　在优良柽柳母树上,选用直径 1 cm 左右的 1 年生健壮枝条作为插条,剪成长 25 cm 左右的插条,春季、秋季均可扦插,以春季为最佳。采用平床扦插,床面宽 1.2 m、行距 40 cm、株距 10 cm 左右。为了提高成活率,扦插前可用 ABT 生根粉 100 mg/kg浸泡 2 小时,扦插后立即灌水,以后每 10 天灌水 1 次,扦插出苗率可达 90%以上。1 年生扦插苗苗高可达 1 m 左右。

(二)科学栽植

柽柳造林苗龄以 1～2 年生为宜,苗高 1～2 m,一般造林多采用小坑穴整地方式,规格为 40 cm 见方,株行距 3 m×3 m,每亩栽植 74 株,栽植前给每穴施入 10 kg 有机肥和 0.5 kg 磷肥,然后按照"三埋两踩一提苗"的栽植程序科学栽植,以确保造林成活率达到 90%以上。

四、养护管理

柽柳栽后无须进行精细管理和特殊管理,只需视旱情发展适当浇水,春夏生长期可适当疏剪整形,剪去过密枝、虫害枝、徒长枝,以利树体通风透光和培育优美树形。

五、病虫害防治

(一)立枯病

防治方法:用 40%福尔马林加水 100 倍均匀喷洒在种子上,然后密封堆置 2 小时,再将种子撒开;用 1%的多菌灵拌种后播种;用 40%福尔马林溶液稀释 500 倍均匀洒在床面上;幼苗出土后,每隔 7～10 天喷 1 次等量式波尔多液,连续喷 2～3 次预防。病害一旦发生,则应立即清除销毁病苗,并用 2%硫酸亚铁溶液喷洒。

(二)梨剑纹夜蛾

梨剑纹夜蛾可在幼虫期以敌百虫 800～1 000 倍液喷洒防治。

(三)蚜虫

树干基部刷白,防止蚜虫产卵;结合修剪,剪除被害枝梢、残花,集中烧毁,降低越冬虫口;用 50%马拉松乳剂 1 000 倍液,或 50%杀螟松乳剂 1 000 倍液,或 50%抗蚜威可湿性粉剂 3 000 倍液,或 2.5%溴氰菊酯乳剂 3 000 倍液,或 2.5%灭扫利乳剂 3 000 倍液,或 40%吡虫啉水溶剂 1 500～2 000 倍液等,喷洒植株 1～2 次;保护和利用天敌,如瓢虫、草蛉、食蚜蝇和寄生蜂等,对蚜虫有很强的抑制作用。

第二十三节　石楠

石楠(*Photinia serrulata* Lindl.),又名红叶树,为蔷薇科石楠属常绿灌木或小乔木,是城市公园、公共绿地及道路、庭院理想的绿化美化树种。

石楠冠丛浓密,嫩叶红色,花白色,终年常绿,是理想的城乡公园、公共绿地、庭院、道路绿化美化树种,与金叶女贞、红叶小檗、月季、紫薇混交配置,可获得赏心悦目的绿化美化效果。石楠叶和根均可入药,有祛风除湿、活血解毒、利尿、镇静之功效。石楠种子榨油可制造油漆、肥皂及润滑油。

一、形态特征

石楠属常绿灌木或小乔木,树高 3～6 m,最高可达 12 m;枝褐灰色;叶片革质,长椭圆形或倒卵状椭圆形,长 9～22 cm,宽 3～6.5 cm,基部圆形或宽楔形;叶柄粗壮,长 2～4 cm,复伞房花序顶生,直径 10～16 cm,花梗长 3～5 mm,密生,花萼筒杯状,花期 6～7 月,雄蕊 20,呈紫色;子房顶端有柔毛,果实球形,直径 5～

6 mm,红色,10～11 月成熟。

二、生物学特性

石楠喜光,稍耐阴,深根性,对土壤要求不严,但以肥沃、湿润、土层深厚、排水良好、微酸性的沙质土壤最为适宜。同时,石楠的萌芽力强,耐修剪,对烟尘和有毒气体有一定的抗性,是城乡绿化美化的理想树种。

三、栽培技术

(一)苗木繁育

1.播种育苗　在果实成熟期选择优良母树采种,将采回的果实捣烂漂洗取籽晾干,分层沙藏至翌年春播,种子与沙的比例为1∶3。选择土壤肥沃、深厚、疏松的沙壤土实行平床开沟条播,行距20 cm,覆土2～3 cm,播后稍镇压,浇透水并覆草以保持土壤湿润,有利于种子发芽,亩播种量15～18 kg。

2.扦插育苗　选择排水方便、地下水位低、交通便利的地作苗床,床宽1 m,长20～30 m,床面用高锰酸钾 200 倍液喷洒消毒,然后铺设基质,基质中黄心土占70％～80％、细沙占20％～30％,厚10 cm 左右,将床面整平,24 小时后可进行扦插。扦插方法为嫩枝扦插,雨季进行,先在优良母树上选取半木质化较好的嫩枝剪成10～12 cm 的插穗,上面留1～2 个叶片,下面叶片全剪掉,插条采用平切口,然后用 ABT 生根粉(或金宝久生根剂)6 g,加酒精30 mL溶化,再加入50％温水 60 mL、清水 1.4 kg、黄心土 5 kg 等搅成糨糊状,将插条捆成小捆蘸生根剂泥浆。扦插株行距为4 cm×6 cm,扦插深度为插条的 2/3,扦插完毕后立即浇透水,同时对叶面喷洒 1 000 倍的多菌灵和福·福锌混合液,再立即搭好小拱棚,用塑料薄膜覆盖。约5 天后,扦插苗即可生根发芽。

3.苗期管理　扦插 1 周后,将基质含水量控制在 60％～

70%,空气相对湿度以95%为宜;扦插15天以后,将基质含水量控制在40%左右,开始揭膜通风,当50%以上插条萌发新芽时可除去薄膜。每隔20天喷1次福·福锌和多菌灵800倍液防治炭疽病及根腐病。当插穗全部生根展叶后,可喷施水溶性化肥(0.2%尿素)促进生长。

(二)精细整地

石楠栽植一般均采用坑穴整地方式。其规格为60~100 cm见方,若栽植采用乔灌混交,则行距10~12 m,若整地挖出的土系城市的建筑垃圾土,应实行换土栽植。

(三)科学栽植

石楠栽植前,每穴施入10 kg有机肥、0.5 kg磷肥,以确保幼苗的养分供给,然后按照"三埋两踩一提苗"的栽植程序科学栽植,栽后要灌足定根水,有的地方用地膜覆盖树坑,以提高栽植成活率。

四、养护管理

(一)松土除草

石楠栽后1~3年每年松土除草1次,时间以5~6月为宜,以防杂草与苗木争水争肥。

(二)适时灌水

栽后6~8月高温季节,一定要视气候及土壤情况,适时对幼苗灌水,一般半个月浇1次。

(三)强化修剪

石楠耐修剪,一般对枝条多而细的植株强剪,疏除部分枝条;对枝条少而粗的植株轻剪,促进花芽形成。树冠较小者,只是截1年生枝,扩大树冠;树冠较大者,回缩主枝,以侧代主,缓和树势。对于用作造型的树一年要修剪1~2次,如用作绿篱更应经常修剪,以保持良好形态。

五、病虫害防治

(一)叶斑病、灰霉病

初期喷洒波尔多液 100～150 倍液或 60％～75％代森锌 500～1 000 倍液等进行防治。

(二)介壳虫

冬季可喷施 1 次 10 倍的松脂合剂或 40～50 倍的机油乳剂消灭越冬代雌虫,或冬春季发芽前,喷 3～5 波美度石硫合剂或3％～5％柴油乳剂消灭越冬代若虫;在若虫孵化盛期,用 40％氧化乐果乳油、40％速扑杀乳油或 40.7％乐斯本乳油与 80％敌敌畏乳油按 1∶1 比例混合成的杀虫剂 1 000～1 500 倍液,连续喷药 3 次,交替使用。

(三)石楠盘粉虱

在羽化前两天,于林内布置黄板进行诱杀,或利用细蜂、瓢虫、草蛉、捕食螨等天敌进行捕杀。

(四)白粉虱

白粉虱可用 10％吡虫啉可湿性粉剂 2 000 倍液对树冠喷雾,能有效杀灭白粉虱群体。

第二十四节　紫薇

紫薇(*Lagerstroemia indica* Linn.),又称为"百日红",为千屈菜科紫薇属落叶灌木或小乔木。紫薇树姿优美,树干光滑洁净,花期长、花色艳丽,是我国城乡、庭院、公园及公共场所绿化美化的优良树种。

一、形态特征

紫薇一般树高 3～4 m,高可达 7 m,树皮平滑,呈灰色或灰褐色;枝干多扭曲,小枝纤细,具 4 棱,略成翅状;叶互生,呈椭圆形、阔矩圆形或倒卵形,长 2.5～7 cm,宽 1.5～4 cm;花呈淡红色、紫色或白色,直径 3～4 cm,常为 7～20 cm 顶生圆锥形花序,花梗长 3～15 cm,花萼长 7～10 mm,雄蕊 36～40 枚,花期 6～9 月;蒴果椭圆状球形或阔椭圆形,种子有翅,果成熟期 9 月底至 10 月初。

二、生物学特性

紫薇喜光、喜暖湿气候,略耐阴,喜肥,尤喜深厚肥沃的沙质壤土,在北方黄土地区栽植亦耐干旱,忌涝,能抗寒,萌蘖力强,并具有较强的抗污染能力,对二氧化硫及氯气、氟化氢有较强的抗性。可作为工矿区、住宅区绿化美化的理想花卉。

三、栽培技术

(一)苗木繁育

与播种育苗相比,扦插育苗更具有繁殖容易、成苗快和保持母树优良性状的特点。紫薇扦插育苗可分为嫩枝扦插和硬枝扦插两种形式。

1.嫩枝扦插　紫薇嫩枝扦插一般在 7～8 月进行,此时气温、地温高,新枝生长旺盛,易生根,最具活力,故扦插成活率高。其方法是:在优良母树上选择半木质化的健壮枝条,剪成 10 cm 左右长的插穗,插穗上端保留 2～3 片叶子,扦插入土深度约 8 cm,插后灌透水,用塑料薄膜覆盖,搭建遮阴网进行遮阴,一般在 15～20 天便可生根发芽,然后将薄膜除去,保留遮阴网,在幼苗生长期间适量浇水,以促其苗木的高、径生长,当年苗高可达 70 cm 左右。

2.硬枝扦插　紫薇硬枝扦插一般在 3 月下旬至 4 月上旬枝条发芽前进行。其方法是:在长势良好的母株上选择粗壮的一年生枝条,剪成 10～15 cm 长的枝条,扦插深度 8～13 cm,插后灌足水,并用塑料薄膜覆盖,当苗木生长到 15～20 cm 的时候可将薄膜揭开,搭建遮阴网,幼苗生长期间要适时适量浇水,以促其苗木的高径生长,当年苗高可达 80 cm 左右。

（二）科学栽植

紫薇栽植要在全面精细整地的同时,按照绿化工程规划的要求,进行画线定点和挖坑,一般坑穴规格为 30 cm 见方,株行距(1～1.5) m×1 m,栽植前给每穴施入 10 kg 有机肥和 0.5 kg 磷肥,以保证幼树的成活与生长。然后按照"三埋两踩一提苗"的栽植程序科学栽植,栽后要灌足"定根水"。

四、养护管理

紫薇管理较简单、粗放,每年秋冬季要及时对树上的枯枝和病虫枝全面剪除,并集中烧毁,以免病虫害蔓延传播。为了延长紫薇花期,需及时剪去已开过花的枝条,使之重萌新芽,抽出新一轮花枝。为了促使花序粗大,可适当剪去部分花蕾及花枝,集中保证所保留花枝、花蕾的营养供给,实行科学修剪,可促使紫薇在一年之中多次连续开花,花期长达 100～120 天。

五、病虫害防治

（一）白粉病

生长期在发病前可喷保护剂,发病后宜喷内吸剂;病害盛发时,可喷 15% 粉锈宁 1 000 倍液、2% 抗霉菌素水剂 200 倍液、10% 多抗霉素 1 000～1 500 倍液。也可用白酒(酒精含量 35%)1 000 倍液,每 3～6 天喷 1 次,连续喷 3～6 次,冲洗叶片到无白粉为止;喷高脂膜乳剂 200 倍液对于预防白粉病发生和治疗初期具有良好效果。

（二）长斑蚜

长斑蚜主要危害叶子,该虫对紫薇的危害年年都会发生,常常是嫩叶的背面布满害虫,危害后嫩叶卷缩,凹凸不平,不但影响花芽形成,而且会诱发煤污病。一旦发生,可以喷洒 10％蚜虱净可湿性粉剂 1 500 倍液防治。

(三)褐斑病

褐斑病主要危害叶片,病斑呈圆形或近圆形。在坚持秋耕,将地面落叶翻入土中,适时修剪,使其通风透光的前提下,发病期可及时喷洒 50％苯菌灵可湿性粉剂 1 000 倍液,或 75％百菌清可湿性粉剂 800 倍液进行防治。

(四)叶蜂

以幼虫群集危害叶子,严重时可将植株的嫩叶全部吃光。在冬春季对紫薇栽植地进行翻耕,消灭越冬茧和坚持人工摘除卵梢、卵叶的前提下,虫害一旦发生,可喷洒 BT 乳剂 500 倍液 25％灭幼脲 3 号胶悬剂 1 500 倍液进行防治。

(五)黄刺蛾

黄刺蛾俗称洋辣子,是紫薇的主要食叶害虫之一,在冬季结合修剪,清除树枝上越冬茧的前提下,一旦虫害发生,喷施 90％的晶体敌百虫 1 000 倍液。

(六)紫薇绒蚧

结合冬季整形修剪,清除虫害危害严重、带有越冬虫态的枝条;早春萌芽前喷洒 3～5 波美度石硫合剂,杀死越冬若虫;若虫孵化期,可选用喷洒 40％速蚧克(即速扑杀)乳油 1 500 倍液,或 48％毒死蜱乳油(乐斯本)1 200 倍液,或 40％氧化乐果乳油 1 000 倍液,或 50％杀螟松乳油 800 倍液等。

第二十五节　樱花

樱花(*Cerasus* Sp.),是蔷薇科樱属几种植物的统称,在《中国植物志》新修订的名称中专指"东京樱花",亦称"日本樱花"。樱花品种相当繁多,数目超过 300 种以上,国内普遍有早樱、晚樱、垂枝樱、云南樱等品种,晚樱在园林绿化中运用较为广泛。

　　樱花原产北半球温带环喜马拉雅山地区,在世界各地都有生长,主要在日本生长。我国主要产地有浙江、安徽、江苏、四川、山东、河南等。樱花是早春重要的观花树种,被广泛用于园林观赏。樱花可以群植成林,也可植于山坡、庭院、路边、建筑物前。

一、形态特征

　　树高 4～16 m,树皮灰色。小枝淡紫褐色,无毛,嫩枝绿色,被疏柔毛。冬芽卵圆形,无毛。叶片椭圆卵形或倒卵形,长 5～12 cm,宽 2.5～7 cm,先端渐尖或骤尾尖,基部圆形,稀楔形,边有尖锐重锯齿,齿端渐尖,有小腺体,上面深绿色,无毛,下面淡绿色,沿脉被稀疏柔毛,有侧脉 7～10 对;叶柄长 1.3～1.5 cm,密被柔毛,顶端有 1～2 个腺体或有时无腺体;托叶披针形,有羽裂腺齿,被柔毛,早落。花序伞形总状,总梗极短,有花 3～4 朵,先叶开放,花直径 3～3.5 cm;总苞片褐色,椭圆卵形,长 6～7 mm,宽 4～5 mm,两面被疏柔毛;苞片褐色,匙状长圆形,长约 5 mm,宽 2～3 mm,边有腺体;花梗长 2～2.5 cm,被短柔毛;萼筒管状,长 7～8 mm,宽约 3 mm,被疏柔毛;萼片三角状长卵形,长约 5 mm,先端渐尖,边有腺齿;花瓣白色或粉红色,椭圆卵形,先端下凹,全缘二裂;雄蕊约 32 枚,短于花瓣;花柱基部有疏柔毛。核果近球形,直径0.7～1 cm,黑色,核表面略具棱纹。花期 4 月,花色多为白色、粉红色。果期 5 月。

二、生物学特性

　　樱花性喜温暖、湿润偏干的环境。要求充足的阳光,不耐阴湿,不耐盐碱,忌水涝,耐寒,耐旱,花期怕大风和烟尘。适宜在疏松、肥沃、排水良好的微酸性或中性的沙质壤土中生长。

三、栽培技术

樱花在含腐殖质较多的沙质壤土和黏质壤土中(pH 5.5～6.5)都能很好地生长。树体较大,是强阳性树种,要求避风向阳,通风透光。成片栽植时,要使每株树都能接受到阳光。

樱花栽植时间在早春土壤解冻后,一般为2～3月份。栽植前仔细整地。在平地栽植可挖直径1 m,深0.8 m的穴。穴内先填约一半深的改良土壤,把苗放入穴中央,使苗根向四方伸展。少量填土后,微向上提苗,使根系充分伸展,再行轻踩。栽苗深度要使最上层的苗根距地面5 cm。栽好后做一积水窝,并充分灌水。最后用跟苗差不多高的竹片支撑,以防刮风吹倒。

四、养护管理

(一)防旱

定植后苗木易受旱害,除定植时充分灌水外,以后8～10天灌水一次,保持土壤潮湿但无积水。灌后及时松土,最好用草将地表薄薄覆盖,减少水分蒸发。在定植后2～3年内,为防止树干干燥,可用稻草包裹。但2～3年后,树苗长出新根,对环境的适应性逐渐增强,则不必再包草。

(二)生长期管理

樱花每年施肥2次,以酸性肥料为好。一次是冬肥,在冬季或早春施用豆饼、鸡粪和腐熟肥料等有机肥;另一次在落花后,施用硫酸铵、硫酸亚铁、过磷酸钙等速效肥料。一般大樱花树施肥,可采取穴施的方法,即在树冠正投影线的边缘,挖一条深约10 cm的环形沟,将肥料施入。此法既简便又利于根系吸收,以后随着树的生长,施肥的环形沟直径和深度也随之增加。樱花根系分布浅,要求排水透气良好,因此在树周围特别是根系分布范围内,切忌人畜、车辆踏实土壤。行人践踏会使树势衰弱,寿命缩短,甚至造成烂根死亡。

(三)修剪

修剪主要是剪去枯萎枝、徒长枝、重叠枝及病虫枝。另外,一般大樱花树干上长出许多枝条时,应保留若干长势健壮的枝条,其余全部从基部剪掉,以利通风透光。修剪后的枝条要及时用药物消毒伤口,防止雨淋后病菌侵入,导致腐烂。樱花经太阳长时期的暴晒,树皮易老化损伤,造成腐烂,应及时将其除掉并进行消毒处理。之后,用腐叶土及炭粉包扎腐烂部位,促其恢复正常生理机能。

五、防治病虫害

樱花主要应预防流胶病和根瘤病,以及蚜虫、红蜘蛛、介壳虫等虫害。流胶病为蛾类钻入树干产卵所致,可以用尖刀挖出虫卵,同时改良土壤,加强水肥管理。根瘤病会导致病树的根无法正常生长,不管怎样施肥,树还是不健壮。要及时切除肿瘤,进行土壤消毒处理,利用腐叶土、木炭粉及微生物改良土壤。对于蚜虫、红蜘蛛、介壳虫等病虫害应以预防为主,每年喷药 3～4 次,第 1 次在花前,第 2 次在花后,第 3 次在 7～8 月。

第二十六节　碧桃

碧桃(*Amygdalus persica* L. var. *persica* f. *duplex* Rehd.),属蔷薇科桃属桃的变种,属于观赏桃花类的半重瓣及重瓣品种,统称为碧桃。常见的品种有红花绿叶碧桃、红花红叶碧桃,白红双色洒金碧桃等多个变种。碧桃具有很高的观赏价值,是在小区、公园、街道随处可见的美丽植物。

一、形态特征

碧桃树高 3～8 m 树冠宽广而平展;树皮暗红褐色,老时粗糙呈鳞片状;小枝细长,无毛,有光泽,绿色,向阳处转变成红色,具大量小皮孔;冬芽圆锥形,顶端钝,外被短柔毛,常 2～3 个簇生,中间为叶芽,两侧为花芽。

叶片长圆披针形、椭圆披针形或倒卵状披针形,长 7～15 cm,宽 2～3.5 cm,先端渐尖,基部宽楔形,上面无毛,下面在脉腋间具少数短柔毛或无毛,叶边具细锯齿或粗锯齿,齿端具腺体或无腺体;叶柄粗壮,长 1～2 cm,常具 1 至数枚腺体,有时无腺体。

花单生,先于叶开放,直径 2.5～3.5 cm;花梗极短或几乎无梗;萼筒钟形,被短柔毛,几乎无毛,绿色而具红色斑点;萼片卵形至长圆形,顶端圆钝,外被短柔毛;花瓣长圆状椭圆形至宽倒卵形,粉红色,罕为白色;雄蕊约 20～30 cm,花药绯红色;花柱几与雄蕊等长或稍短;子房被短柔毛。

果实形状和大小均有变异,卵形、宽椭圆形或扁圆形,直径(3)5～7(12) cm,长几与宽相等,色泽变化由淡绿白色至橙黄色,常在向阳面具红晕,外面密被短柔毛,稀无毛,腹缝明显,果梗短而深入果洼;果肉白色、浅绿白色、黄色、橙黄色或红色,多汁有香味,甜或酸甜;核大,离核或粘核,椭圆形或近圆形,两侧扁平,顶端渐尖,表面具纵、横沟纹和孔穴;种仁味苦,稀味甜。花期 3～4 月;果实成熟期因品种而异,通常为 8～9 月。

碧桃又分为以下种类:

白碧桃:花径 3～5 cm,白色半重瓣,花瓣圆形。

撒金碧桃:花径约 4.5 cm,半重瓣,花瓣长圆形,常呈卷缩状,在同一花枝上能开出两色花,多为粉色或白色。

寿星桃:属矮化种,花小型、复瓣,白色或红色,枝条的节间极短,花芽密生。

垂枝碧桃:枝条柔软下垂,花重瓣,有浓红、纯白、粉红等色。

鸳鸯桃:花复瓣,水绿色,花期较晚,成双结实。

红叶碧桃:重瓣花朵,叶紫。红色,生长速度,先开花后长叶,结果。

二、生物学特性

碧桃性喜阳光,耐旱,不耐潮湿。喜欢气候温暖的环境,耐寒性好,能在－25 ℃的自然环境安然越冬。要求土壤肥沃、排水良好。不喜欢积水,如栽植在积水低洼的地方,容易出现死苗。

三、栽培技术

碧桃喜干燥向阳的环境,故栽植时要选择地势较高且无遮阴的地点,不宜栽植于沟边及池塘边,也不宜栽植于树冠较大的乔木旁,以免影响其通风透光。碧桃喜肥沃且通透性好、呈中性或微碱性的沙质壤土,在黏重土或重盐碱地栽植,不仅植株不能开花,而且树势不旺,病虫害严重。碧桃根系发达,不宜深栽,深栽反而影响其生长。此花需肥不多,栽植时可在穴内施少量基肥。肥多会造成碧桃徒长,不利花芽形成。浇水要适量,防止积水。

四、养护管理

(一)整形修剪

碧桃栽植时一般都进行必要的修剪:一是为了保持地上和地下部分平衡,为苗木的成活提供保证;二是通过合理修剪进行整形。修剪要坚持"随树作形,因枝修剪"的原则。对有"中心主干"或"树中树"的碧桃苗木,要充分利用现有的枝条,整成疏散分层形或延迟开心形,即主枝分为2～3层,最下面一层留3个主枝,中间的一层留2个主枝,最上面的一层留1个主枝或不留主枝。为保持树冠内的通风透光,在整形修剪过程中,要特别注意开张主枝的角度。但随着树龄的增大，枝量的增多，光照条件会逐渐恶化，下层的主枝生长势会逐渐降低，这时可以逐渐去除下层的主枝，从而将树形逐步改造成自然开心形。

(二)水肥管理

碧桃耐旱，怕水湿，一般除早春及秋末各浇1次开冻水及封冻水外其他季节不用浇水。但在夏季高温天气，如遇连续干旱，适当的浇水是非常必要的。雨天还应做好排水工作，以防水大烂根导致植株死亡。碧桃喜肥，但不宜过多，可用腐熟发酵的厩肥作基肥，每年入冬前施一些芝麻酱渣，6～7月如施用1～2次速效磷、钾肥，可促进花芽分化。

五、病虫害防治

碧桃病虫害常发于夏秋两季，其主要病害有穿孔病、炭疽病、流胶病、缩叶病。如有发生，可用70%甲基托布津1 000倍液进行喷施，亦可和百菌清交替使用。主要虫害有蚜虫、红蜘蛛、蚧壳虫、红颈天牛，成虫可人工捕杀，幼虫用敌敌畏等农药注入虫孔中，并将洞口用泥巴封死。冬季在主干及粗壮枝上涂白，对防治天牛繁衍幼虫有较好的效果。

第二十七节　火棘

火棘［*Pyracantha fortuneana*（Maxim.）Liin.］，又名救兵粮、救命粮、火把果、赤阳子，属蔷薇科火棘属常绿灌木。火棘树形优美，夏有繁花，秋有红果，果实存留枝头甚久，在庭院作绿篱以及园林造景材料，在路边可以用作绿篱，美化、绿化环境。火棘具有良好的滤尘效果，对二氧化硫有很强吸收和抵抗能力。其果实、根、叶入药，性平，味甘、酸，叶能清热解毒，外敷治疮疡肿毒，是一种极好的春季看花、冬季观果植物。

一、形态特征

火棘树高可达 3 m；侧枝短，先端成刺状，嫩枝外被锈色短柔毛，老枝暗褐色，无毛。叶片倒卵形或倒卵状长圆形，先端圆钝或微凹，有时具短尖头，基部楔形，下延连于叶柄，边缘有钝锯齿，齿尖向内弯，近基部全缘，两面皆无毛。花瓣白色，近圆形。果实近球形，直径约 5 mm，橘红色或深红色。花期 3～5 月，果期 8～11 月。

二、生物学特性

火棘树喜强光，耐贫瘠，抗干旱，不耐寒。土壤以排水良好、湿润、疏松的中性或微酸性壤土为好。

三、栽培技术

(一)育苗技术

1.播种育苗　火棘果实 10 月成熟，可在树上宿存到次年 2 月，采收种子以 10～12 月为宜，采收后及时除去果肉，将种子冲洗干净，晒干备用。火棘以秋播为好，播种前可用万分之二浓度的赤霉素处理种子，在整理好的苗床上按行距 20～30 cm，开深 5 cm 的长沟，撒播沟中，覆土 3 cm。

2.扦插育苗　11 月至翌年 3 月选用 1～2 年生枝，剪成长 12～15 cm 的插穗，下端马耳形，在整理好的插床上开深 10 cm 小沟，将插穗成 30°斜角摆放于沟边，穗条间距 10 cm，上部露出床面 2～5 cm，覆土踏实。

(二)栽植技术

火棘一般作绿篱栽植。栽植时，将苗木放到沟槽内，一人扶直苗木另一人覆土，两排或三排绿篱栽植时，可将苗木同时放到沟槽内再进行埋土，待覆土将苗木的根系埋住后开始提苗，边提苗边踩实,扶苗时必须将苗木扶直。踩实后再将露出的根系埋住,一直埋到原种植线以上 5 cm 处再踩实,踩实后再略覆土,最后覆土的高度在原种植线以上 5 cm 处。所用苗木的高度也要尽量一致,以方便后期修剪。

四、养护管理

1.施肥 每年 11 月至 12 月施 1 次基肥,在距根颈 80 cm 沿树挖 4~6 个放射状施肥沟,深 30 cm,每坑施有机肥 3~5 kg,花前和坐果期各追施尿素 1 次,每株施 0.25 kg。

2.浇水 分别在开花前后和夏初各灌水 1 次,有利于火棘的生长发育,冬季干冷气候地区,进入休眠期前应灌 1 次封冬水。

3.整形 火棘自然状态下,树冠杂乱不规整,内膛枝条常因光照不足呈纤细状,结实力差,为促进生长和结果,应整形修剪。火棘成枝能力强,侧枝在干上多呈水平状着生,可将火棘整成主干分层形。离地面 40 cm 为第一层,3~4 个主枝;第二层离第一层 30 cm,由 2~3 个主枝组成;第三层距第二层 30 cm,由 2 个主枝组成,层与层间有小枝着生。

五、病虫害防治

火棘白粉病是火棘的主要病害之一,侵害火棘叶片、嫩枝、花果。多由光照不足,通风条件差,遮阴时间长而诱发引起。火棘白粉病初期病部出现浅色点、逐渐由点成长,产生近圆形或不规则形粉斑,其上布满白粉状物,形成一层白粉,后期白粉变为灰白色或浅褐色,致使火棘病叶枯黄、皱缩,幼叶常扭曲、干枯甚至整株死亡。

防治方法:①清除落叶并烧毁,减少病源。②发病期喷 0.2~0.3 波美度的石硫合剂,每半月 1 次,喷洒 2~3 次,炎夏可改用 0.5∶1∶100 或 1∶1∶100 的波尔多液,或 50% 退菌特 1 000 倍

液。③在火棘白粉病流行季节,喷洒 50％多菌灵可湿性粉剂
1 000 倍液,50％甲基托布津可湿性粉剂 800 倍液,50％莱特可湿
性粉剂 1 000 倍液,进行预防。

第二十八节　木槿

木槿(*Hibiscus syriacus* Linn.),属锦葵科木槿属落叶灌木。
中国中部各省原产,各地均有栽培。在园林中可作篱式绿篱,孤植
和丛植均可。

一、形态特征

树高 3～4 m,小枝密被黄色星状绒毛。叶菱形至三角状卵
形,长 3～10 cm,宽 2～4 cm,具深浅不同的 3 裂或不裂,先端钝,
基部楔形,边缘具不整齐齿缺,下面沿叶脉微被毛或近无毛。木槿
花单生于枝端叶腋间,花萼钟形,长 14～20 mm,密被星状短绒
毛,裂片 5 枚,三角形;花朵色彩有纯白、淡粉红、淡紫、紫红等,花
形呈钟状,有单瓣、复瓣、重瓣几种。外面疏被纤毛和星状长柔毛。
蒴果卵圆形直径约 12 mm,密被黄色星状绒毛;种子肾形,背部被
黄白色长柔毛。花期 7～10 月。

二、生物学特性

木槿对环境的适应性很强,较耐干燥和贫瘠,对土壤要求不严
格,尤喜光和温暖潮润的气候。稍耐阴,喜温暖、湿润气候,耐修
剪,耐热又耐寒,但在北方地区栽培需保护越冬,好水湿而又耐旱,
对土壤要求不严,在重黏土中也能生长。萌蘖性强。

三、栽培技术

1.定植　整好苗床,按畦带沟宽 130 cm、高 25 cm 作畦,每平

方米施入厩肥 6 kg、火烧土 1.5 kg、钙镁磷 75 g 作为基肥。木槿
为多年生灌木,生长速度快,可 1 年种植多年采收。为获得较高的
产量,便于田间管理及鲜花采收,可采用单行垄作栽培,垄间距
110～120 cm,株距 50～60 cm,垄中间开种植穴或种植沟。木槿
移栽定植时,种植穴或种植沟内要施足基肥,一般以垃圾土或腐熟
的厩肥等农家肥为主,配合施入少量复合肥。移栽定植最好在幼
苗休眠期进行,也可在多雨的生长季节进行。移栽时要剪去部分
枝叶以利成活。定植后应浇 1 次定根水,并保持土壤湿润,直到
成活。

2. 肥水　当枝条开始萌动时,应及时追肥,以速效肥为主,促
进营养生长;现蕾前追施 1～2 次磷、钾肥,促进植株孕蕾;5～10
月盛花期间结合除草、培土进行追肥 2 次,以磷钾肥为主,辅以氮
肥,以保持花量及树势;冬季休眠期间进行除草清园,在植株周围
开沟或挖穴施肥,以农家肥为主,辅以适量无机复合肥,以供应来
年生长及开花所需养分。长期干旱无雨天气,应注意灌溉,而雨水
过多时要排水防涝。

四、养护管理

1. 修剪　新栽植的木槿植株较小,在前 1～2 年可放任其生长
或进行轻修剪,即在秋冬季将枯枝、病虫弱枝、衰退枝剪去。树体
长大后,应对木槿植株进行整形修剪。整形修剪宜在秋季落叶后
进行。根据木槿枝条开张程度不同可分为直立型和开张型。

2. 采收鲜花采收　木槿花期长,从 5 月始花开始可一直开到
10 月,约有半年的花期。但就一朵花而言,于清晨开放,第 2 天枯
萎。因此作蔬菜食用的花朵采摘宜在每天早晨进行。如加工晒
干,应于晴天早上采摘后立即晒干,干后置于通风干燥处,要防压、
防虫蛀。

五、病虫害防治

木槿生长期间病虫害较少,病害主要有炭疽病、叶枯病、白粉病等;虫害主要有红蜘蛛、蚜虫、蓑蛾、夜蛾、天牛等。病虫害发生时,可剪除病虫枝,选用安全、高效低毒农药喷雾防治或诱杀。应注意早期防治,避免在开花采收期施药,保证采收的木槿花不受农药污染。

常见叶斑病和锈病危害,用65％代森锌可湿性粉剂600倍液喷洒。虫害还有粉虱和金龟子,以蚜虫为主,也有尺蠖和卷叶蛾,可用40％氧化乐果乳油1 000倍液喷杀。对环境安全的除虫法是用稀释后的洗涤剂。

第二十九节　紫丁香

紫丁香(*Syringa oblata* Lindl.),简称丁香,因花筒细长如钉且香故名,属木樨科丁香属落叶灌木或小乔木。花序硕大、开花繁茂,花色淡雅、芳香,常植于庭院、居住区、学校或其他园林、风景区。

一、形态特征

丁香树高可达5 m;树皮灰褐色或灰色。小枝、花序轴、花梗、苞片、花萼、幼叶两面以及叶柄均无毛而密被腺毛。小枝较粗,疏生皮孔。叶对生,全缘或有时具裂,罕为羽状复叶;革质或厚纸质,卵圆形至肾形,宽常大于长,先端短凸尖至长渐尖或锐尖,基部心形、截形至近圆形,或宽楔形。圆锥花序直立,花色紫、淡紫或蓝紫,也有白色、紫红及蓝紫色,以白色和紫色为居多。紫的是紫丁香,白的是白丁香(紫丁香变种)。果倒卵状椭圆形、卵形至长椭圆形,先端长渐尖,光滑。花期4~5月,果期6~10月。

二、生物学特性

丁香树喜阳光,稍耐阴,喜湿润,忌积水。土壤以肥沃、排水良好的沙壤土为宜。适应性较强,耐寒耐旱。瘠薄地栽植,虽然也能生长,但长势较弱,开花稀少。丁香切忌施肥过多,否则易引起徒长,影响开花。

三、栽培技术

(一)育苗技术

9～10月果实成熟后,及时采种。翌年春季播种,播种前用清水浸泡种子,每5天换水1次,1个月后捞出用0.03%的高锰酸钾消毒2小时,然后进行催芽,有30%种子露白即可播种。播幅宽8 cm,行距15 cm,沟深3.5～4.0 cm,播种时种子平放或直放,胚根朝下,播后覆土2.0～2.5 cm,苗长至4～5 cm,具两片幼叶时,即可移植于苗床或移入营养袋里育苗,苗高6～10 cm,有4～6对真叶时移栽定植,移栽时需带土球。

(二)栽植技术

丁香需带土栽植于阳光充足的地方。栽植株距2～3 m,也可根据绿化要求配置。栽植穴直径70～80 cm,深50～60 cm。栽前每穴施腐熟堆肥3～5 kg,用土盖上后再栽植,切忌根系接触肥料。栽后浇透水,然后每隔10天浇水1次,连续3～5次,浇水后要松土保墒,提高地温,促发新根。以后每年春季天气干旱时,当芽萌动、开花前后需各浇1次透水。

四、养护管理

(一)松土除草

每年7月、9月、10月,对植株周围的杂草进行清除,清除杂草时进行松土,增加植株根部土壤的通透性,促进根部发育。树冠郁闭时才可停止除草工作。

(二)修枝

丁香树常用来园林观赏时,需进行大量修枝,可把主干上的一些分枝修去,如果有多个分枝主干,则要以去弱留强,去斜留直的原则进行修枝。对于上部的枝叶不要随便修剪,避免造成空缺,不利于锥形冠的形成。

五、病虫害防治

(一)褐斑病

该病主要危害叶片,幼苗和成龄树都可发生。发病初期叶片上出现小病斑,水渍状、近圆形、灰绿色,直径 3～12 mm。潮湿时其上散生小霉点,发生严重时,病斑合成大块枯斑,呈灰褐色,布满叶片,远望如火烧,会导致叶片干枯,最终提前落叶,全株仅能留下少量的叶片。

防治方法:①发病前或发病初期用 1：1：100 倍的波尔多液或 50% 的可湿性甲基托布津 1 000 倍液喷洒。②清洁田园,消灭病残株,集中烧毁。

(二)红蜡介壳

该病主要为害枝叶。防治方法:冬季可喷 10 倍松脂合剂,50% 马拉松稀释 1 000～1 500 倍液喷杀,每隔 7～15 天喷 1 次,连续 2～3 次。

第三十节　紫荆

紫荆(*Cercis chinensis* Bunge),又名满条红,豆科紫荆属落叶乔木或灌木。树姿优美,叶形秀丽,花朵别致。皮果木花皆可入药,种子有毒。在我国东南部,北至河北,南至广东、广西,西至云南、四川,西北至陕西,东至浙江、江苏和山东等省区都有分布。常见的早春栽培植物,多植于庭园、屋旁、街边,少数生于密林或石灰岩地区。

一、形态特征

紫荆丛生或单生灌木,高 2～5 m;树皮和小枝灰白色。叶纸质,近圆形或三角状圆形,长 5～10 cm,宽与长相等或略短于长,先端急尖,基部浅至深心形,两面通常无毛,嫩叶绿色,仅叶柄略带紫色,叶缘膜质透明,新鲜时明显可见。

花紫红色或粉红色,2～10 朵成束,簇生于老枝和主干上,以主干上花束较多,越到上部幼嫩枝条则花越少,通常先于叶开放,但嫩枝或幼株上的花则与叶同时开放,花长 1～1.3 cm;花梗长 3～9 mm;龙骨瓣基部具深紫色斑纹;子房嫩绿色,花蕾时光亮无毛,后期则密被短柔毛,有胚珠 6～7 颗。

荚果扁狭长形,绿色,长 4～8 cm,宽 1～1.2 cm,翅宽约 1.5 mm,先端急尖或短渐尖,喙细而弯曲,基部长渐尖,两侧缝线对称或近对称;果颈长 2～4 mm;种子 2～6 颗,阔长圆形,长 5～6 mm,宽约 4 mm,黑褐色,光亮。花期 3～4 月,果期 8～10 月。

二、生物学特性

紫荆喜光照,有一定的耐寒性。喜肥沃、排水良好的土壤,不耐淹。萌蘖性强,耐修剪。野生的多为落叶乔木,高可达 5 m 左右;而栽培于庭院中的紫荆,则多为丛生落叶灌木。叶微圆,春季开花,先花后叶,一簇数朵,花冠如蝶。最奇特处是其开花无固定部位,上至顶端,下至根枝,甚至在苍老的树干上也能开花,因而又有"满条红"的美称。花除紫色外,还有一种较为罕见、观赏价值极高的白花紫荆。

三、栽培技术

(一)育苗技术

紫荆的育苗常用播种、分株、压条、扦插的方法,对于加拿大红叶紫荆等优良品种,可用嫁接的方法育苗。

1.播种　紫荆 9 月至 10 月收集成熟荚果,取出种子,埋于干沙中置阴凉处越冬。3 月下旬到 4 月上旬播种,播前进行种子处理,做到苗齐苗壮。用 60 ℃温水浸泡种子,水凉后继续泡 3～5天。每天换凉水 1 次,种子吸水膨胀后,放在 15 ℃环境中催芽,每天用温水淋浇 1～2 次,待露白后播于苗床,2 周可齐苗,出苗后适当间苗。4 片真叶时可移植苗圃中,畦地以疏松肥沃的壤土为好。栽植实行宽窄行,宽行 60 cm,窄行 40 cm,株距 30～40 cm。幼苗冬季需用塑料拱棚保护越冬。

2.分株　紫荆根部易产生根蘖。秋季 10 月份或春季发芽前用利刀断蘖苗和母株连接的侧根另植,容易成活。秋季分株的应假植保护越冬,春季 3 月定植。一般第二年可开花。

3.压条　生长季节都可进行,以春季 3 月至 4 月较好。空中压条法可选 1～2 年生枝条,用利刀刻伤并环剥树皮 1.5 cm 左右,露出木质部,将生根粉液(按说明稀释)涂在刻伤部位上方 3 cm 左右,待干后用筒状塑料袋套在刻伤处,装满疏松园土,浇水后两头扎紧即可。1 月后检查,如土过干可补水保湿,生根后剪下另植。灌丛型树可选外围较细软、1～2 年生枝条将基部刻伤,涂以生根粉液,急弯后埋入土中,上压砖石固定,顶梢可用棍支撑扶正。一般第 2 年 3 月分割另植。

4.扦插　在夏季的生长季节进行,剪去当年生的嫩枝作插穗,插于沙土中可成活,但生产中不常用。

5.嫁接　可用长势强健的普通紫荆、巨紫荆作砧木,但由于巨紫荆的耐寒性不强,故北方地区不宜使用。以加拿大红叶紫荆等优良品种的芽或枝做接穗,接穗要求品种纯正、长势旺盛,选择无病虫害或少病虫害的植株向阳面外围的充实枝条,接穗采集后剪除叶片,及时嫁接。可在4～5月和8～9月用枝接的方法,7月用芽接的方法进行。如果天气干旱,嫁接前1～2天应灌1次透水,以提高嫁接成活率。

在紫荆嫁接后3周左右检查接穗是否成活,若不成活应及时进行补接。嫁接成活的植株要及时抹去砧木上萌发的枝芽,以免与接穗争夺养分,影响其正常生长。

(二)栽植技术

1.造林地选择　选背风向阳、肥沃的土壤或排水良好的轻壤土。

2.栽植时间　选择在每年冬季落叶后的11～12月、来年的2～4月发芽前栽植。

3.栽植　可按7 m开穴,实行大坑穴整地方式,其规格为80 cm见方。较大植株定植时需带土球,保证土球不松散,以利于成活。如果是在花期栽植,则需要摘除部分花朵,避免消耗过多的养分,影响成活。

四、养护管理

紫荆在园林中常作为灌丛使用,故从幼苗抚育开始就应加强修剪,以利形成良好株形。

幼苗移栽后可轻短截,促其多生分枝,扩大营养面积,积累养分,发展根系。翌春可重短截,使其萌生新枝,选择长势较好的3个枝保留,其余全部剪除。生长期内加强水肥管理,对留下的枝条摘心。定植后将多生萌蘖及时疏除,加强对头年留下的枝条的抚育,多进行摘心处理,以便多生二次枝。

在栽培中要加强对开花枝的更新。实践证明,超过5年的老枝,着花量就较少了,而且花芽上移,影响观赏,故应及时更新。

五、病虫害防治

（一）紫荆角斑病

紫荆角斑病主要发生在叶片上，病斑呈多角形，黄褐色至深红褐色，后期着生黑褐色小霉点。严重时叶片上布满病斑，常连接成片，导致叶片枯死脱落。紫荆角斑病为真菌性病害，病原菌为尾孢菌、粗尾孢菌两种。一般在7~9月发病。多从下部叶片先感病，逐渐向上蔓延扩展。植株生长不良，多雨季节发病重，病原在病叶及残体上越冬。

防治方法：①秋季清除病落叶，集中烧毁，减少侵染源。②发病时可喷50％多菌灵可湿性粉剂700~1 000倍液，或70％代森锰锌可湿性粉剂800~1 000倍液，或80％代森锌500倍液。10天喷1次，连喷3~4次有较好的防治效果。

（二）紫荆枯萎病

叶片多从病枝顶端开始出现发黄、脱落，一般先从个别枝条发病，后逐渐发展至整丛枯死。剥开树皮，可见木质部有黄褐色纵条纹，其横断面可见到黄褐色轮纹状坏死斑。该病由地下伤口侵入植株根部，破坏植株的维管束组织，造成植株枯萎死亡。此病由真菌中的镰刀菌侵染所致。病菌可在土壤中或病株残体上越冬，存活时间较长。主要通过土壤、地下害虫、灌溉水传播。一般6~7月发病较重。

防治方法：①加强抚育管理，增强树势，提高植株抗病能力。②苗圃地注意轮作，避免连作，或在播种前条施70％五氯硝基苯粉剂1.5~2.5 kg/亩。及时剪除枯死的病枝、病株，集中烧毁，并用70％五氯硝基苯或3％硫酸亚铁消毒处理。③可用50％福美双可湿性粉剂200倍液或50％多菌灵可湿粉400倍液，或用抗霉菌素120水剂100 ppm药液灌根。

(三)紫荆叶枯病

紫荆叶枯病主要危害叶片。初病斑红褐色圆形,多在叶片边缘,连片并扩展成不规则形大斑,至大半或整个叶片呈红褐色枯死;后期病部产生黑色小点。其为真菌病害,病菌以菌丝或分生孢子器在病叶上越冬。植株过密,易发此病。一般 6 月开始发病。

防治方法:①秋季清除落地病叶,集中烧毁。②展叶后用 50%多菌灵 800~1 000 倍液,或 50%甲基托布津 500~1 000 倍液喷雾,10~15 天喷 1 次,连喷 2~3 次。

(四)大袋蛾

大袋蛾幼虫取食树叶、嫩枝皮及幼果。大发生时,几天能将全树叶片食尽,残存秃枝光干,严重影响树木生长、开花结实,使枝条枯萎或整株枯死。

防治方法:冬季人工摘除树冠上袋蛾的袋囊;7 月上旬喷施 90%敌百虫晶体水溶液 1 000~1 500 倍液,2.5%溴氰菊酯乳油 5 000~10 000 倍液防治大袋蛾低龄幼虫;要充分保护和利用天敌寄蝇。喷洒苏云金杆菌 1 亿~2 亿孢子/mL。

(五)褐边绿刺蛾

防治方法:①秋冬结合浇封冻水,在植株周围浅土层挖灭越冬茧。②少量发生时及时剪除虫叶。③幼虫发生早期,以敌百虫、杀螟松、甲胺磷等杀虫剂 1 000 倍液喷杀。

(六)蚜虫

树干基部刷白,防止蚜虫产卵;结合修剪,剪除被害枝梢、残花,集中烧毁,降低越冬虫口;用 50%马拉松乳剂 1 000 倍液,或 50%杀螟松乳剂 1 000 倍液,或 50%抗蚜威可湿性粉剂 3 000 倍液,或 2.5%溴氰菊酯乳剂 3 000 倍液,或 2.5%灭扫利乳剂 3 000 倍液,或 40%吡虫啉水溶剂 1 500~2 000 倍液等,喷洒植株 1~2 次;保护和利用天敌,如瓢虫、草蛉、食蚜蝇和寄生蜂等,对蚜虫有很强的抑制作用。

第三十一节　月季

月季(*Rosa chinensis* Jacq.)，又称"月月红"，为蔷薇科蔷薇属常绿或半常绿灌木。月季因四季开花，故称月季花，是蔷薇科三杰之一，为中国的十大名花之一，被誉为"花中皇后"。月季是我国目前城市公园、旅游景区、城乡庭院绿化美化的绝好观赏树种。

一、形态特征

月季高 1～2 m，茎直立，小枝展开；叶为羽状复叶，小叶 3～5片，卵形至卵状椭圆形，长 2.5～6 cm，宽 1.5～3 cm，先端急尖或渐尖，基部圆形或宽楔形；花朵簇生或单生，直径约 5 cm，花梗长3～5 cm，花梗近球形，萼裂片三角状卵形，花瓣重瓣，深红色、粉红色、稀白色，雄蕊多数，花柱离生，花期 4～10 月，子房被柔毛，蔷薇果球形，茎红色，直径 1.5～2 cm，种子为瘦果，栗褐色，果成熟期10～11 月。

二、生物学特性

月季适应性很强，耐寒耐旱，对土壤要求不严，但以富含有机质、排水良好的微酸性沙壤土为理想栽培土壤；月季喜阳光，但过多的强光直射对花蕾发育不利，花瓣易枯萎；在空气相对湿度75%～80%的环境中，有连续开花的特性；喜欢空气流通，无污染环境，对空气中的二氧化硫、氟、氯化物等有毒气体抗性较差。

三、栽培技术

(一)栽培品种

月季属蔷薇科三杰之一，长期以来，人们习惯把蔷薇科中花朵直径大、花单生的品种称为"月季"；把花朵小而丛生的称为"蔷薇"。全世界被正式注册的月季品种多达万余种。有粉红色、白色、橙黄色、绿色、黑色和蓝紫色等多种颜色,其中,绿色月季及蓝紫月季最为珍贵。

（二）苗木繁育

通常采用播种及扦插两种方法,其中,以扦插育苗方法简便,成活率高,并能保持母体的优良性状。

1.播种育苗　月季播种育苗有出苗率低和品种习性易改变的弊病。

2.扦插育苗　月季扦插育苗可分为嫩枝扦插和硬枝扦插两种方式。

（1）嫩枝扦插　月季嫩枝扦插一般在7～8月进行,此时新枝生长旺盛,最具活力,扦插成活率最高。其方法是:在优良母树上选择半木质化的健壮枝条,剪成 10 cm 长的插穗,插穗上端保留2～3 片叶子,扦插入土深度约 8 cm,插后灌透水,用塑料薄膜覆盖,搭建遮阴网进行遮阴,一般在15～20 天便可生根发芽,然后将薄膜除去,保留遮阴网,在幼苗生长期间适量浇水,以促其苗木的高、径生长,当年苗高可达 70 cm 左右。

（2）硬枝扦插　月季硬枝扦插一般在 3 月下旬至 4 月上旬枝条发芽前进行。其方法是:在长势良好的优良母树上选择粗壮的一年生枝条,剪成 10～15 cm 的插穗,扦插深度 8～13 cm,插后灌透水,并用塑料薄膜覆盖,当苗木生长到 15～20 cm 时,可将薄膜揭开,搭建遮阴网,幼苗生长期间可适量浇水,当年苗木生长高度可达 80 cm 左右。

（三）科学栽植

月季栽植应在全面整地的基础上,进行定点挖坑,坑穴规格为30 cm 见方,株行距 1 m×1 m。栽植前每穴施入 10 kg 有机肥和0.5 kg 磷肥,然后按照"三埋两踩一提苗"的科学栽植程序栽植,最后灌足"定根水"即可。

四、养护管理

(一)开花条件

1. 日照时间长　种植月季的地方,既要通风,又要能得到半天以上的长日照。

2. 坚持常修剪　每年 12 月后落叶时要进行 1 次修剪,留下的枝条约 15 cm 左右,修剪的部位应当在向外伸展的叶芽之上约 1 cm 处,并同时修去侧枝、病枝和同心枝。5 月后每开 1 次花,即剪去开过花枝条的 2/3 或 1/2,这样就会更多产生再生花芽的机会。如想让花朵开得大,可将花蕾摘去一部分,既能有效集中树体营养供给,又能达到延长花期的目的。

(二)花期控制

一般在保证月季连续开花的条件下,要让其花期控制在 8 月 8～24 日多开花、开好花,即可在 6 月 20 日左右把月季正在盛开的花枝按 50％的比例剪除,剪到花枝中部成熟的圆形芽位置,其月季开花观赏期就可控制在 8 月 1～15 日左右;若在 6 月 30 日将全部盛开花按上述方法剪除,其月季开花观赏期就可控制在 8 月 10～25 日。

五、病虫害防治

(一)白粉病

生长期在发病前可喷保护剂,发病后宜喷内吸剂;病害盛发时,可喷 15％粉锈宁 1 000 倍液、2％抗霉菌素水剂 200 倍液、10％多抗霉素 1 000～1 500 倍液。也可用白酒(酒精含量 35％)1 000 倍液,每 3～6 天喷 1 次,连续喷 3～6 次,冲洗叶片到无白粉为止;喷高脂膜乳剂 200 倍液对于预防白粉病的发生和治疗初期具有良好效果。

(二)黄刺蛾

多在高温季节大量啃食叶片。一旦发现,可用 90％的敌百虫晶体 800 倍液喷杀。

(三)蚜虫

树干基部刷白,防止蚜虫产卵;结合修剪,剪除被害枝梢、残花,集中烧毁,降低越冬虫口;用 50％马拉松乳剂 1 000 倍液,或 50％杀螟松乳剂 1 000 倍液,或 50％抗蚜威可湿性粉剂 3 000 倍液,或 2.5％溴氰菊酯乳剂 3 000 倍液,或 2.5％灭扫利乳剂 3 000 倍液,或 40％吡虫啉水溶剂 1 500～2 000 倍液等,喷洒植株 1～2 次;保护和利用天敌,如瓢虫、草蛉、食蚜蝇和寄生蜂等,对蚜虫有很强的抑制作用。

(四)介壳虫

冬季可喷施 1 次 10 倍的松脂合剂或 40～50 倍的机油乳剂消灭越冬代雌虫,或冬春季发芽前,喷 3～5 波美度石硫合剂或 3％～5％柴油乳剂消灭越冬代若虫;在若虫孵化盛期,用 40％氧化乐果乳油、40％速扑杀乳油或 40.7％乐斯本乳油与 80％敌敌畏乳油按 1∶1 比例混合成的杀虫剂 1 000～1 500 倍液,连续喷药 3 次,交替使用。

参考文献

[1] 原双近,晏正明.经济林优质丰产栽培新技术[M].杨凌:西北农林科技大学出版社,2008.

[2] 晏正明.陕西主要木本油料丰产栽培与管理技术[M].杨凌:西北农林科技大学出版社,2015.

[3] 黄云鹏.林木栽培技术[M].北京:国家行政学院出版社,2017.

[4] 何国生.森林植物[M].北京:中国林业出版社,2006.

[5] 惠存虎.良种核桃丰产栽培技术[M].杨凌:西北农林科技大学出版社,2010.

[6] 王民生,君广仁,刘三保,等.柿子栽培与贮藏加工[M].西安:陕西科学技术出版社,2001.

[7] 陈有民.园林树木学(修订版)[M].北京:中国林业出版社,1990.

[8] GB/T 15776－2016,造林技术规程[S].

[9] DB61/T 322.1～6－2011,核桃标准综合体[S].

[10] DB61/T 535.1～4－2012,柿子标准综合体[S].

[11] DB61/T 72.1～5－2011,花椒标准综合体[S].

[12] 中国科学院《中国植物志》编委会.中国植物志[DB/OL].http://frps.iplant.cn/.